装饰装修垃圾
减量与综合利用行业报告

亚太建设科技信息研究院有限公司《施工技术》杂志社
中建工程产业技术研究院有限公司　组织编写

中国建筑工业出版社

图书在版编目（CIP）数据

装饰装修垃圾减量与综合利用行业报告 / 亚太建设
科技信息研究院有限公司《施工技术》杂志社，中建工程
产业技术研究院有限公司组织编写. — 北京：中国建筑
工业出版社，2023.5
ISBN 978-7-112-28728-4

Ⅰ. ①装… Ⅱ. ①亚… ②中… Ⅲ. ①建筑垃圾-固
体废物利用-研究报告-中国 Ⅳ. ①X799.1

中国国家版本馆 CIP 数据核字（2023）第 081793 号

本报告编制过程中，借鉴和参考了国内外学者的相关文献，汇集了最
新技术与研究成果，遴选了在业内具有示范效应的典型实例，客观科学地
反映了当前我国装饰装修垃圾减量及综合利用的发展现状和前沿成果，在
此基础上，指出行业发展的前景和方向。本报告内容共 7 章，包括：
第 1 章 绪论；第 2 章 装饰装修垃圾减量设计方法及案例；第 3 章 装饰装
修垃圾施工减量及案例；第 4 章 装饰装修垃圾综合利用工厂及案例；第 5
章 装饰装修垃圾最终处置及案例；第 6 章 装饰装修垃圾碳排放计算及减
碳评价；第 7 章 发展与展望。本报告明确了装饰装修垃圾的定义和特点，
从设计、施工阶段装饰装修垃圾减量、管理及综合利用、装饰装修碳排放
量计算等方面进行统计，并结合典型工程案例进行阐述，以求较为全面地
反映当前我国装饰装修垃圾减量及综合利用现状，为下一步相关研究提供
基础，以促进我国装饰装修垃圾减量发展和综合利用水平的提升。

责任编辑：王华月　张　磊
责任校对：党　蕾
校对整理：董　楠

装饰装修垃圾减量与综合利用行业报告
亚太建设科技信息研究院有限公司《施工技术》杂志社
组织编写
中建工程产业技术研究院有限公司

*

中国建筑工业出版社出版、发行（北京海淀三里河路 9 号）
各地新华书店、建筑书店经销
北京鸿文瀚海文化传媒有限公司制版
建工社（河北）印刷有限公司印刷

*

开本：787 毫米×1092 毫米　1/16　印张：17¼　字数：427 千字
2023 年 6 月第一版　　2023 年 6 月第一次印刷
定价：**69.00** 元
ISBN 978-7-112-28728-4
（41062）

本书编写委员会

主　任：

肖绪文：中国工程院院士

张可文：《施工技术》杂志社总编

副主任：

梅　阳：《施工技术》杂志社社长兼主编

鲁官友：中建工程产业技术研究院有限公司教授级高级工程师

周予启：中建一局集团建设发展有限公司总工程师

王　胜：青建集团股份公司执行总裁、总工程师

张　杰：中国建筑工程（澳门）有限公司董事长

杨安民：上海山美环保装备股份有限公司董事长

白宝军：中建三局集团华南有限公司广州分公司总经理

参编人员（按姓氏笔画排序）：

丁文杰	王云燕	王　玉	王　扬	王志光	王希元	王学历
王宗葳	王　露	王　森	牛寅龙	卢芳龙	帅文杰	冯建华
朱东辉	朱　融	任耀辉	刘卫未	刘文中	刘晓英	刘　涛
刘　彬	孙立晓	孙佩文	孙春玲	孙照俊	纪晓鹏	严　达
李　阳	李松山	李　佳	李　烁	李逢春	杨　光	杨利香
杨　琦	何江海	沈　程	张玉斗	张　禾	张伟方	张国华
张宝谦	张信龙	张勇波	张惠丽	张　磊[1]	张　磊[2]	张　蕾
陆美荣	陈广贤	陈坤阳	陈耀宗	周雯雯	周　鼎	周　遥
赵延军	郝粼波	段华波	段　炼	侯　磊	姚嘉胤	顾晓峰
徐　颖	黄　宁	黄依依	黄蓓佳	常　影	梁　峰	彭孟启
董学光	蒋欣利	韩小龙	韩倩雯	韩　超	焦军灵	詹必雄
窦晓娟	翟力新	薛永康	薛胜利			

注：张磊[1] 北京筑邦建筑装饰工程有限公司

张磊[2] 北京建工资源循环利用有限公司

审查人员：

高立新：住建部科技与产业化发展中心总工程师

魏素巍：北京国标建筑科技有限责任公司首席研发总监

席时葭：上海市建设工程监理咨询有限公司资深总工程师

关　军：中国建筑国际集团有限公司建筑科技研究院副院长

陈　蕾：中国建筑一局（集团）有限公司工程研究院院长

参编单位（排名不分先后）：

亚太建设科技信息研究院有限公司

中建工程产业技术研究院有限公司

中建一局集团建设发展有限公司

青建集团股份公司

中国建筑工程（澳门）有限公司

上海山美环保装备股份有限公司

中建三局集团华南有限公司

北京建工资源循环利用有限公司

华中科技大学

中国建筑装饰集团有限公司

北京筑邦建筑装饰工程有限公司

中城院（北京）环境科技股份有限公司

上海市建筑科学研究院有限公司

中国节能皓信环境顾问集团有限公司

中国建筑东北设计研究院有限公司

中建生态环境集团有限公司

清华大学

中国地质大学

上海理工大学

天津理工大学

深圳大学

北京神州蓝天环保科技有限公司

中建三局集团有限公司

中国建筑第四工程局有限公司

苏州嘉诺环境科技股份有限公司

中国建筑学会工程建设学术委员会

上海裕项工程建设发展有限公司

深圳市特区建工集团有限公司

深圳市华威环保建材有限公司

前　言

随着居民生活水平的持续提高和我国城镇化进程的持续推进,房地产业发展迅速,新建建筑的建筑垃圾产生量持续增加。同时,随着城市建设从高速度发展阶段向高质量发展阶段的转换,原址拆除重建项目、城市更新项目快速增加,建筑垃圾不断增多,给城市市容市貌、道路运输和城市环境带来巨大压力。

与美国、欧洲等国家和地区建筑垃圾资源化利用起步早,已形成政府倡导、企业自律和公众参与相结合的现状相比,我国建筑垃圾治理起步较晚,主要采取外运、填埋和露天堆放等方式处理,不但占用大量土地资源,还产生有害成分和气体,造成地下水、土壤和空气污染,危害生态环境和人民健康,与"创新、协调、绿色、开放、共享"的新发展理念要求相悖。当前建筑垃圾治理仍面临产生量大、再利用率低、相关法律法规及规范标准不健全、鼓励激励力度小,项目主动减量和再利用意识不强等突出问题,逐年增长的建筑垃圾已严重危害到城市的可持续发展。

与新建建筑和拆除重建项目建筑垃圾中渣土和泥浆占比较大,现场可采用处理后填埋、重复利用率相对较高的情况不同。装饰装修垃圾在新建建筑、拆除重建建筑、改建建筑中广泛存在,且在公共建筑和住宅建筑重新装饰装修过程中产生量也较大;且随着装饰装修风格多样化、装饰装修深度和精致程度不断提高,装饰装修材料和工艺也越来越复杂,导致装饰装修垃圾的情况更加复杂,主要集中体现在四个方面:第一,由于装饰装修阶段是工程完工的最后阶段,往往由于工期紧张和现场条件导致无机非金属材料现场填埋和粉碎后制成相关制品利用的条件相对较差;第二,装饰装修垃圾因产生量小、产生位置分散而部分混入生活垃圾处置;第三,装饰装修垃圾产生来源广泛、成分复杂,且可能含油漆、涂料、保温隔热材料等有毒有害物质而成为潜在的生态环境风险;第四,随着装饰装修水平的提高,装饰装修垃圾种类更加多样化,在垃圾分类及回收利用方面更加困难。

装饰装修垃圾未适当分类和处理,直接与建筑垃圾混合外运后填埋现象普遍,粗放式的装饰装修垃圾处理方式不仅占用了大量土地资源,还造成了资源浪费、环境污染,因此,对装饰装修垃圾合理分类并进行合理处置,正确评估装饰装修垃圾处置工艺对环境的影响成为关键。当前大多数研究聚焦于建筑垃圾,而专门针对装饰装修垃圾的研究较少。本报告明确了装饰装修垃圾的定义和特点，从设计、施工阶段装饰装修垃圾减量、管理及综合利用、装饰装修碳排放量计算等方面进行统计，并结合典型工程案例进行阐述，以求较为全面地反映当前我国装饰装修垃圾减量及综合利用现状，为下一步相关研究提供基础，以促进我国装饰装修垃圾减量化发展和综合利用水平的提升。

本报告由亚太建设科技信息研究院有限公司《施工技术》杂志社、中建工程产业技术研究院有限公司会同相关单位共同编制。报告编制过程中，借鉴和参考了国内外学者的相关文献，汇集了最新技术与研究成果，遴选了在业内具有示范效应的典型案例，客观科学地反映了当前我国装饰装修垃圾减量化及综合利用的发展现状和前沿成果，在此基础上展望行业发展的前景和方向。由于时间有限，报告难免存在不足之处，望业内同仁批评指正。

本报告编写委员会

2022 年 11 月

目　录

第 1 章　绪论

"十四五"时期,我国生态文明建设进入以降碳为重点战略方向、推动减污降碳协同增效、促进经济社会发展全面绿色转型、实现生态环境质量改善由量变到质变的关键时期。循环经济正在成为我国转变经济发展方式,实现可持续发展的重要途径。《"十四五"循环经济发展规划》全面部署了城市废旧物资循环利用体系建设、园区循环化发展、大宗固废综合利用示范、建筑垃圾资源化利用示范、循环经济关键技术与装备创新五大重点工程。

近年来,随着我国城镇化快速发展,建筑垃圾大量产生。根据中国循环经济协会测算,近几年我国城市建筑垃圾年产生量超过 20 亿 t[1]。建筑垃圾中,装饰装修垃圾占有相当大的比例,其包含从装饰装修施工开始到移交完毕所产生的所有废料,加工剩余的各种板材、切割剩下的瓷砖、石材余料、抹墙灰砂砾等,在建筑垃圾总量中占有较大一部分,因此如何处理和利用越来越多的装饰装修垃圾,已经成为各级政府部门和建筑垃圾处理单位所面临的一个重要课题。

1.1　装饰装修垃圾定义

目前,国家和行业层面还没有颁布专门针对装饰装修垃圾的国家标准和行业标准,上海市地方标准、相关协会团体制定了关于装饰装修垃圾的相关标准。现阶段,国内关于装饰装修垃圾的定义尚未形成统一标准,无明确的定义。但其作为建筑垃圾的组成部分之一,在研究中被普遍归类为建筑垃圾或建筑废弃物,本报告统称为装饰装修垃圾。根据我国《城市建筑垃圾管理规定》(建设部令第 139 号)[2],建筑垃圾指建设单位、施工单位新建、改建、扩建和拆除各类建筑物、构筑物、管网等以及居民装饰装修房屋过程中所产生的弃土、弃料及其他废弃物,该文件并未明确什么是装饰装修垃圾。

为进一步规范建筑垃圾处理全过程,住房和城乡建设部 2019 年颁布了《建筑垃圾处理技术标准》CJJ/T 134—2019[3],明确了建筑垃圾的各组分及其内容,其中将装饰装修垃圾定义为装饰装修房屋过程中产生的废弃物。但该定义过于宽泛,部分省市仍以《城市建筑垃圾管理规定》(建设部令第 139 号)为基准将装饰装修垃圾定义为建设单位、施工单位新建、改建、扩建及居民装饰装修房屋过程中所产生的弃土、弃料及其他废弃物,或指按照国家规定无需实施施工许可管理的房屋装饰装修过程中,产生的废料和其他废弃物[4][5]。

此外,也有部分学者从不同视角对装饰装修垃圾的内容做出了阐述。从装饰装修垃圾的组成成分上来看,装饰装修垃圾指房屋装饰装修过程中产生的混凝土、废灯管、砖瓦、陶瓷、木材、石块、玻璃、金属、塑料、废油漆、涂料等废料[6-9];从装饰装修垃圾的化学性质上来看,则将其定义为混凝土块、砖瓦等惰性成分与金属、木材等非惰性成分的组合物[10][11]；从装饰装修垃圾的产生机制上来看，装饰装修垃圾则为新建建筑与二次翻新建筑装饰装修过程中产生的废料[10][12]。

综合相关标准对装饰装修垃圾的定义及要求（表 1-1），本报告对装饰装修垃圾定义为：装饰装修垃圾是指建筑装饰装修过程中产生的废弃物。

相关标准对装饰装修垃圾的定义及要求　　　　　　　　　　表 1-1

编号	标准名称	编号/颁布时间	级别	条文号	相关规定
1	城市建筑垃圾管理规定	建设部令第 139 号（2005 年）	建设部令	第二条	本规定所称建筑垃圾，是指建设单位、施工单位新建、改建、扩建和拆除各类建筑物、构筑物、管网等以及居民装饰装修房屋过程中所产生的弃土、弃料及其他废弃物
2	上海市建筑垃圾处理管理规定	2017 年	上海市人民政府	第二条	建筑垃圾包括建设工程垃圾和装饰装修垃圾。装饰装修垃圾是指按照国家规定无需实施施工许可管理的房屋装饰装修过程中，产生的弃料和其他废弃物
3	建筑垃圾处理技术标准	CJJ/T 134—2019	行业标准	2.0.6　装饰装修垃圾；2.0.6　条文说明	装饰装修垃圾为装饰装修房屋过程中产生的废弃物；条文说明：条文中的装饰装修垃圾是指装饰装修房屋过程中产生的以金属、混凝土、砖瓦、陶瓷、玻璃、木材、塑料、石膏、涂料、土等为主要成分的废弃物
4	施工现场建筑垃圾减量化技术标准	住建部征求意见稿（2020 年）	行业标准	4.0.1　施工垃圾应按建筑垃圾类别和施工阶段分别进行估算	分为地下结构阶段、主体结构阶段、装修及机电安装阶段。装修及机电安装阶段包括：屋面工程、装饰装修工程、机电安装工程
5	施工现场建筑垃圾减量化指导手册	2020 年	住房和城乡建设部发布手册	2.6　设计减量化；4.2　施工减量化；4.9　装饰装修减量	2.6　设计单位应积极推进建筑、结构、机电、装修、景观全专业一体化协同设计，推行标准化设计。4.2　施工单位应在不降低设计标准、不影响设计功能的前提下，与设计人员充分沟通，合理优化、深化原设计，避免或减少施工过程中拆改、变更产生建筑垃圾。装饰装修优（深）化设计：采用装配式装修、机电套管及末端预留等。4.9　在装饰装修工程中，可采取以下措施：1 推行土建机电装修一体化施工，加强协同管理，避免重复施工；2 门窗、幕墙、块材、板材等采用工厂加工、现场装配，减少现场加工产生的建筑垃圾；3 推广应用轻钢龙骨墙板、ALC 墙板等具有回收利用价值的建筑围护材料
6	施工现场建筑垃圾减量化指导图册	2020 年	住房和城乡建设部发布图册	3.1　施工现场垃圾分类	指出装修及机电安装阶段垃圾种类分为金属类、无机非金属类和其他类，并将常见装饰装修垃圾归类

编号	标准名称	编号/颁布时间	级别	条文号	相关规定
7	工程填筑用装饰装修垃圾再生集料技术要求	DB31/T 1254—2020	上海市地方标准	3.1 装饰装修垃圾	建(构)筑物装饰装修、拆除过程中产生的弃料和其他废弃物
8	装饰装修垃圾收运技术规程	T/HW 00014—2020	中国城市环境卫生协会团体标准	2.0.1 装饰装修垃圾	住宅、办公场所、商业场所等室内建筑装修过程中产生的垃圾,其成分复杂,主要包括装修过程中产生的废弃混凝土、砖块、瓷砖、废油漆、非金属、废塑料和废木材等废弃装修材料
9	生活垃圾处理处置工程项目规范	GB 55012—2021	国家标准	6.1.1 条文说明	根据产生源,建筑垃圾可分为工程渣土、工程泥浆、工程垃圾、拆除垃圾和装饰装修垃圾;根据组分特性,拆除垃圾和装饰装修垃圾又可细分为砖瓦混凝土类、木类、塑料类、纸类、织物类、金属类、其他类等

1.2 装饰装修垃圾分类及特点

1.2.1 组成及分类

装饰装修垃圾的组成成分与建筑垃圾有相似之处,主要包括废旧石材、混凝土块、破碎砌块、废旧陶瓷、破损玻璃、落地砂浆、废金属、废旧竹木材及各种包装用木材、塑料等[13]。相较于其余类别的建筑垃圾,装饰装修垃圾来源更加广泛,组分更加复杂,具备空间位置和产生时间的相对集中性、装饰装修材料与施工要求的多样性、有害物质释放的迟滞性等特点。

建筑垃圾产生量与总工程量关系密切,而装饰装修垃圾的产生量还与工程项目拆除改造程度、装饰装修程度、装饰装修风格、采用的装修材料及技术等因素密切相关,此外不同来源、区域、批次的装饰装修垃圾,其组成也有较大差异[14]。装饰装修垃圾相较于其余类别的建筑垃圾,来源更加广泛,组分更加复杂,具备空间位置和产生时间的相对集中性、装饰装修材料与施工要求的多样性、有害物质释放的迟滞性等特点。

在装饰装修垃圾分类方面,住房和城乡建设部颁布的《施工现场建筑垃圾减量化技术标准》《施工现场建筑垃圾减量化指导手册》《施工现场建筑垃圾减量化指导图册》中,将建筑垃圾分为金属类、无机非金属类和其他类。

依据《建筑垃圾处理技术标准》CJJ/T 134—2019,建筑垃圾可分为工程渣土、工程泥浆、工程垃圾、拆除垃圾;按垃圾按材料的化学成分又可分为金属类、无机非金属类、混合类。参照已有标准,综合上述分类形式归纳总结,形成施工现场建筑垃圾"七分法",施工现场建筑垃圾按物料特性分为工程渣土、工程泥浆、金属类、无机非金属类、木材类、塑料类和其他类七大类,适用于施工现场的所有建筑垃圾的分类管理和报表统计。

装饰装修垃圾因其来源的时期与位置，不涵盖工程渣土与工程泥浆两类垃圾。在"七分法"基础上，从装饰装修垃圾物料特性和综合利用的角度，采用"十三五"国家重点研发计划《建筑垃圾资源化全产业链高效利用关键技术研究与应用》和中国工程建设标准化协会标准《施工现场建筑垃圾减量分类全过程管理标准》采用"五分法"，将装饰装修垃圾分为金属类、无机非金属类、木材类、塑料类和其他类（表1-2）。

装饰装修垃圾"五分法"   表1-2

编号	名称	定义	材料
1	金属类	指施工现场在施工过程中所产生的金属类建筑垃圾,可分为黑色金属和有色金属废弃物质,如废弃钢筋、钢管、铁丝等	钢筋、铝合金门窗、型钢、电线、电缆、金属桶、金属支架、金属支撑体余料、铁丝、废弃金属管道、破损金属围栏、小五金等
2	无机非金属类	指施工现场在施工过程中所产生的无机非金属类建筑垃圾,包括天然石材、烧土制品、砂石及硅酸盐制品的固体废弃物质,如混凝土、砂浆、水泥等简称:无机非金属或无机非金属	混凝土、红砖、砌块、砂浆、瓷砖、大理石、废旧洁具、玻璃制品等
3	木材类	指施工现场在施工过程中所产生的木材类垃圾,如木材板、木模板、木制包装等	木方、木包装箱、木质地板、木质脚踢、木质门窗、废弃纸板、木制家具、木质模板、木质楼梯及电梯护板等
4	塑料类	指施工现场在施工过程中所产生的塑料类垃圾,如塑料包装、塑料薄膜等	塑料家居、塑料包装、塑料门窗、机电管材、保温棉、泡沫包装、编织袋、裸土覆盖防尘网、外墙保温下脚料(岩棉、挤塑板、聚苯板)、SBS卷材、KT板、广告布等
5	其他	指除工程渣土、工程泥浆、金属类、无机非金属类、木材类、塑料类以外的其他建筑垃圾	复合装修材料及其他无法归类垃圾等,含有毒有害垃圾

因塑料类垃圾难降解，填埋占用大量土地，焚烧污染大及对生态环境影响严重等因素，其处理问题一直困扰着人们。目前全球的塑料消费量达3.2亿t以上，可降解塑料产品占有率尚不到1%[15]。装饰施工中，材料保护膜，包装密封膜及板块护角等均为塑料材质，材料拆包后如何处理这些塑料垃圾，如何进行分类收集，如何进行再利用，将直接影响施工现场装饰装修垃圾的减量效果。

其他类中包括有毒有害垃圾。根据《国家危险废物名录》，装饰装修垃圾可能包括四类有毒有害垃圾：①固体有害垃圾，如废旧油漆桶、废旧涂刷用具、废沥青、废电池、废荧光灯管、废石棉、有害的人造板材等；②液体有害垃圾，如废旧液体涂料、乳胶漆、废矿物油、胶粘剂等；③粉尘类有害垃圾，如腻子打磨粉尘、石材打磨粉尘、电焊烟尘等；④他特殊装饰装修材料有害垃圾等。

1.2.2 产生特性

（1）装饰装修垃圾产生现状

装饰装修垃圾普遍来源于住宅建筑、公共建筑、工矿企业、商业体以及企事业单位等，且主要集中在首次装修和二次装修工程活动中。装饰装修垃圾组分相较工程渣土等建筑垃圾更加复杂多变，理化性质也更特异，处置比较困难，目前的处置方式主要是在中转站粗略分选后，再送到末端处置点进行填埋或焚烧，对土地、环境、生态造成严重破坏，具有极大的危害性。

目前我国尚未建立装饰装修垃圾的统计制度，缺乏统计基础，相关数据主要来自各省市的上报材料，该数据仅可作为参考[16]。根据《深圳市建筑废弃物治理专项规划（2020—2035 年）》，预计到 2035 年深圳市的装饰装修垃圾产生量为 363.6 万 m^3，按照密度 $1.5t/m^3$ 折算后为 545.4 万 t。

（2）装饰装修垃圾的产生来源

已有研究指出，装饰装修垃圾的产生来源可按照建筑类型与装修类型划分[11]。按照建筑类型来看，产生来源分为住宅建筑装饰装修过程和公共建筑装饰装修过程。其中住宅建筑装饰装修多为居民散户单独进行设计改造，特点在于设计风格多样且易造成二次装修，装饰装修垃圾产生量较大。而公共建筑装饰装修多为统一风格，较为简约，非功能使用问题不易产生二次装修。故就改造方面而言，公共建筑相较住宅建筑的装饰装修垃圾量较少。按照装修类型来看，产生来源分为新建房屋装饰装修过程和翻新房屋装饰装修过程两类。新建房屋装修是指毛坯房首次进行的装饰装修工程活动，该活动通常为"单家独户"进行独立设计装修，故产生的装饰装修垃圾体量较小。翻新房屋装修则是指对已进行装修装饰过的房屋进行二次或以上的装饰装修工程活动，一般因其使用功能或美化效能不足以满足要求，所对原有建筑装修拆除后而进行再次装修的活动，包含了对已有装饰装修材料的拆除。故翻新房屋装饰装修过程产生的装饰装修垃圾体量显著高于新建房屋装修。

1.2.3 特点

装饰装修垃圾产生阶段、产生成分及综合利用等方面均与以渣土、泥浆和无机非金属为主的建筑垃圾有所区别，具体体现在以下方面。

（1）集中性与分散性共存

装饰装修垃圾主要产生于建筑的装饰装修阶段，建筑装饰装修改造周期远低于建筑主体结构的使用周期。与其他的城市固体废弃物比较，装饰装修垃圾的特殊性首先表现在产生位置与时间集中性和分散性并存的特点：对新建房屋和较大范围翻新的非住宅房屋来讲，其产生位置为建设项目工地，由于装饰装修的施工周期仅占建造周期的很少一部分，一般三个月左右即可完工，因此装饰装修垃圾产生时间和地点均相对统一，由装饰装修单位负责处理，较便于从源头统计和管理。而对于住宅的单户装修尤其是已经入住小区的单独装修改造，装饰装修则属于小业主个人行为，施工时间和产生量均非常分散，一般由小区物业或业主个人联系处置，装饰装修垃圾分类、收集、处置的统筹管理难度均较大。

（2）成分更加复杂

装饰装修阶段的垃圾，基本不含渣土、泥浆等成分，拆除原有结构的废旧混凝土、砖块等无机非金属垃圾占比较大，其成分呈多样性、复杂性和不稳定的综合特点，常规加工剩余板材以及切割瓷砖、石材的余料、大件家具、塑料、编织袋、海绵、泡沫等组分高度混杂，虽然综合产生量比项目建设过程少，但成分更加复杂，有害成分含量增加，给垃圾的处置带来极大困难。

（3）物理与化学属性

在物理与化学性质方面，装饰装修垃圾成分复杂且不同工程间差异巨大，往往含有油漆、涂料、有机化学制品等物质，这些有机物质在自然环境下难以降解，露天堆放容易释放挥发性有害物质，且有害物质散发周期长。有毒有害垃圾可以表现出腐蚀性、毒性、易燃性和生物毒性等危险特性，其使生物产生中毒反应的物质，如汞、砷、镉、铅等在土壤中不易随水移动，也不能被微生物分解，可能转化为毒性更强的化合物（如甲基汞），并通过植物吸附而在体内富集转化，以至给人类带来潜在的危害；多环化合物和卤代有机物还会有致癌性、致畸性、致变性。

1.2.4　防治原则

装饰装修垃圾应坚持国内外通行的"三化"和"3R"原则。

1）"三化"原则即对装饰装修垃圾采用减量化、资源化、无害化的原则。减量化即从建筑规划、设计、施工、运营和拆除的建筑生命周期全流程进行装饰装修垃圾的减量策划和实践。资源化即对已产生的垃圾进行回收加工、循环利用或再利用，使废弃物经分拣处置并进行二次加工成为产品或可供再利用的二次原料，实现资源化不仅减轻固废危害，还可以减少浪费，获得经济效益。无害化即对已产生的含有害物质的装饰装修垃圾进行无害或低危害的安全化处置，以消除或减轻其危险特征，将其对土壤、空气等自然资源的危害降低到允许范围。

2）"3R"原则即对装饰装修垃圾坚持减量化（reducing）、再利用（reusing）和再循环（recycling）原则，鼓励形成装饰装修材料生产阶段减量→工程项目装饰装修过程减量及分类→装饰装修垃圾再利用＋循环利用的循环模式。

1.3　国内外发展现状

国外发达国家早在 20 世纪 50 年代就开始开展建筑垃圾处置与资源化利用的研究，出台了相对完善的政策法规，逐步建立了较为完整的"以减量化控制技术削减源头排放量、以资源化技术提高综合利用效率、以循环产业化保障建筑垃圾综合利用可持续"的建筑垃圾资源化处理体系。

据统计数据显示，韩国建筑垃圾（含装饰装修垃圾）的资源化率已高达 97％，而日本与德国的建筑垃圾资源化率则达到了 90％，英国与美国的建筑垃圾资源化率分别为 80％、70％[16]。这些发达国家主要通过分类收集、统一清运、综合性处置等手段，实现了装饰装修垃圾的"减量化、资源化、无害化"[23]。

我国对装饰装修垃圾的关注较晚，就目前而言，装饰装修垃圾处理仍是以比较粗犷的填埋方式为主，资源化利用处置尚处于起步阶段，其利用率几乎为零。为促进建筑业的可持续发展，目前我国部分省市出台了装饰装修垃圾相关处置要求，例如厦门市规定在运输阶段实行建筑装修垃圾运输主动告知和联单管理制度，对装饰装修垃圾排放、运输及消纳信息进行监测[23]。但总体而言，我国关于装饰装修垃圾的处理体系尚未形成，在资源化利用处置设备上技术尚未成熟，总体的科学化处置和设施建设水平较低，造成绝大部分装饰装修垃圾未经任何处理便直接运往郊外进行露天堆放或简易填埋。

1.3.1　国外发展现状

1.3.1.1　政策法规

国外很多发达国家早已认识到建筑垃圾不规范管理的危害性，对于垃圾的收集、运输、处置都高度重视，并根据自身情况制定了符合国情的管理措施及处置方案。发达国家对建筑垃圾（包含装饰装修垃圾）的科学处置普遍重视，部分国家已将其纳入环境保护和可持续发展战略目标中[18][19]，通过严格控制房屋装修频率、装修办理程序以及装修费用，建立区域性建筑垃圾（含装饰装修垃圾）处理厂，研发各种建筑垃圾（含装饰装修垃圾）回收利用专用工艺或设备等管控措施，基本实现了装饰装修垃圾的减量化、资源化与无害化处理[20-22]。

在法律法规方面美国起步较早，在 1965 年就已制定《固体废弃物处理法》，此后，该法案经过 1976 年、1980 年、1984 年、1988 年、1996 年的五次修订，完善了包括信息公开、资源再生、再生示范、科技发展、循环标准等固体废物循环利用的法律制度[23]。此外，美国还在 1976 年和 1980 年分别颁布了《资源保护回收法》和《超级基金法》，其中《超级基金法》明确了对危险废物排放等负有治理责任的主体包括政府和危险废物设施的所有者和营运人等。

德国在第二次世界大战后在大量建筑垃圾清理的过程中积累了丰富的经验，在建筑环境的立法上遵循三原则：预防原则（可持续发展原则）、污染者负担原则和合作原则[24]。

日本由于国土面积小且资源较为短缺，将包括装饰装修垃圾在内的建筑垃圾视为"建筑副产品"[25]，1977 年，日本颁布了《再生骨料和再生混凝土使用规范》，之后又在 1991 年通过了《资源重新利用促进法》，此后，日本建设省又于 1997 年制定了《建设工程材料再生资源化法案》和《建设资源再利用推进计划》[26][27]，旨在将建筑工地所产生的混凝土块等建筑垃圾实现再利用。这些政策的颁布表明减少施工现场垃圾产生和尽可能再利用是日本处理建筑垃圾的主要原则。其中《建设副产物适正处理推进纲要》中要求建设项目的发包人和施工方有义务在建设过程中减少建设副产物的产生，建材供应商和建筑设计者有义务生产和采用能再生利用的建材，对能再使用的建设副产物应尽量再使用；对不能再使用的建设副产物应尽量再生利用；对不能再生利用的副产物则尽量通过燃烧实现热回收。

韩国政府在 21 世纪初就制定并颁布了《建设废弃物再生促进法》，明确了分类别建筑垃圾（含装饰装修垃圾）从产生到收集、运输、处置整个产业链中各参与方的责任，其建筑垃圾资源化利用率达到 85%。

此外，芬兰、丹麦等北欧国家很早就已经实施了统一的北欧环境标准，比利时也成立了专门进行建筑垃圾减量化措施研究的建筑研究协会，以促进装饰装修垃圾的减量化目标的早日实现[28]。

各国还在建筑垃圾（含装饰装修垃圾）回收回用方面制定优惠政策（表 1-3）[24]，一方面从源头入手，通过征收税费减少垃圾的产生和随意处置，另一方面以财政补贴、税收减免的方式资助再生建筑材料的生产企业，鼓励再生建筑材料的生产和研发；并在需求端进行拉动，通过政府采购等优惠措施鼓励政府和建设单位使用再生建筑材料。

各国建筑垃圾（含装饰装修垃圾）回收回用优惠政策   表 1-3

国家	政策类别	主要内容
德国	多层级的建筑垃圾收费价格体系	大城市与小城市；未分类的建筑垃圾与分类的建筑垃圾；受到污染的建筑垃圾与未受到污染的建筑垃圾；经过回收处理后的建筑材料与原生建筑材料
英国	填埋税、财政补贴	征收填埋税，并从中拿出一部分以政府资助形式用于废弃物管理

续表

国家	政策类别	主要内容
美国	低息贷款、税收减免和政府采购	资源循环利用企业在各州除可获得低息贷款外,还可相应减免其他税;对使用再生材料的产品实行政府采购
日本	财政补贴贴息贷款或优惠鼓励贷款	企业增加对污染防治设备、技术的研发投入;鼓励建设单位使用再生产品
新加坡	财政补贴、研究奖励、特许经营、高额惩罚	降低建筑垃圾回收回用企业租金;提供建筑垃圾回收回用企业创新项目研究基金;于2005年、2006年各向循环工业园内的企业收取高额的建筑垃圾随意倾倒罚款

有些国家还通过实施监管机制,实现了建筑垃圾回收回用的全过程管理(表1-4)[24]。在建筑垃圾的排放环节,各国采用征税及罚款的方式减少建筑垃圾的随意倾倒、填埋和焚烧,尤其是美国和日本还在垃圾运输过程中采用准入制度和传票制度,保障建筑垃圾的正常回收。在建筑垃圾再生产品的生产环节,美国和新加坡建立了建筑垃圾处理的行政许可制度,对建筑垃圾处理企业发放特许经营牌照,对企业的资质进行监管。在建筑垃圾再生产品的使用环节,除了政府倡导和鼓励之外,韩国还规定了建筑垃圾再生产品使用义务,强制推行部分类别的再生产品的使用。尤其值得借鉴的是,新加坡的建设管理部门在工程竣工验收时,将建筑垃圾处置情况纳入验收指标体系范围,未达标则不予发放建筑使用许可证,这极大地促进了建设单位对建筑垃圾的资源化利用。

各国建筑垃圾回收回用监管机制　　　　　　　　　　　　　　　　表 1-4

国家	监管模式	主要内容
英国、丹麦	税收管制型模式	对于倾倒、填埋和焚烧建筑垃圾征税
德国、瑞典、奥地利	收费控制型模式	对未处理利用的建筑垃圾征收存放费;对随意倾倒建筑垃圾罚款
美国	政府倡导和企业自律的结合	基于政府主导的命令与控制方法→基于市场的经济刺激手段→进一步完善政策的基础上实现政府倡导和企业自律的结合
日本	全过程管理,运输过程传票制度	对建筑垃圾的产生、收集、处理和回收过程进行全过程管理;保障建筑垃圾的正常回收;并掌握资源信息
新加坡	税收管理、特许经营和竣工验收检查等监管制度	收取77/t新元的堆填处置费;对建筑垃圾处理企业发放特许经营牌照;在工程竣工验收环节将建筑垃圾处置情况纳入验收指标体系;如非法丢弃建筑垃圾的,最高将被罚款5万新元或监禁不超过12个月或两者兼施,建筑垃圾运输车辆也将被没收
韩国	建筑垃圾再生产品使用义务	明确使用建筑垃圾再生产品的范围和数量,未按照规定使用将受到处罚

1.3.1.2　标准规范

发达国家除在政府层面建立较为完善的法律、法规体系外,在行业层面也建立了切实可行的标准、规范体系,可有效管理建筑垃圾的产生到资源化利用的全过程,代表国家如美国、日本及欧盟国家(德国、丹麦等)。

美国作为西方发达的工业大国，在建筑垃圾的处理处置和再生利用领域起步较早，其在建筑垃圾再生利用技术方面已形成三级利用技术体系：①现场分拣利用、一般性回填，美国制定了《建筑垃圾填埋场设计规范》等规范，对建筑垃圾的回填进行规范。②加工成骨料，再制成各种建筑用砖作为建筑物或道路的基础材料等，从1982年起，美国就在《混凝土骨料标准》ASTM C-33—82中将破碎的水硬性水泥混凝土包含进粗骨料，同一时期美国工程师也在有关规范和指南中鼓励用再生混凝土骨料。③将建筑垃圾加工成水泥、沥青等再利用，美国也制定了相应的标准规范来保证产品质量，指导产品应用。

日本资源相对匮乏，因此十分重视建筑垃圾的再生利用，其主导方针是：尽可能不从施工现场运出垃圾，建筑垃圾要尽可能重新利用。早在1977年就由日本建筑业协会（BC-SJ）提出建议标准《再生骨料和再生骨料混凝土使用规范》，之后，随着技术革新和技术需要，日本编制和修订了一系列相关标准，如建筑垃圾预处理设备相关标准及针对再生骨料的技术标准等。

德国是欧盟首个大规模利用建筑垃圾的国家，建筑垃圾回收利用率高。从20世纪末开始，德国有关学会就制定了一系列关于建筑垃圾处理和回收利用的标准，如《公路循环材料标准》《在混凝土中采用再生骨料的应用指南》等，这些标准确定了骨料的成分和混凝土中可使用回收骨料的最高含量以及作道路修建和土木工程循环建筑材料的质量保护等。

1.3.1.3　技术体系

因为发达国家较早结束了城镇化进程，相对较少的建设活动导致建筑垃圾产生量不高，同时其建筑垃圾管理框架已十分完善，现有研究主要集中于资源化利用技术开发、废弃物处理处置环境影响特征以及建筑垃圾处理处置经济分析等方面。

M. M. M. Teo等[29]从行为意识的角度出发，调查研究影响建筑垃圾减量化的因素。Tulay Esin等[30]调查了土耳其房屋装修客户的装修原因和装修垃圾产生的主要因素，提出适合土耳其实际情况的减量化措施。Bergsdal等[31]从成本效益的角度出发，分析了建筑垃圾减量化的经济可行性。Catherine Charlot-Valdieu[32]对法国环境与能源控制局（ADEMA）和建设与建筑计划局（PCA）实地建设工地进行了详细考察，并分析了其建筑废弃物削减与管理方面的措施，并提出了实际施工过程中建筑废弃物的处置方案。Townsend[33]分析了美国建筑垃圾再生骨料中多种重金属的含量及浸出毒性特征，结果表明再生骨料类废弃物中重金属的整体污染水平不高；Mercer[34]还专门就木质建材类废弃物中含Cu、As和Cr类防腐剂的浸出特性进行了研究，结果表明其潜在较大的环境风险；Coelho等[35]对葡萄牙的一家大型回收工厂进行了研究，评估该工厂设立于人口稠密的城市地区的经济可行性，对一家建筑垃圾回收厂进行了初级能源消耗和碳排放量生命周期影响评价，假设该厂能运行60年，建筑垃圾的处理量达到350t/h，指出回收建筑垃圾具有显著的环境效益，其中，碳减排量大于处理过程的碳排放量，节能量超过运行寿命期间的能源消耗；Sormunen等[36]对在复合材料制造中使用回收建筑垃圾的可能性进行文献综述，研究发现热塑性塑料、矿棉、石膏和木材被用作复合材料的再生建筑垃圾材料的可能性较大。

各国对于建筑垃圾的回收回用从建筑垃圾减量化设计、建筑垃圾分离处理和再生骨料利用方面进行技术研发，形成了较为完整的技术体系（表1-5）。

各国关于建筑垃圾回收回用的技术体系 表 1-5

技术系列	国家	主要内容
建筑垃圾减量化设计	英国	发布《废弃物和资源行动计划》的指南，在废弃物减量化方法上为建筑师提供指导意见
	美国	根据可利用程度将建筑垃圾综合利用分为低级利用、中级利用和高级利用 3 个级别，装修垃圾预处理后的含杂率相对较高的再生骨料，一般作为各种再生墙材产品的重要原料
	日本	明确要求建筑师在设计时要考虑建筑在 50 年或者 100 年后拆除的回收效率，建造者在建造时采用可回收的建筑材料和方法
	新加坡	广泛采用绿色设计、绿色施工理念，优化建筑流程，大量采用预制构件，减少现场施工量，延长建筑设计使用寿命并预留改造空间和接口
建筑垃圾分离处理	德国	德国研究开发了干馏处理工艺，可高效分离装修垃圾中的各类再生材料，以便回收再利用，处理过程中产生的余热可用于发电，预处理后的有毒、重金属等物质也可有效分离
	英国	建筑垃圾分级评估、再利用质量控制等技术规范标准
	日本	对建筑垃圾进行严格的分类，不同的类别都有较成熟的处理方案和技术
再生骨料利用技术	法国	利用碎混凝土和砖块生产出砖石混凝土砌块
	日本	废旧混凝土砂浆和石子的分离再生技术
	韩国	从废弃的混凝土中分离水泥，并使水泥能再生利用

借鉴国外发达国家的经验可知，建筑装修垃圾的减量化管理最有效的方式是实行源头削减战略，政府在建筑垃圾减量化管理方面起着关键作用，需要制定相关法律政策，指导源头削减建筑垃圾的产生，加大技术研究投入，明确再生产品的质量标准，引导建筑垃圾回收利用企业发展。

1.3.2 国内发展现状

1.3.2.1 政策法规

（1）国家层面建筑垃圾政策法规

我国很早就颁布法规进行固体废弃物管理。1989 年底颁布的《中华人民共和国环境保护法》指出：各级人民政府应当统筹固体废物的收集、运输和处置等环境卫生设施，危险废物集中处置设施、场所以及其他环境保护公共设施，并保障其正常运行。此后，又先后颁布了《中华人民共和国固体废物污染环境防治法》《城市市容和环境卫生管理条例》《城市建筑垃圾管理规定》等，这些法律法规都对建筑垃圾（包括装饰装修垃圾）的处理方法以及责任提出了相应规定，完善现有法律法规和标准体系，从不同层面鼓励垃圾减量和综合利用。

2020 年 4 月 29 日，中华人民共和国第十三届全国人民代表大会常务委员会第十七次会议修订通过《中华人民共和国固体废物污染环境防治法》，自 2020 年 9 月 1 日起施行。2020 年 5 月 8 日，住房和城乡建设部发布《住房和城乡建设部关于推进建筑垃圾减量化的指导意见》（建质〔2020〕46 号文），明确装饰装修垃圾减量的三条主要措施，即开展绿色策划、实施绿色设计、推广绿色施工。

我国关于建筑垃圾处理、减量和综合利用的相关政策如表 1-6 所示。

我国关于建筑垃圾处理、减量和综合利用的相关政策

表1-6

时间	部门	文件	内容
1992年	国务院	城市市容和环境卫生管理条例	对装修垃圾清运等作出了规定
2005年	建设部	城市建筑垃圾管理规定	要求建筑垃圾处置实行减量化、资源化、无害化和谁产生、谁承担处置责任的原则;国家鼓励建筑垃圾综合利用,鼓励建设单位、施工单位优先采用建筑垃圾综合利用产品
2005年	国务院	固体废物环境污染防治法	明确政府责任以及分类处理、制定规划的要求及责任主体,明确施工单位的责任,并提出编制建筑垃圾处理方案的新要求
2007年	国务院	企业所得税法实施条例	公共垃圾处理企业可享受所得税三免三减半的优惠(第一~三年免征企业所得税,第四~六年减半征收企业所得税)
2009年	国务院	循环经济促进法	专门设立"再利用和资源化"一章,针对建筑垃圾资源化利用进行了原则性规定,要求对工程施工中产生的建筑废物进行综合利用,不具备综合利用条件的,建设单位应当委托具备条件的生产经营者进行综合利用或者无害化处置;省、自治区、直辖市人民政府可以根据本地区经济社会发展状况实行垃圾排放收费制度;国家实行有利于循环经济发展的政府采购政策
2011年	财政部、国家税务总局	关于调整完善资源综合利用产品及劳务增值税政策的通知	生产原材料中掺兑比例不低于30%的特定建材产品免征增值税,对销售自产的以建(构)筑废物、煤矸石为原料生产的建筑砂石骨料免征增值税。生产原料中建(构)筑废物、煤矸石的比重不低于90%。对垃圾处理、污泥处理处置劳务免征增值税。对再生节能建筑材料企业扩大产能贷款贴息
2013年	国务院	循环经济发展战略及近期行动计划	推进建筑废物资源化利用。推进建筑废物集中处理、分级利用,生产高性能再生混凝土、混凝土砌块等建材产品。因地制宜建设建筑废物资源化利用和处理基地
2013年	国家发展改革委	产业结构调整指导目录	规定建筑废弃物的综合利用属于第一类鼓励类
2015年	国家发展改革委	2015年循环经济推进计划	对深入实施绿色建筑行动进行了明确要求,要求重点推进建筑垃圾资源化利用,开展建筑垃圾管理和资源化利用试点省建设工作
2016年	国家发展改革委	循环发展引领计划	重点对建筑垃圾资源化的相关内容进行了规定
2018年	国务院办公厅	"无废城市"建设试点工作方案	在全国范围内选择10个左右有条件、有基础、规模适当的城市,在全市域范围内开展"无废城市"建设试点。到2020年,系统构建"无废城市"建设指标体系,探索建立"无废城市"建设综合管理制度和技术体系,形成一批可复制、可推广的"无废城市"建设示范模式
2020年	中共中央	关于制定国民经济和社会发展第十四个五年规划和二○三五年远景目标的建议	"十四五"时期,经济社会发展必须遵循的原则包括"主要污染物排放总量持续减少"。探索固体废物源头减量、资源化利用和无害化处理,促进城市绿色发展转型,提高城市生态环境质量。构建集污水、垃圾、固废、危废、医废处理处置设施和监测监管能力于一体的环境基础设施体系,形成由城市向建制镇和乡村延伸覆盖的环境基础设施网络
2020年	中共中央办公厅、国务院办公厅	关于构建现代环境治理体系的指导意见	提出新形势下我国鼓励循环发展模式,提倡无害生产和推动循环经济发展,提出"加强再生产品应用,提高建筑垃圾综合利用水平"的目标
2020年	人大常委会	固体废物污染环境防治法	推进建筑垃圾源头减量,建立建筑垃圾回收利用体系等

续表

时间	部门	文件	内容
2020年	住房和城乡建设部	住房和城乡建设部关于推进建筑垃圾减量化的指导意见	2025年底,各地区建筑垃圾减量化工作机制进一步完善,实现新建建筑施工现场建筑垃圾(不包括工程渣土、工程泥浆)排放量不高于300t/万 m^2,装配式建筑施工现场建筑垃圾(不包括工程渣土、工程泥浆)排放量不高于200t/万 m^2。落实建设单位在建筑垃圾减量化工作的首要责任;各参建主体要积极开展绿色策划、实施绿色设计、推广绿色施工,采用先进技术、工艺、设备和管理措施
2020年	住房和城乡建设部办公厅	施工现场建筑垃圾减量化指导手册	明确了施工现场建筑垃圾减量化应遵循"源头减量、分类管理、就地处置、排放控制"的原则,规定了施工现场建筑垃圾专项方案编制、源头减量、分类收集与存放、就地处置和排放控制等
2020年	国家发展改革委等15个部委	关于促进砂石行业健康有序发展的指导意见	支持使用建筑垃圾生产再生产品及拆迁废弃物制作再生材料替代原有材料,整治违规区域,提高再生砂石产量
2021年	国务院	关于推动城乡建设绿色发展的意见	加强建筑材料循环利用,促进建筑垃圾减量化。倡导绿色装修,鼓励选用绿色建材、家具、家电。持续推进垃圾分类和减量化、资源化,推动生活垃圾源头减量,建立健全生活垃圾分类投放、分类收集、分类转运、分类处理系统
2021年	国务院	国家标准化发展纲要	建立绿色建造标准,完善绿色建筑设计、施工、运维、管理标准。分类建立绿色公共机构评价标准,合理制定消耗定额和垃圾排放指标
2021年	国务院	中共中央国务院关于深入打好污染防治攻坚战的意见	明确提出要稳步推进"无废城市"建设。健全"无废城市"建设相关制度、技术、市场、监管体系,推进城市固体废物精细化管理。"十四五"时期,推进100个左右地级及以上城市开展"无废城市"建设,鼓励有条件的省份全域推进"无废城市"建设
2021年	生态环境部等18个部委	"十四五"时期"无废城市"建设工作方案	提出推动100个左右地级及以上城市开展"无废城市"建设
2021年	住房和城乡建设部	施工现场垃圾减量化图册	明确《施工现场垃圾减量化图册》与《施工现场建筑垃圾减量化指导手册》配套使用,规定了施工现场建筑垃圾的减量策划、垃圾分类、源头减量、分类收集与存放、就地处置和排放控制
2021年	国家发展改革委等10个部委	关于"十四五"大宗固体废弃物综合利用的指导意见	到2025年,建筑垃圾、农作物秸秆等大宗固废的综合利用能力显著提升,利用规模不断扩大,新增大宗固废综合利用率达到60%,存量大宗固废有序减少。要不断完善综合利用产业体系,在关键瓶颈技术方面取得突破,健全相关政策法规、标准和统计体系、利用制度等;建立集约高效的产业基地和能够起到示范引领作用的骨干企业,形成大宗固废综合利用产业高质量发展新格局;鼓励建筑垃圾再生骨料及制品在建筑工程和道路工程中的应用,以及将建筑垃圾用于土方平衡、林业用土、环境治理、烧结制品及回填等,不断提高利用质量、扩大资源化利用规模
2022年	住房和城乡建设部	"十四五"建筑业发展规划	提出发展目标:实现新建建筑施工现场建筑垃圾(不包括工程渣土、工程泥浆)排放量不高于300t/万 m^2,装配式建筑施工现场建筑垃圾(不包括工程渣土、工程泥浆)排放量不高于200t/万 m^2

特别值得提出的是，2020 年 4 月 29 日，十三届全国人大常委会第十七次会议审议通过了修订后的《中华人民共和国固体废物环境污染防治法》（以下简称新《固废法》，自2020 年 9 月 1 日起施行）。此次全面修改固废法是从生态文明建设和经济社会可持续发展的全局出发，健全生态环境保护法律制度，完善固体废物管理法规体系，落实环境污染防治责任，统筹推进各类固体废物综合治理，强化危险废物全过程精细化管理，是健全最严格最严密生态环境保护法律制度和强化公共卫生法治保障的重要举措。新《固废法》明确固体废物污染环境防治坚持减量化、资源化和无害化原则；强化产生者责任，增加排污许可、管理台账、资源综合利用评价等制度。其中，对建筑垃圾高度重视，将"建筑垃圾"从固废法中的"生活垃圾"单独分出来，将"建筑垃圾"单独作为一大类进行管理，具体可以从以下几个方面分析：

1）强化政府监管。新《固废法》要求县级以上地方人民政府应加强建筑垃圾污染环境的防治，建立分类处理制度，制定包括源头减量、分类处理、消纳设施和场所布局及建设等在内的建筑垃圾污染环境防治工作规划。

2）推进源头减量。新《固废法》中鼓励采用先进技术、工艺、设备和管理措施，推进建筑垃圾源头减量，建立建筑垃圾回收利用体系。县级以上地方人民政府应当推动建筑垃圾综合利用产品应用。

3）明确管理职责。新《固废法》要求县级以上地方人民政府环境卫生主管部门负责建筑垃圾污染环境防治工作，建立建筑垃圾全过程管理制度，规范相关行为，推进综合利用，加强建筑垃圾处置设施、场所建设，保障处置安全，防止污染环境。此外，要求工程施工单位应当编制建筑垃圾处理方案，采取污染防治措施，并报县级以上地方人民政府环境卫生主管部门备案。及时清运工程施工过程中产生的建筑垃圾等固体废物，并按照环境卫生主管部门的规定进行利用或者处置，不得擅自倾倒、抛撒或者堆放工程施工过程中产生的建筑垃圾。

4）从严执法。新《固废法》中对工程施工单位未编制建筑垃圾处理方案报备案，或者未及时清运施工过程中产生的固体废物；擅自倾倒抛撒或者堆放工程施工过程中产生的建筑垃圾，或者未按照规定对施工过程中产生的固体废物进行利用或者处置的，处十万元以上 100 万元以下罚款。

（2）国家层面装饰装修垃圾政策法规

装饰装修垃圾组分复杂给管理造成了阻碍。目前，国内大多省市尚未对装饰装修垃圾的受纳量、来源、流向等信息进行系统追踪，无统一的计算口径，缺少计算标准。近年来我国逐渐重视装饰装修垃圾排放问题，大力提倡装配式建筑，旨在实现装饰装修垃圾的源头减量。诸如装配式内装采用 SI 体系，即建筑主体结构与管线分离，减少在建筑主体上开墙凿洞，空腔走线，进一步减少废砖石混凝土的产生。同时一些部品部件在工厂进行工业化生产，精准度高，品质稳定，能减少装饰材料浪费，延长使用年限，间接减少因装饰装修需求产生的拆除垃圾。部分城市为加强城市市容环境卫生管理，进一步加强装饰装修垃圾管理，基于《城市建筑垃圾管理规定》（建设部令第 139 号）的要求，从装饰装修垃圾处置端规范收处秩序，颁布了相关的管理办法及条例等政策，具体如表 1-7 所示。

装饰装修垃圾管理条例　　　　　　　　　　　　　　　　表 1-7

年份	政策制度	内容概述
2002	《住宅室内装饰装修管理办法》(建设部令第110号)	要求住宅室内装饰装修管理服务协议中应包括废弃物清运与处置,装修中的各种固体和可燃液体等废物应当按照规定的位置、方式和时间堆放和清运
2016	《国务院办公厅关于大力发展装配式建筑的指导意见》	明确指出鼓励发展装配式建筑及全装修建筑,实现装配式建筑占新建建筑面积的比例达到30%
2022	《广州市装饰装修废弃物管理办法》	明确装饰装修废弃物的排放人按照"谁产生、谁负责、谁付费"的原则承担主体责任,明确运输及综合利用准则
2020	《装修垃圾收运技术规程》	规范装修垃圾的收集运输,促进装修垃圾的减量化、资源化和无害化
2018	《苏州市区装修垃圾无害化处理资源化利用工作实施方案》	建立装修垃圾管理体系,加快终端处置能力建设,配套建立规范清运、有偿服务、监督管理体系,形成特色装修垃圾管理模式
2018	《厦门市建筑装修垃圾处置管理办法》	规定建筑装修垃圾的分类、收集和处置方式,明确产生建筑装修垃圾的主体责任、属地、行业及执法部门的职责,提高行政效能,实现建筑装修垃圾"源头有分类、收集有主体、运输全监控、消纳全利用"的总体目标

　　近年来,国内装饰装修垃圾问题逐渐暴露,引起各方重视,在社会需求的驱动下,国家和地方相继出台政策,大力提倡"装修一次到位""装修工厂化""菜单式全装修"等,旨在推动装饰装修垃圾的源头减量,但由于发展程度的不同,各城市对装饰装修垃圾的管理也存在一定差距,实施效果并不理想,除了北上广深等一些大城市外,精装修商品房在大多数城市,尤其是县城仍是凤毛麟角。

　　(3) 地方层面法规政策

　　随着国家政策的逐渐清晰,各地纷纷出台建筑垃圾(包含装饰装修垃圾)相关管理办法,并且各地的政策与制度呈现鲜明的地域特色,成为地方工作开展的重要抓手。据中国城市环境卫生协会建筑垃圾管理与资源化工作委员会统计,截至 2020 年 5 月,我国共有17 个省市和189 个地区出台了关于建筑垃圾管理的政策,其中在装饰装修垃圾或建筑垃圾的管理上,各地方性法规政策多是基于《城市建筑垃圾管理规定》(建设部令第139 号)的要求,对部分城市管理装饰装修垃圾从设计阶段、产生阶段、运输管理、处置阶段和再生产品推广方面进行梳理,具体如表 1-8 所示。

部分城市关于装饰装修垃圾处理的法规政策　　　　　　　表 1-8

管理过程	政策措施	北京	上海	深圳
设计阶段	鼓励装配式设计	√	√	√
	设置装修垃圾排放标准	/		√
产生阶段	投放管理责任人制度	√	√	/
运输管理	电子联单管理制度	√		
处置阶段	鼓励深度分类	√	√	√
	扶持终端处理能力建设	√	√	√
再生产品推广	鼓励再生产品的应用	√	√	√

　　1) 北京

　　① 设计阶段

　　2017 年北京市人民政府颁发《关于加快发展装配式建筑的实施意见》(京政办发

〔2017〕8 号），提出自 2017 年 3 月 15 日起，新纳入保障性住房建设计划的项目和新立项政府投资的新建建筑、以招拍挂方式取得城六区和通州区地上建筑规模 5 万 m^2（含）以上国有土地使用权的商品房开发项目应采用装配式建筑，不断提高装配式建筑在新建建筑中的比例；统筹建筑结构、机电设备、部品部件、装配施工、装饰装修，推行装配式建筑一体化集成设计；积极推广标准化、集成化、模块化的装修模式，推广整体厨卫、同层排水、轻质隔墙板等材料、产品和设备管线集成化技术，加快智能产品和智慧家居的应用，提高装配化装修水平。

2022 年北京市住房和城乡建设委员会发布《北京市人民政府办公厅关于进一步发展装配式建筑的实施意见》（京政办发〔2022〕16 号），提出新立项政府投资的地上建筑面积 3000 m^2 以上的新建建筑应采用装配式建筑，其中单体地上建筑面积 1 万 m^2 以上的新建公共建筑应采用钢结构建筑；新建地上建筑面积 2 万 m^2 以上的保障性住房项目（包括公共租赁住房、共有产权住房和安置房）应采用装配式建筑；推进新建装配式建筑实施全装修成品交房，并纳入住房销售合同。逐步提高保障性住房、商品住房和公共建筑的装配式装修比例，鼓励既有建筑采用装配式装修。到 2025 年，实现装配式建筑占新建建筑面积的比例达到 55%，基本建成以标准化设计、工厂化生产、装配化施工、一体化装修、信息化管理、智能化应用为主要特征的现代建筑产业体系。

② 产生阶段

2017 年北京市住房和城乡建设委员会发布了《北京市住房和城乡建设委员会关于建筑垃圾运输处置费用单独列项计价的通知》（京建法〔2017〕27 号），规定建设单位（含房地产开发企业）应当将建筑垃圾运输处置费用单独列项计价，并确保及时足额支付相关费用。对于实施物业管理的居民住宅小区，居民装修垃圾应当由物业服务企业统一清运，业主、装饰装修企业不得自行清运。物业服务企业受托清运居民装修垃圾，应当明码标价并选择具有经营许可的运输企业，与运输企业签订委托清运合同，与消纳场签订处置协议，并依法取得消纳证。物业服务企业不得允许无经营许可运输企业的运输车辆进入物业管理区域收集或运输居民装修垃圾。对于未实施物业管理的居民住宅小区，居民进行室内装饰装修工程开工前，应当向属地街道办事处（或乡镇政府）登记，由属地街道办事处（或乡镇政府）统一办理消纳证，并及时组织清运居民装修垃圾。这从源头上加强了对居民住宅小区装修垃圾的管理，也通过这类文件的实施实现了装修垃圾源头减量、源头规范化管理。

③ 运输阶段

2018 年北京市住房和城乡建设委、市城市管理委、市城管执法局、市交通委、市公安交管局、市环保局联合发布了《关于印发北京市居民住宅小区装修垃圾规范管理专项行动工作方案的函》（京管函〔2018〕227 号），要求将装修垃圾运输管理纳入 2018 年渣土运输规范管理工作内容，确保装修垃圾的运输单位取得《从事生活垃圾经营性清扫、收集、运输服务许可（仅限于建筑垃圾收集、运输服务）》；车辆符合北京市地方标准《建筑垃圾标识、监控密闭技术要求》、取得建筑垃圾运输车辆准运证。装修垃圾运输过程中车容车貌保持干净整洁、车厢密闭、不泄漏遗撒、不乱倒乱卸，严厉整治"小蓝车""农用车"非法运输装修垃圾问题。

2020 年北京市人民政府颁布实施《北京市建筑垃圾处置管理规定》（北京市人民政府令〔2020〕293 号），要求施工单位根据建筑垃圾运输服务合同的约定，通知建筑垃圾运输服务单位及时清运施工产生的建筑垃圾；对需要在施工现场贮存的建筑垃圾，应当按照规定采取密闭式垃圾站或者防尘网遮盖等扬尘防治措施。在装修垃圾运输过程中实行装修垃圾运输电子运单制度：装修垃圾运输服务单位运输建筑垃圾，实行一辆车对应一份电子运单，如实记录装修垃圾的种类、数量和流向等情况。装修垃圾运输服务单位发现建设单位、施工单位或者生活垃圾分类管理责任人交运的装修垃圾与其他生活垃圾、危险废物混合的，有权要求其改正；拒不改正的，装修垃圾运输服务单位有权拒绝运输，并应当立即向城市管理综合执法部门报告。

④ 处置阶段

《固定式建筑垃圾资源化处置设施建设导则》（京建发〔2015〕395 号）对设施规模与构成、厂址选择、工艺与装备、辅助生产与配套设施等内容作出规定，以加强建筑垃圾资源化处置设施建设的科学性，规范建筑垃圾资源化处置设施建设，推动资源的循环利用。同时，《北京市建筑垃圾处置管理规定》（北京市人民政府政府令〔2020〕293 号）对违法处置建筑垃圾或者擅自设置建筑垃圾消纳场所，污染环境、破坏生态，损害社会公共利益的行为进行了法律责任的明确，其中对随意倾倒、抛撒或对方建筑垃圾的，对单位处 10 万元以上 100 万元以下的高额罚款。

2022 年 5 月 17 日，北京市城市管理委联合相关市级部门联合制定了《关于进一步加强建筑垃圾分类处置和资源化综合利用工作的意见》，对全面实施建筑垃圾分类处置、优化调整建筑垃圾备案登记制度作了要求。其中，对于装修垃圾的处置要求按就近原则选择具备装修垃圾分拣或处置能力的建筑垃圾资源化处置场进行处置，由装修垃圾产生者承担运输处置费用。将建筑垃圾资源化处置设施细化调整为就地处置设施、临时处置设施、永久处置设施。除核心区外，每个区应具备不少于 2～3 处永久（或临时）性设施。

⑤ 再生产品推广阶段

北京市发展改革委、住房和城乡建设委、城市管理委、交通委、生态环境局、园林绿化局等先后发布了《北京市建筑垃圾分类消纳管理办法（暂行）》（京管发〔2022〕24 号）《关于进一步加强建筑废弃物资源化综合利用工作的意见》（京建法〔2018〕7 号）、《建筑垃圾废弃物再生产品主要种类及应用工程部位》《关于推进大型政府投资项目使用建筑垃圾再生产品意见的通知》（京疏整促办〔2018〕1 号）等文件，鼓励建筑垃圾的资源化利用，支持建筑垃圾再生产品的生产企业发展，鼓励建设工程选用建筑垃圾再生产品和可回收利用的建筑材料。尤其是政府财政性资金及国有单位资金投资控股或占主导地位的建设工程，在技术指标符合设计要求及满足使用功能的前提下，率先在指定工程部位选用再生产品，其中市政、交通、园林、水务等市级工程，按照最新发布的《建筑垃圾废弃物再生产品主要种类及应用工程部位》要求，指定工程部位选择的再生产品替代使用比例不低于 10%。

2022 年北京市人民政府颁布《北京市"十四五"时期重大基础设施发展规划》（京政发〔2022〕9 号），指出需加强建筑垃圾全过程处置利用，优化建筑垃圾资源化利用设施布局，推进装修垃圾与建筑垃圾处理设施协同建设，推广建筑垃圾再生产品利用，到 2025 年实现装修垃圾处置资源化，完善全市循环经济园系统布局。

2）上海

① 设计阶段

先后发布《关于推进本市装配式建筑发展的实施意见》（沪建管联〔2014〕901 号）、

《关于进一步明确装配式建筑实施范围和相关工作要求的通知》（沪建建材〔2019〕97号）、《关于进一步明确上海市装配式建筑单体预制率和装配率计算相关要求的通知》（沪建建材〔2021〕584号）等相关文件，自2017年1月1日起，外环线以内城区新建商品住宅要100%实施全装修，其他地区达到50%；公租房、廉租房实施全装修比例应达到100%，要求高度100m以上（不含100m）的居住建筑，建筑单体预制率不低于15%或单体装配率不低于35%，并在动迁安置房、经济适用房等毛坯交付的保障性住房中率先推进"大开间"的设计理念，这些举措避免了二次装修，从源头上减少装修垃圾的产生。

2022年上海市人民政府办公厅关于印发《上海市资源节约和循环经济发展"十四五"规划》的通知（沪府办发〔2022〕6号），规划指出大力推进工程渣土等废弃物源头减量，持续推进装配式和全装修建筑，推进土建工程与装修工程同步设计与施工，探索实施建筑工程废弃物排放限额管理。鼓励采用模块化部件、组合式设计、易回收和重复利用材料进行建筑内装，鼓励大型会展、赛事采用可循环利用装饰材料，以推动节约型工地建设和装修垃圾减量。

② 产生阶段

2017年9月，上海市人民政府发布了《上海市建筑垃圾处理管理规定》（沪府令57号），遵循建筑垃圾处理减量化、资源化、无害化理念，从法律制度层面落实建筑垃圾分类处理、全程管控等要求，要求装修垃圾和拆除工程中产生的废弃物，经分拣后进入消纳场所和资源化利用设施进行消纳、利用，重点体现了上海市对于建筑垃圾源头减量减排和资源化利用的引领和导向作用。

2018年上海市绿化市容局、市房管局、市物价局、市城管执法局联合发布《关于进一步规范住宅小区装修垃圾清运相关行为的通知》（沪绿容规〔2018〕5号），鼓励装修垃圾产生单位和个人对可资源化利用的装修垃圾进行分类投放，投放管理责任人应当予以引导；装修垃圾投放管理责任人应当将作业服务单位、投放规范、投放时间、监督投诉方式等事项在物业管理区域内公布，这些规定都标志着装修垃圾投放管理责任人制度的实施，确认了责任主体，明确了责任人义务以及装修垃圾投放要求，确保装修垃圾源头有分类，收集有主体。

2021年上海市绿化市容局、市房管局联合发布《关于加强本市装修垃圾、大件垃圾投放和收运管理工作的通知》（沪绿容规〔2021〕3号），推广"定时定点投放、预约到点收集、明码公示收费"的收运新模式：一是在投放至专门堆放场所的基础上，增加了投放至专用回收箱、临时交付点两种方式，小区可根据实际选择。装修垃圾、大件垃圾投放至专用回收箱内，箱满后由物业服务企业或者业主、使用人预约收运企业整箱运走，减少作业扰民，降低环境影响。临时交付点具有设点灵活性、收运及时性特点，通过业主、使用人有效预约实现投放和收运的有序衔接，减少装修垃圾、大件垃圾在小区停留时间；二是落实了"谁产生谁付费，多产生多付费"的原则，优化装修垃圾收费方式，由按面积收费向按袋、按箱、按车、按件收费转变，实行按量收费、按实结算。三是在全市范围推广装修垃圾预约收运，让市民足不出户即可进行网上预约收运。由物业或业主、使用人直接进行信息提交，装修垃圾收运企业能够及时掌握收运辖区装修垃圾的投放情况，合理制定收运路线和班次，推进投放和收运有序衔接，收运和收费全程可溯，运力和运能合理配置，实现预约投放更方便、收运服务更精细、居住环境更整洁。

③ 运输阶段

针对当前上海建筑垃圾处置工作面临的突出矛盾，尤其是自 2016 年 7 月起发生的两起擅自跨省处置建筑垃圾事件后，上海市已全面停止建筑垃圾往外省市运输消纳。2018 年开始执行《上海市建筑垃圾处理管理规定》（沪府令 57 号），规定建筑垃圾处理实行减量化、资源化、无害化和"谁产生、谁承担处理责任"，要求作业服务单位应当使用符合本市建筑垃圾运输车辆技术和运输管理要求的运输车辆，将装修垃圾运输至作业服务协议中约定的中转分拣场所进行分拣处理，将砖石类、木材类、金属类、玻璃类等垃圾进行分拣，在法律制度层面落实建筑垃圾分类处理、全程管控等要求，延伸管理环节，强化装修垃圾运输全过程监管制度。

2021 年颁布实施《关于加强本市装修垃圾、大件垃圾投放和收运管理工作的通知》（沪绿容规〔2021〕3 号），要求收运企业应采用符合本市装修垃圾、大件垃圾收运规范的专用回收箱和运输车辆，并根据装修垃圾、大件垃圾收运装备标准逐步升级要求，及时更新收运装备。加强车辆日常维护保养，保持车辆车容车貌良好，杜绝车辆"跑冒滴漏"，实现收集和运输无尘化、密闭化。

④ 处置阶段

先后发布了《关于进一步规范本市拆房（拆违）垃圾和装修垃圾收运处置工作的通知》（沪建城管联〔2017〕420 号）、《关于进一步深化建筑垃圾管理领域专项治理的通知》（沪绿容〔2020〕257 号）等相关文件，要求通过落实职责分工、提高中转分拣和末端处置能力等，进一步规范本市拆房（拆违）垃圾和装修垃圾末端处置行为。同时对上海市规划建设 12 座装修垃圾和拆房垃圾集中资源化利用设施，进一步梳理节点目标，浦东、松江、嘉定、金山、青浦、闵行等尚在建设中的设施要加快进度，争取早日建成投产，宝山、崇明、奉贤、普陀等建成投产的设施要积极发挥处理效能，环保、高效运行。

在处置费政策方面，2017 年市住房和城乡建设委、市绿化市容局、市发展改革委、市规划自然局、市环保局、市城管执法局等 6 部门印发了《关于加快推进本市建筑垃圾处置工作的实施方案》（沪建城管联〔2017〕401 号），提出"实施跨区收费制度"，即"建筑垃圾从导出区进入导入区存放处置的，暂按 30 元/t 标准收费，其中 15 元为临时处置场所收取的处置费，15 元为导出区向导入区支付的补偿费，处置费主要用于拆房（拆违）和装修垃圾堆放处置点的建设管理运营，补偿费主要由属地政府用于临时处置场所周边环境改善，公共服务设施和基础设施建设的维护、临时借地费等"。根据《上海市建筑垃圾处理管理规定》（沪府令 57 号）中明确的"谁生产谁付费"的原则，装修垃圾产生者可自行与作业服务单位进行费用结算，也可委托物业进行结算。对于装修垃圾的处置费用，上海市市容环卫、物业管理、装饰装修等行业协会会定期汇总各区的装修垃圾清运收费价格信息，并在网上向社会公布。

⑤ 再生产品推广阶段

上海市住房和城乡建设管理委员会、上海市绿化和市容管理局等部门先后发布了《关于加快推进本市建筑垃圾处置工作的实施方案》（沪建城管联〔2017〕401 号）、《上海市资源节约和循环经济发展"十四五"规划》（沪府办发〔2022〕6 号）等文件，要求明确本市各类建筑工程中建筑垃圾资源化利用产品使用比例和要求，加大建筑垃再生产品的强制使用和应用推广，打通建筑垃圾资源化产品利用途径。同时，鼓励建筑垃圾资源化利用技术研发，提升处理工艺水平，促进建筑垃圾再生建材多样化、高水平利用。进一步完善建筑垃圾再生产品标准和应用规程，加大再生建材推广应用力度，鼓励在道路、雨污分流、河道整治等市政建设项目中率先使用。

3）深圳

① 设计阶段

通过《深圳市装配式建筑发展专项规划（2018—2020）》《深圳市装配式建筑住宅项目建筑面积奖励实施细则》（深建规〔2017〕2 号）、《关于加快推进装配式建筑的通知》（深建规〔2017〕1 号）、《深圳市装配式建筑产业基地管理办法》（深建规〔2018〕10 号）、《关于做好装配式建筑项目实施有关工作的通知》（深建规〔2018〕13 号）等政策文件，提出了 2018～2020 年深圳装配式建筑发展多项目标与阶段性任务，推动装配式建造方式从公共住房向新建居住建筑、公共建筑及市政基础设施的广覆盖，逐年提高装配式建筑占新建建筑的比例；将装配式建筑纳入建筑节能减排和绿色创新发展专项资金，按不超过申请项目建筑安全工程项目的 3% 进行奖励。

② 产生阶段

2012 年颁布实施《深圳市建筑废弃物受纳场运行管理办法》（深城管〔2012〕35 号），规定新建废弃物和拆除废弃物排放量估算方法，提出"减排设计、减排施工管理、减排施工措施"的建筑垃圾减量化管理方针。

深圳市地方标准《建设工程建筑废弃物排放限额标准》SJG 62—2019 是国内首次明确提出建设工程限额排放要求，遵循"倒逼排放减量、鼓励综合利用"的原则，构建了工程渣土、拆除废弃物、施工废弃物、装修废弃物等四大类建筑废弃物排放限额指标体系。其中根据单位建筑面积装修垃圾的平均产生量、可资源化利用量制定了建筑工程的装修垃圾排放限额。该标准为鼓励使用建筑废弃物综合利用产品，还规定综合利用产品的使用可抵扣部分装修废弃物限额，即综合利用产品使用越多，其装修废弃物排放限额值越大。

③ 运输阶段

2014 年颁布实施《深圳市建筑废弃物运输和处置管理办法》（市政府第 260 号令），对建筑垃圾自产生到运输至受纳场中间各个环节的管理措施和参与方责任作了规定：建设单位或者工程总承包单位确定的运输单位应当向市公安交警部门申请核定建筑废弃物运输路线，市公安交警部门根据道路交通流量、交通管理工作需要以及环境保护部门提供的环境噪声污染防治信息等情况，在受理申请材料后 7 个工作日内予以核定；建筑废弃物运输时间应当符合市公安交警部门会同市住建、城管、环境保护等有关部门确定并公布的车辆通行时间；确需变更建筑废弃物运输单位的，建设单位应当持新签订的运输合同、运输车辆基本信息资料到住建部门办理变更备案。

2020 年修订实施的《深圳市建筑废弃物管理办法》（市政府第 330 号令）（后文简称：《办法》）中采用了排放核准、运输和消纳备案、电子联单等新的管理手段，以实现全链条跟踪建筑废弃物处置信息的目的，有效杜绝偷排乱倒、非法处置等现象。《办法》采用了排放核准、运输和消纳备案、电子联单等新的管理手段，以实现全链条跟踪建筑废弃物处置信息的目的，有效杜绝偷排乱倒、非法处置等现象。

2021 年，深圳市司法局网站发布通告，对《深圳市装修垃圾管理办法（征求意见稿）》公开征求意见，提出装修垃圾管理工作应当遵循"谁产生、谁付费"的原则，逐步实行分类计价、计量收费。装修垃圾收运处理实行收运处理一体化特许经营制度，装修垃圾收运处理的经营权期限为 10 年，经营期限届满 6 个月前，经营者可以向区主管部门申请经营权延期，服务质量经区主管部门考核合格的，区人民政府可以延长期限 5 年。延长期限届满的，区人民政府通过招标、拍卖、招募等方式重新确定特许经营企业。

④ 处置阶段

2021 年深圳市住房和城乡建设局颁布实施《深圳市建筑废弃物综合利用企业监督管理办法》（深建规〔2021〕5 号）中从综合利用企业厂区及设备扬尘污染防治、噪声污染防治、废水处理、存储及作业环保等方面明确了生产作业过程中的环境保护要求，并提出综合利用企业厂区内应当按照国家有关规定设置环境监测点，在产生废水、烟气、粉尘和噪声的生产设施上设置固定监测点，并按照规定进行维护，确保监测工作正常。

根据《安全生产法》《广东省安全生产条例》《深圳市安全管理条例》《深圳市生产经营单位安全生产主体责任规定》等法律法规的相关规定，并结合《建筑废弃物再生工厂设计标准》GB 51322—2018 等标准规范的具体要求，将既多且散的企业安全生产管理要求进行梳理整合，结合综合利用企业生产经营特点，从安全生产管理制度、作业安全、设备安全、职业健康管理及隐患排查治理等方面明确了企业开展建筑废弃物综合利用活动的安全生产管理要求。

《深圳市建筑废弃物管理办法》（市政府第 330 号令）明确了建筑废弃物综合利用企业实行消纳备案管理制度，并对企业生产经营、消纳建筑废弃物及生产经营的相关要求，初步建立了综合利用企业的监管机制。《办法》中规定，综合利用企业排放无法再利用的建筑废弃物的，应当在排放建筑废弃物前持与按照本办法规定备案的运输单位签订的运输合同以及消纳场所同意消纳的文件等材料，向区建设主管部门申请排放备案。符合备案要求的，区建设主管部门应当在十个工作日内发放备案文件；不符合备案要求的，区建设主管部门应当一次性告知需要补齐或者修正的材料。综合利用企业排放备案文件应当载明建筑废弃物种类及数量、运输单位及车辆号牌和消纳场所等信息。

⑤ 再生产品推广阶段

2012 年颁布实施《深圳市人民政府办公厅关于进一步加强建筑废弃物减排与利用工作的通知》（深府办函〔2012〕130 号），要求政府投资工程，包括市、区（含街道）政府财政性资金以及市、区（含街道）国有企事业单位资金投资占控股或主导地位的建设工程，在技术指标符合设计要求及满足使用功能的前提下，均应当在建筑工程和市政工程的指定工程部位全面使用绿色再生建材产品，并制定深圳市绿色再生建材产品主要种类及适用工程部位一览表，鼓励社会投资工程优先使用绿色再生建材产品。

通过对装饰装修垃圾管理政策的梳理发现，我国尚未颁布"强制性＋激励性"的装饰装修垃圾相关管理标准与激励政策，但出台了一系列鼓励装配式设计的指导性意见，提倡全装修建筑，从源头上实现装饰装修垃圾减量化目标。部分省市已经出台了装饰装修垃圾管理办法，但整体上普遍以建议性指导办法为主，非强制性文件。无论是国家还是地方，均缺乏针对装饰装修垃圾管理的强制性标准，无规范性监管。

1.3.2.2 标准规范

近年来，我国为探索建设"无废城市"，针对装饰装修垃圾的标准制定开展了较多的工作，制定了建筑垃圾（包含装修垃圾）的运输和收集过程中环境污染控制、资源化利用产品性能的共性要求（安全性等）及产品通用的检测方法等相关标准，如《建筑垃圾处理技术标准》CJJ/T 134—2019、《海南省建筑垃圾资源化利用技术标准》DBJ 46-055—2020、《建筑垃圾处置与资源化利用技术标准》DBJ50/T 318—2019 等，旨在规范建筑垃圾（包含装修垃圾）处理及资源化利用全产业链（产生、收集和运输、消纳和处置以及资源化利用），提高建筑垃圾减量化、资源化、无害化和安全处置水平。现从装修垃圾资源化利用全产业链角度梳理装修垃圾标准化现状，总结装修垃圾在产生-收集和运输-处置-资源化利用等各个环节的实际需求，归纳了装修垃圾资源化利用领域的标准框架体系，并对后续标准编制工作提出建议。

（1）产生环节

以建筑垃圾（包含装饰装修垃圾）减量化要"统筹规划、源头减量"为指导思想，国内发布了 5 项涉及建筑垃圾产生环节的标准，如表 1-9 所示。这些标准对建筑垃圾分类、产生量估算、减排设计、减排施工管理及减排施工措施等做出规定，从源头遏制建筑垃圾的产生，既解决建筑垃圾产生量增大难题，也减少了后续处理处置的人力、物力投入[11]。

国内建筑垃圾（包含装饰装修垃圾）产生环节相关标准　　　表 1-9

序号	标准类型	标准号	标准名称
1	国标	GB/T 50743—2012	工程施工废弃物再生利用技术规范
2	湖南省	DBJ 43/T 516—2020	湖南省建筑垃圾源头控制及处理技术标准
3	深圳市	SJG 21—2011	建筑废弃物减排技术规范
4	深圳市	SJG 63—2019	建设工程建筑废弃物减排与综合利用技术标准
5	深圳市	SJG 62—2019	建设工程建筑废弃物排放限额标准

住房和城乡建设部于 2012 年发布了《工程施工废弃物再生利用技术规范》GB/T 50743—2012，该标准从废混凝土再生利用、废模板再生利用、再生骨料砂浆、废砖瓦再生利用、其他工程施工废弃物再生利用、工程施工废弃物管理和减量措施做出规范。其中对工程施工中产生的建筑垃圾管理和减量措施提出了具体要求，规定了工程施工废弃物管理应建立工程施工废弃物管理体系与台账，并制定相应管理制度与目标，制定环境管理计划及应急救援预案，采取有效措施，降低环境负荷，在保证工程安全与质量的前提下，应制定节材措施，进行施工方案的节材优化、工程施工废弃物减量化，尽量利用可循环材料。该标准还对工程施工中扬尘、噪声与振动控制做出了要求。

湖南省住房和城乡建设厅于 2020 年发布《湖南省建筑垃圾源头控制及处理技术标准》DBJ 43/T 516—2020，该标准提出源头减量应尽量使用装配式实体材料和高周转性周转材料，保证建筑材料的精准投入，通过施工图纸的深化和施工工艺的优化，辅以精细化管理手段，确保施工质量和安全，加强成品保护，减少建筑垃圾的产生。该标准还规定新建建筑施工现场建筑垃圾的总量应符合以下要求：砖混结构不超过 400t/万 m²，现浇混凝土结构不超过 300t/万 m²，装配式建筑不超过 200t/万 m²。

深圳市住房和建设局于 2011 年编制并发布的《建筑废弃物减排技术规范》SJG 21—2011，对深圳市在新建、改建、扩建和拆除各类建筑物、构筑物、管网以及装修房屋等施工活动中建筑废弃物的减排和回收利用进行监督管理。对不同建筑类别（住宅建筑、商业建筑、公共建筑、工业建筑）新建建筑物、拆除建筑垃圾产量指标进行了规定，明确提出了建筑废弃物设计减排的具体要求，对现场施工减排管理工作提出要求，为减排施工提出相应措施。

深圳市住房建设局于 2019 年编制发布了《建设工程建筑废弃物排放限额标准》SJG 62—2019 和《建设工程建筑废弃物减排与综合利用技术标准》SJG 63—2019，提出了建设工程建筑废弃物排放限额指标，并明确了建筑废弃物减排与综合利用技术措施。《建设工程建筑废弃物排放限额标准》SJG 62—2019（后文简称：《限额标准》）作为国内第一部对各类建设工程产生的建筑废弃物具体排放限额指标要求的技术标准，遵循"倒逼排放减量，鼓励综合利用"的原则，构建了工程渣土、拆除废弃物、施工废弃物、装修废弃物等四大类建筑废弃物排放限额指标体系。在保证工程项目建设不受太大影响的前提下，引导建筑工程、道路桥梁工程、轨道交通工程、市政管线及综合管廊工程、园林工程、水利工程六大类建设工程在规划、设计、施工各阶段优化方案以减少建筑废弃物排放。同时，通过将综合利用产品应用纳入限额指标考虑因素，以激励综合利用产品的全面推广应用。《建设工程建筑废弃物减排与综合利用技术标准》SJG 63—2019 是国内第一部涵盖建设工程从规划、方案设计、施工图设计、工程施工到检验与验收全过程技术要求的建筑废弃物减排与综合利用标准，为建设工程达到《限额标准》要求提供了技术措施。在源头减排方面，提出竖向规划设计应充分利用场地原始地形地貌，合理规划布局以减少土（石）方开挖量，尽可能实现场内平衡；施工图设计应明确建筑废弃物控制计划和减量措施，从源头减少建筑废弃物的产生量。在综合利用方面，明确各项工程综合利用产品使用部位及使用数量，指导新建、改建、扩建工程在满足使用功能的前提下尽可能多地使用综合利用产品，并对综合利用产品使用情况提出了检验与验收的要求。

总的来说，现有建筑垃圾产生环节的相关标准，从建筑垃圾分类、数量估算、减排设计、减排施工管理及减排施工措施等做出规定，有效加强了建筑垃圾管理，减少了建筑垃圾排放，提高了建筑垃圾综合利用率。

（2）收集和运输环节

建筑垃圾（含装饰装修垃圾）收集和运输是垃圾分类减量中重要的一环，针对本环节制定相关标准，以满足建筑垃圾运输需要，有效治理超高、超载和撒落等违法运输建筑垃圾问题，需要实现密闭运输，减少撒落和扬尘污染，降低环境维护成本[37]；同时，考虑到建筑垃圾与生活垃圾成分差异较大，处置和资源化利用途径大相径庭，有必要建立建筑垃圾单独收运渠道，并针对建筑垃圾的收集和运输作业两个处置的前端过程中存在的安全性问题做出相应的规定，其有助于促进建筑垃圾收集和运输管理的规范性，提高建筑垃圾资源化利用水平。国内现有涉及建筑垃圾（含装饰装修垃圾）收集和运输相关标准 12 项，具体如表 1-10 所示。

国内建筑垃圾（含装饰装修垃圾）收集和运输环节相关标准　　　　表 1-10

序号	标准类型	标准号	标准名称
1	上海市	DB31/T 398—2015	建筑垃圾车技术及运输管理要求
2	上海市交通运输行业协会	T/SHJX 012.1—2020	建筑垃圾车安全技术规范
3	西安市	DB6101/T 015—2021	建筑垃圾清运车辆运行管理规范
4	北京市	DB11/T 1077—2020	建筑垃圾运输车辆标识、监控和密闭技术要求

序号	标准类型	标准号	标准名称
5	重庆市	CG 035—2020	重庆市建筑垃圾密闭运输车辆技术规范
6	河南省	DBJ41/T 171—2017	建筑垃圾清运车辆技术要求
7	安徽省	DB34/T 2417—2015	建筑垃圾运输车技术条件
8	宁波市	DB3302/T 130—2022	建筑垃圾运输管理规范
9	宜昌市	DB4205/T 55—2017	建筑垃圾及散体物料运输车辆管理规范
10	山东省	DB37/T 4117—2020	建筑垃圾运输车辆密闭运输智慧应用通用技术条件
11	山东省	DB37/T 2836—2016	村镇建筑垃圾收集、运输和处置服务规范
12	内蒙古	DB15/T 1187—2017	建筑垃圾运输车辆技术要求

上海市质量技术监督局于2015年修订的地方标准《建筑垃圾车技术及运输管理要求》DB31/T 398—2015，对车辆信息化、密闭性、安全、监控和品种优选等方面提出相应要求，规定了建筑垃圾车辆安全配置、企业安全生产管理、装卸运输安全管理、车辆安全运输监控、车辆的检测与运维、人员安全管理、运输安全评价与改进。

北京市质量技术监督局于2020年发布了地方标准《建筑垃圾运输车辆标识、监控和密闭技术要求》DB11/T 1077—2020，该标准规定了建筑垃圾运输车辆标识、监控系统、车厢结构与密闭的技术要求以及试验及检验方法，主要适用于运输建筑垃圾及土方、砂石等货物的建筑垃圾运输车辆，修订了车厢结构与密闭要求、监控系统要求等，有利于解决车厢上盖盖不严、人为干扰造成运行车辆与监控平台失去联系等问题，提升建筑垃圾运输车辆管理水平，保护首都城市环境。

重庆市城市管理局于2020年发布了《重庆市建筑垃圾密闭运输车辆技术规范》CG 035—2020，汲取了国内其他城市的先进经验，并结合重庆市建筑垃圾运输现状，从范围、规范性引用文件、术语定义、整车要求、车厢要求、颜色标识、智能化终端及功能、车容车貌等8个方面，明确了建筑垃圾密闭运输车辆规范要求。该标准有5个方面的创新内容：①在国内率先提出箱体采用抗拉强度超过1100MPa的超高强度耐磨板，提升了产品轻量化、耐磨性水平，适应发展趋势；②结合重庆市山城坡度大、坡道长特点，选定使用6×4（3轴）车型，产品通过性、安全性更高；③结合重庆市建筑垃圾中岩石占比较高，破碎岩石锋利断面容易对车辆密封装置造成损害的问题，采用硬质侧翻式厢盖，不易损坏、寿命长、占用空间小，降低用户使用成本；④智能化车辆状态显示，车辆LED顶灯由智能系统控制，具备智能颜色显示的功能，可根据车辆监控状态显示不同色彩，方便城市管理和公安交管部门夜间执法；⑤要求智能化系统能在现有的基础上进行升级，具备按照市场、政策和客户的要求进行二次升级扩展的空间，方便用户后期使用。

宁波市市场监管局于2022年批准发布了《建筑垃圾运输管理规范》DB3302/T 1130—2022（后文简称：《规范》），从标准角度明确了使用车型，在运输组织上要求全程智能监控管理，将有效保障宁波城市运行安全和文明典范城市创建工作。该标准对车辆厢（罐）体密封要求、车辆限载质量、厢（罐）体尺寸限值等作了具体规定，而且将作为主管部门核发建筑垃圾道路运输单位处置核准文件的主要依据。《规范》还明确了建筑垃圾运输单位的车辆核准和维护、应急管理、驾驶员培训等要求；明确了车辆启动、出车检查、装载、道路运输、倾倒、应急处置权等要求；甚至根据装载建筑垃圾的种类，明确了运输车辆的外观要求。规范详细规定场地监控系统和车载装置应能清晰记录装载全过程；装载完毕后，应检查车辆密封状况，不应存在滴漏、遗撒等情况，并冲洗车辆，检查车容车貌，确保上路行驶时无车轮带泥、车体挂泥现象等。

除此之外，山东省还针对村镇建筑垃圾收运体系的收运点少、垃圾分类情况差等特点，编制地方标准《村镇建筑垃圾收集、运输和处置服务规范》DB37/T 2836—2016。其规定了村镇建筑垃圾的收集、运输、处置服务，应按照无害化、减量化、资源化和"谁产生，谁付费"的原则进行。建筑垃圾应与生活垃圾和危险废弃物等分别堆放，分类收运处置，应合理配置建筑垃圾收集点，引导村民定点投放建筑垃圾。实施建筑垃圾源头减量，应对部分建筑垃圾进行回收利用和就地回填处理。

其他地区也参照相关标准，结合自身实际，规范了建筑垃圾收集及运输过程，如西安市《建筑垃圾清运车辆运行管理规范》DB6101/T 3015—2021、河南省《建筑垃圾清运车辆技术要求》DBJ41/T 171—2017、安徽省《建筑垃圾运输车技术条件》DB34/T 2417—2015、宜昌市《建筑垃圾及散体物料运输车辆管理规范》DB4205/T 55—2017、山东省《建筑垃圾运输车辆密闭运输智慧应用通用技术条件》DB37/T 4117—2020，均希望通过信息技术手段全方位监控建筑垃圾装卸作业和运输过程，以提升本市建筑垃圾车辆的技术装备水平。

总体来讲，现有关于装修垃圾收集及运输环节相关标准，主要集中于建筑垃圾运输车辆的规范与管理，其建筑垃圾车常见车型有6m³建筑自卸垃圾车、8t城市建筑自卸垃圾车、小型小区建筑垃圾车、东风柳汽建筑工地垃圾车、东风建筑垃圾车、深圳大型建筑垃圾车、31t东风建筑勾臂垃圾车等。现有标准规定转运车辆的密闭结构、密闭装置应结构简单、坚固耐用，应有良好的密封性，当承载车辆直线行驶，转弯、紧急制动或行进颠簸路面时，不得遗撒、产生扬尘等。

（3）建筑垃圾消纳处理环节

建筑垃圾消纳和处置环节包含建筑垃圾填埋或处置厂的规划、建设及运营等环节，其生产线设计复杂，对功能化与系统化要求高，技术指标繁多，各系统之间多有交叉，并且环境保护要求高，针对建筑垃圾（含装饰装修垃圾）消纳处置环节进行规范就显得尤为重要[38]。国内现有建筑垃圾（含装饰装修垃圾）消纳处理相关标准6项，如表1-11所示，这些标准规范了处置场地相关建筑的规划、设计、施工，对处置场地的噪声、空气质量、废水等环境安全指标提出技术要求，限定了再生产品生产能耗。

国内现有建筑垃圾（含装饰装修垃圾）消纳处理相关标准　　　　　　　表1-11

序号	标准类型/省市	标准号	标准名称
1	国标	GB/T 51322—2018	建筑废弃物再生工厂设计标准
2	工信部行标	JC/T 2546—2019	固定式建筑垃圾处置技术规程
3	北京市	DB11/T 1386—2017	建筑垃圾再生骨料能源消耗限额
4	上海石材行业协会	T/SHST 000001—2020	建筑废弃混凝土再生处理临时场所建设与技术标准
5	湖南省	DBJ43/T 020—2021	建筑垃圾再生工厂设计标准
6	深圳市	SJG 104—2021	建筑废弃物固定消纳场安全监测工程技术规程

北京市质量技术监督局于 2017 年发布的《建筑垃圾再生骨料能源消耗限额》DB11/T1386—2017 规定了建筑垃圾资源化处置成再生骨料的单位原料能源消耗限额的技术要求、统计范围和计算方法、节能管理与措施。其规定从建筑垃圾和能源经计量进入生产工序开始，到形成再生骨料计量入库为止的整个生产过程为建筑垃圾再生骨料生产界区，统计能量平衡期内资源化处置建筑垃圾形成再生骨料过程中的各种能源（煤炭、电力、燃气、水等）消耗总和，并规定了现有建筑垃圾资源处置厂能耗限额限定值以及新建建筑垃圾资源化处置厂能耗限额准入值。

住房和城乡建设部和国家市场监督管理总局于 2019 年 3 月 1 日联合发布了《建筑废弃物再生工厂设计标准》GB 51322—2018，该标准是关于建筑废弃物工厂设计的首个标准，反映了国内建筑废弃物资源化工厂设计的技术水平，其主要技术指标设置合理，能满足工程设计需要，填补了国内本领域建设标准的空白。该标准首先提出，建筑废弃物再生工厂设计应对处置区域内建筑废弃物进行组分分析，并需在设计时考虑废弃物来源并估算建筑废弃物总量与各组分比例，综合再生产品设计方案，确定工艺流程。标准首次提出资源化水平的理念，并以目标资源化率 95% 的设计目标布局处置工艺，将处置工艺分为两段，一段主要为进场废弃物处置，包含预处理、分选分离、破碎筛分系统，另一段再生制造，将经过处置后的中间产品再经配制生产获得再生终端产品。再生制造工艺分为再生混凝土、再生干混砂浆、再生砖、再生无机结合料、信息化与自动化、骨料整形、轻物质资源化、再生建筑微粉等八大系统[39]。

工业和信息化部于 2019 年发布的《固定式建筑垃圾处置技术规程》JC/T 2546—2019，将建筑垃圾再生处置设施分为固定式和移动式，该标准分 12 章，内容覆盖采用固定式设施处置建筑垃圾的全部过程，重点围绕再生处置厂设计所需的一般要求、处理工艺及设备展开，也为处置厂建设的厂址选择与总图布置、公用工程及辅助设施及生产安全、环境保护、人员组织及运行维护等提出了技术规定。该标准对处置厂建设过程的建筑垃圾减量化对竖向设计提出要求，并规定在厂址选择时要综合考虑交通、基础设施、运输距离、建筑垃圾来源、再生产品流向、场地现有设施、卫生防护、地质条件、场地面积等众多因素，并优先考虑在既有建筑垃圾消纳场内，或与其他一般固体废场处置设施、建材生产设施同址或联动建设。该标准要求处置厂在总平面布置设计时需从技术经济、减少环境影响、减少厂内运输、人流物流通道分开、各期联动等众多因素综合考虑，在具体布置上以再生处理厂房为主体，按再生处理流程、功能分区合理布置各项设施；在细节上要做好接口设计，特别是在主体设施与辅助设施之间；并规定了主要占地的堆场及仓储区的面积计算方法，原料堆场按 6m 堆高、15d 能力设计；再生材料及资源化利用产品仓储区，按不低于各类产品的最低养护期储存能力设计[40]。

深圳市住房和建设局于 2021 年发布了地方标准《建筑废弃物固定消纳场安全监测工程技术规程》SJG 104—2021。该规程适用于深圳市新建、改建、扩建建筑废弃物固定消纳场安全监测工程的设计、施工、系统运行、验收和工厂维护。规程规定建筑废弃物处置应实行电子联单管理制度，建筑废弃物排放核准或者综合利用厂排放备案信息应录入信息平台后生成电子项目档案，在档案编号下依次排序生成电子联单编号。建筑废弃物固定消纳场建设应符合固定消纳场建设技术规范及相关规定。固定消纳场建设单位应当建立安全监测预警系统，监测数据应当上传至信息平台。建筑废弃物固定消纳场竣工验收后，建设单位应当委托第三方监测机构继续开展监测工作。监测确认固定消纳场已符合相关技术规范中安全稳定性要求的，由建设单位移交原土地权属单位管理。

（4）资源化利用相关标准

我国在 20 世纪 90 年代初期就已开始进行建筑垃圾（含装饰装修垃圾）处理和利用的相关研究，在再生骨料的生产与应用方面取得了一定的成果。但由于诸多客观原因的限制，我国的建筑垃圾处理利用水平较低。纵观其中原因，建筑垃圾处理利用相关技术标准匮乏就是一个重要影响因素。近年来，随着我国对循环经济的重视，建筑垃圾的再生利用开始受到人们的重视，并在近 5 年间编制了一系列建筑垃圾资源化利用相关标准，如表 1-12 所示，其中国标 2 项、行标 11 项、地标 54 项。

国内建筑垃圾（含装饰装修垃圾）资源化利用相关标准　　　　表 1-12

类别	序号	标准类型	标准号	标准名称
再生混凝土	1	国标	GB/T 25176—2010	混凝土和砂浆用再生细骨料
	2	国标	GB/T 25177—2010	混凝土用再生粗骨料
	3	行标	JGJ/T 240—2011	再生骨料应用技术规程
	4	行标	JC/T 2548—2019	建筑固废再生砂粉
	5	行标	JG/T 573—2020	混凝土和砂浆用再生微粉
	6	上海	DB31/T 894-2015	再生砂粉应用技术规程
	7	上海	DG/TJ 08-2018—2020	再生骨料混凝土应用技术标准
	8	上海	DB31/T 1128—2019	再生骨料混凝土技术要求
	9	陕西省	DB61/T 1147—2018	道路用建筑垃圾再生细集料技术规范
	10	陕西省	DB61/T 5028—2022	再生细石混凝土应用技术规程
	11	河南省	DBJ41/T 177—2017	建筑垃圾细骨料干混砂浆应用技术规程
再生混凝土	12	河南省	DBJ41/T 210—2019	建筑垃圾再生骨料应用技术标准
	13	河南省	DB41/T 1832—2019	再生骨料预拌砂浆技术条件
	14	湖南省	DBJ43/T 535—2022	建筑垃圾再生骨料混凝土
	15	湖南省	DBJ43/T 383—2022	建筑垃圾再生骨料技术标准
	16	湖南省	DBJ43/T 372—2021	湖南省再生细骨料预拌砂浆技术标准
	17	山东省	DB37/T 5176—2021	再生混凝土配合比设计规程
	18	广东省	DBJ/T 15-159—2019	建筑废弃物再生集料应用技术规范
	19	广东省	SJG 25—2014	深圳市再生骨料混凝土制品技术规范
	20	福建省	DBJ/T 13-276—2017	再生骨料混凝土应用技术规程
再生透水混凝土	21	行标	CJJ/T 253—2016	再生骨料透水混凝土应用技术规程
	22	河南省	DBJ41/T 187—2017	建筑垃圾再生骨料透水铺装应用技术规程
再生砖、砌块	23	行标	JG/T 505—2016	建筑垃圾再生骨料实心砖
	24	行标	CJ/T 400—2012	再生骨料地面砖和透水砖
	25	行标	JG/T 575—2020	工程渣土免烧再生制品
	26	上海市	DB31/T 1093—2018	混凝土砌块（砖）用再生骨料技术要求
	27	上海市	DB31/T 1170—2019	再生骨料混凝土砌块（砖）技术要求

续表

类别	序号	标准类型	标准号	标准名称
再生砖、砌块	28	陕西省	DB61/T 5013—2021	再生骨料混凝土复合自保温砌块墙体应用技术规程
	29	北京市	DB11/T 1975—2022	建筑垃圾再生产品应用技术规程
	30	湖南省	DBJ43/T 384—2022	建筑垃圾再生骨料非烧结砖技术标准
	31	河北省	DB13/T 1830—2013	建筑废弃物再生制品技术要求
	32	广东省	SJG 37—2017	深圳市建筑废弃物再生产品应用工程技术规程
	33	福建省	DBJ/T 13-254—2016	建筑废弃物再生砖和砌块应用技术规程
	34	四川省	DBJ51/T 059—2016	四川省再生骨料混凝土及制品应用技术规程
道路工程	35	行标	JTG/T 2321—2021	公路工程利用建筑垃圾技术规范
	36	行标	JC/T 2281—2014	道路用建筑垃圾再生骨料无机混合料
	37	上海	DB31/T 1254—2020	工程填筑用装修垃圾再生集料技术要求
	38	上海	DG/TJ 08-2309—2019	建筑垃圾再生集料无机混合料应用技术标准
	39	吉林省	DB22/T 5015—2019	再生骨料道路基层工程技术标准
	40	陕西省	DB61/T 1174—2018	建筑垃圾再生材料处理公路软弱地基技术规范
	41	陕西省	DB61/T 1149—2018	建筑垃圾再生材料路基施工技术规范
	42	陕西省	DB61/T 1175—2018	建筑垃圾再生材料公路应用设计规范
	43	陕西省	DB61/T 1160—2018	道路用建筑垃圾再生材料加工技术规范
	44	陕西省	DB61/T 1151—2018	石灰粉煤灰稳定建筑垃圾再生集料基层施工技术规范
	45	陕西省	DB61/T 1150—2018	水泥稳定建筑垃圾再生集料基层施工技术规范
	46	陕西省	DB61/T 1148—2018	道路用建筑垃圾再生粗集料技术规范
	47	北京市	DB11/T 1731—2020	公路用建筑垃圾再生材料施工与验收规范
	48	北京市	DB11/T 999—2021	城镇道路建筑垃圾再生路面基层施工与质量验收规范
	49	河南省	DBJ41/T 166—2016	城镇道路建筑垃圾再生集料路面基层施工技术规范
	50	河南省	DB41/T 2132—2021	水泥稳定建筑废弃物再生集料基层施工技术规范
	51	许昌市	DB4110/T 6—2020	建筑垃圾再生集料道路基层应用技术规范
	52	安徽省	DB34/T 3462—2019	再生集料道路基层施工技术规程
	53	安徽省	DB34/T 4098—2022	建筑固废再生作道路材料应用技术规程
	54	江苏省	DB32/T 4060—2021	建筑垃圾再生骨料路面基层应用技术标准
	55	江苏省	DB32/T 4031—2021	建筑垃圾填筑路基设计与施工技术规范
	56	南京市	DB3201/T 1037—2021	建筑废弃物在道路工程中应用技术规范
	57	湖南省	DB43/T 1798—2020	建筑垃圾再生集料水泥稳定混合料
	58	湖南省	DBJ43/T 378—2021	路面基层再生集料应用技术标准

类别	序号	标准类型	标准号	标准名称
道路工程	59	河北省	DB13/T 5086—2019	公路水泥混凝土路面再生利用技术规范
	60	湖北省	DB42/T 1775—2021	建筑垃圾再生集料水泥混凝土道路应用技术规程
	61	深圳市	SJG 48—2018	道路工程建筑废弃物再生产品应用技术规程
结构工程	62	行标	JGJ/T 443—2018	再生混凝土结构技术标准
	63	行标	JGJ/T 468—2019	再生混合混凝土组合结构技术标准
	64	陕西省	DB61/T 1159—2018	建筑垃圾再生材料挤密桩施工技术规范
	65	陕西省	DB61/T 1249—2019	建筑垃圾再生骨料非承重预制构件技术规范
	66	陕西省	DBJ61/T 88—2014	再生混凝土结构技术规程
	67	山东省	DB37/T 5208—2021	再生骨料混凝土结构应用技术规程

由表 1-12 可见，这些标准涵盖了对再生骨料、细粉、微粉的技术要求，指导了再生料制备混凝土、透水混凝土、实心砖、路面砖、透水砖等制品的制备工艺，规范了再生料用于道路工程、结构工程的技术规程，有效保障了建筑垃圾资源化利用。

1）再生骨料混凝土。从 2010 年起，国家产品标准《混凝土用再生粗骨料》GB/T 25177—2010、《混凝土和砂浆用再生细骨料》GB/T 25176—2010，以及行业工程标准《再生骨料应用技术规程》JGJ/T 240—2011 等 21 项标准陆续发布，填补了我国长期以来在再生骨料利用方面的技术标准空白，为再生粗骨料和再生细骨料的生产、应用提供了科学合理的技术支撑，从而保证了再生粗骨料和再生细骨料的产品质量与实际应用，为我国建筑垃圾资源化事业的发展奠定了技术基础。

《混凝土用再生粗骨料》GB/T 25177—2010 主要参考了《建筑用卵石、碎石》GB/T 14685—2001。相比于《建筑用卵石、碎石》GB/T 14685—2001，《混凝土用再生粗骨料》GB/T 25177—2010 首次定义了"混凝土用再生粗骨料"和再生骨料中特有的成分"微粉含量"：①混凝土用再生粗骨料，由建（构）筑废物中的混凝土、砂浆、石、砖瓦等加工而成，用于配制混凝土的、粒径大于 4.75mm 的颗粒；②微粉含量，混凝土用再生粗骨料中粒径小于 0.075mm 的颗粒含量；再生粗骨料中微粉主要由石粉、水泥石粉和泥土组成，为非黏性无机物。标准提出了再生粗骨料的等级划分要求，将再生粗骨料按性能要求分为Ⅰ类、Ⅱ类和Ⅲ类，并针对不同等级的再生粗骨料提出相应具体的性能指标要求；与《建筑用卵石、碎石》GB/T 14685—2001 相比，《混凝土用再生粗骨料》GB/T 25177—2010 除对粗骨料的颗粒级配、泥块含量、针片状颗粒含量、有害物质、坚固性、压碎指标、表观密度、堆积密度、空隙率、碱骨料反应性能等提出技术指标要求外，还根据再生粗骨料的特点增加了再生粗骨料的吸水率、氯离子含量和杂物含量等指标要求[41]。

《混凝土和砂浆用再生细骨料》GB/T 25176—2010 主要参考了《建筑用砂》GB/T 14684—2001。标准中对混凝土和砂浆用再生细骨料、微粉含量、再生胶砂、基准胶砂、再生胶砂需水量、基准胶砂需水量、再生胶砂需水量比等关键术语进行了定义。由于再生细骨料颗粒形状复杂，粗糙程度高，不易塌落，对饱和面干状态敏感程度低，不易判断饱和面干状态，可操作性差。故该标准舍弃天然砂的吸水率指标，参考粉煤灰需水量比引入再生胶砂需水量比，以间接反映再生细骨料吸水性能。再生胶砂需水量比是反映再生细骨料细度模数、颗粒级配、表面吸水能力、粒形、粗糙程度等的综合指标，能够更全面地反映再生细骨料的胶砂工作性能差异。标准中也将再生细骨料按性能要求分为Ⅰ、Ⅱ、Ⅲ类，按细度模数分为粗、中、细3种规格。标准针对再生细骨料的级配较差、易形成单一粒级的特点，提出人工掺配的方法优化再生细骨料级配。与《建筑用砂》GB/T 14684—2001相比，《混凝土和砂浆用再生细骨料》GB/T 25176—2010除了对细骨料的颗粒级配、泥块含量、有害物质、坚固性、表观密度堆积密度、空隙率、碱骨料反应性能等提出技术指标要求外，还以微粉含量来代替《建筑用砂》GB/T 14684—2001中含泥量和石粉含量，并根据再生细骨料的特点增加了不同细度模数再生细骨料的再生胶砂需水量比、再生胶砂强度比多项新技术指标要求。

以上述两部国家标准为基础，住房和城乡建设部发布了行业标准《再生骨料应用技术规程》JGJ/T 240—2011，该规程规定了建筑垃圾再生骨料用于混凝土、砂浆、砌块和砖领域的相关技术要求，可有效指导并规范实际生产应用。与国外先进标准相似，《再生骨料应用技术规程》JGJ/T 240—2011规定了再生混凝土的性能要求和结构设计取值原则，例如规定：再生混凝土的拌合物性能、力学性能、长期性能和耐久性能、质量控制、抗压强度及耐久性检验评定等均应按照普通混凝土的规定执行。该标准还对再生混凝土配合比提出要求，规定缺乏已有技术资料时再生粗骨料取代率和再生细骨料取代率不宜大于50％，Ⅰ类再生粗骨料取代率可不受限制，当混凝土中已掺用Ⅲ类再生粗骨料时，不宜再掺入再生细骨料。该标准推荐据现行行业标准《普通混凝土配合比设计规程》JGJ 55—2011进行计算基准混凝土配合比，并根据基准配合比中粗、细骨料用量为基础，结合已确定的再生粗骨料取代率和再生细骨料取代率，计算再生骨料用量，最终通过试配、调整确定再生骨料混凝土最终配合比。除此之外《再生骨料应用技术规程》JGJ/T 240—2011还规范了再生混凝土制备和运输、浇筑和养护以及施工质量验收等。

2) 再生骨料透水混凝土。透水混凝土具有透水、透气、净化水体、吸声降噪、保护地下水资源、缓解城市热岛效应和改善土壤生态环境等众多优良的使用性能。随着海绵城市建设的推进、透水混凝土相关研究和应用的铺开，再生骨料应用于透水混凝土具有广阔的市场前景。但是由于再生骨料具有压碎值偏大、颗粒材质不均匀、吸水率大等特性，应用于透水混凝土需要规范规定。现有再生骨料透水混凝土相关标准包括《再生骨料透水混凝土应用技术规程》CJJ/T 253—2016、《建筑垃圾再生骨料透水铺装应用技术规程》DBJ41/T 187—2017。

为引导规范再生骨料应用于透水混凝土，住房和城乡建设部于2016年发布了《再生骨料透水混凝土应用技术规程》CJJ/T 253—2016，该标准适用于人行道、步行街、非机动车道、广场和停车场工程中再生骨料透水水泥混凝土路面的设计、施工、验收和维护。标准规定了再生骨料透水水泥混凝土的定义为再生骨料取代率为30％及以上的透水水泥混凝土。在实际应用中，品质好的再生骨料可单独配制透水混凝土，品质稍差的再生骨料可以和天然骨料进行复配使用。针对再生骨料的特殊性，考虑面层的利用性能及成本因素，标准将透水面层分为上面层和下面层。再生骨料透水水泥混凝土可主要应用于下面层，上面层宜采用天然骨料配制的透水水泥混凝土。该标准了中再生骨料透水水泥混凝土面层的透水性能和力学性能指标与现行行业标准《透水水泥混凝土路面技术规程》CJJ/T 135—

2009 的有关规定相协调，并根据不同的气候地区，对混凝土的抗冻性能分别做规范。在结构组合及构造方面，该标准规定再生骨料透水水泥混凝土路面结构可分为全透水结构和半透水结构 2 种结构类型，其中全透水结构适用于人行道、步行街、非机动车道、广场及非机动车停车场，半透水结构适用于停车场。其中全透水结构的透水面层宜按双面层进行组合设计，也可按单面层进行设计。在土基上需反滤的区域可增加 1 层砂滤层；在土基上需要隔离、加筋和防护的区域，可在土基上增加土工合成材料或砂滤层。规程还对透水混凝土路面的施工、验收与维护提出了相应要求。《透水水泥混凝土路面技术规程》CJJ/T 135—2009 是我国城建行业第一本针对再生骨料透水水泥混凝土的工程标准，该标准的制定为再生骨料透水水泥混凝土的开发利用起到积极规范引导作用[42]。

河南省住房和城乡建设厅参照《透水水泥混凝土路面技术规程》CJJ/T 135—2009 编制了《建筑垃圾再生骨料透水铺装应用技术规程》DBJ41/T 187—2017，该标准适用于新建、扩建、改建的城镇道路工程、室外工程、园林工程中的轻荷载道路、广场和停车场等路面采用建筑垃圾再生骨料进行透水铺装的设计、施工与验收，其有利于提高建筑垃圾的利用率，促进固体废弃物的资源化利用，同时对促进雨水还原为地下水，减小城市排水系统压力，解决城市内涝，助推海绵城市建设方面作用显著。

3）再生砖、砌块。国内开展再生砖、砌块的研发已有近 20 年，再生砖、砌块的生产和应用实践也有 10 余年，工程应用效果良好，在多地被列为推广项目。现有建筑垃圾资源化处置企业大多具有再生砖、砌块的生产能力，在北京、天津、河南、河北、山东、四川、江苏、浙江、广西、福建、广东等地具有规模化的建筑垃圾再生砖企业 100 多家，目前工程应用面积高达千万平方米。为了规范再生砖原材料、要求、试验方法、检验规则、养护、标志、包装、运输和贮存等，住房和城乡建设部于 2012 年发布了《再生骨料地面砖和透水砖》CJ/T 400—2012，之后又于 2016 年发布了《建筑垃圾再生骨料实心砖》JG/T 505—2016。

《再生骨料地面砖和透水砖》CJ/T 400—2012 规定了再生骨料地面砖和透水砖相关术语、分类、原材料、技术要求、试验方法、检验规则以及产品的包装、运输和贮存。该标准规定再生骨料地面砖抗压强度不得低于 MU30，抗折强度不得低于 Rf3.0，再生骨料透水砖抗压强度不得低于 MU30，防滑性 $BPN \geqslant 60$，耐磨性磨坑长度 $\leqslant 35mm$，透水系数（15℃）$\geqslant 1.5 \times 10^{-2} cm/s$。

《建筑垃圾再生骨料实心砖》JG/T 505—2016 编制过程中参考了《混凝土实心砖》GB/T 21144—2007、《非烧结垃圾尾矿砖》JC/T 422—2007 等国家和行业相关标准。标准适用于以水泥、再生骨料等为主要原料，经原料制备、振动压制成型、养护而成的实心非烧结砖。标准规定建筑垃圾再生骨料实心砖根据其是否有装饰面层分为普通砖和装饰砖两种，普通砖可用于工业与民用建筑基础和墙体，装饰砖可用于工业与民用建筑的墙体。作为国内首次编制的建筑垃圾再生品类行业标准，《建筑垃圾再生骨料实心砖》JG/T 505—2016 的出台填补了国内空白，对建筑垃圾再生骨料以及砖块的生产和质量监督提供了重要的技术依据。

国内各省市也参考相关标准，并结合当地实际情况，编制相关标准规范建筑垃圾在混凝土砖或砌块等制品中的应用，包括《混凝土砌块（砖）用再生骨料技术要求》DB31/T 1093—2018、《再生骨料混凝土砌块（砖）技术要求》DB31/T 1170—2019、《建筑垃圾再生骨料非烧结砖技术标准》DBJ43/T 384—2022、《建筑废弃物再生制品技术要求》DB13/T 1830—2013等12项标准。

4）道路工程。道路建设需要使用大量砂石骨料，在近年来资源短缺、环境污染严重的背景下，建筑垃圾在道路工程中资源化利用也成为发展热点。道路用再生骨料无机混合料即在配制过程中掺用了再生骨料的无机混合料，其强度要求较低，对骨料的品质要求相对较低，对以废弃砖、瓦、混凝土、石块、砂浆等为主的建筑废弃物再生骨料均能适用。为保证建筑垃圾再生骨料无机混合料的质量，为其在全国范围内的推广应用提供技术依据，国内针对建筑垃圾在道路工程中的应用制定了《道路用建筑垃圾再生骨料无机混合料》JC/T 2281—2014、《建筑垃圾再生集料无机混合料应用技术标准》DG/TJ 08-2309—2019、《工程填筑用装修垃圾再生集料技术要求》DB31/T 1254—2020、《公路工程利用建筑垃圾技术规范》JTG/T 2321—2021等27项相关标准。

建筑垃圾资源化与管理工作委员会组织有关单位编制了行业标准《道路用建筑垃圾再生骨料无机混合料》，将建筑垃圾再生骨料无机混合料分为三种：水泥稳定再生骨料无机混合料、石灰粉煤灰稳定再生骨料无机混合料、水泥粉煤灰稳定再生骨料无机混合料。为合理利用再生级配骨料保证再生骨料混合料的性能，将再生级配骨料分为Ⅰ、Ⅱ类，并对两类骨料的用途做出了规定，Ⅰ类再生级配骨料可用于城镇道路路面的底基层以及主干路及以下道路的路面基层，Ⅱ类再生级配骨料可用于城镇道路路面的底基层以及次干路、支路及以下道路的路面基层。标准还对无机混合料的无侧限抗压强度、含水率、水泥掺量做出要求，并对建筑垃圾再生骨料无机混合料配合比设计进行了规定。除此之外，为保证建筑垃圾再生骨料无机混合料产品的质量，同时为供需双方对产品交验提供方法、依据，标准还对无机混合料的制备、试验方法、检验规则、订货与交货进行了规定。该标准的编制，一方面为再生骨料无机混合料的生产提供了技术指导，为再生骨料无机混合料的质量提供了评价依据；另一方面也为道路工程中应用再生骨料无机混合料的设计、施工验收提供了标准支撑，对建筑垃圾再生产品在道路工程中的推广应用，促进我国建筑垃圾资源化利用水平的提高都具有非常积极的意义[43]。

上海市住房和城乡建设管理委员会发布的《建筑垃圾再生集料无机混合料应用技术标准》DG/TJ 08-2309—2019，对城市次干路及以下城市道路和三级公路、三级以下公路中采用建筑垃圾再生集料无机混合料的半刚性基层的设计、施工及验收做出相应规范。该标准规定采用建筑垃圾再生集料无机混合料的道路半刚性基层的路面结构，应根据建筑垃圾再生集料无机混合料的材料性能、路面荷载等级、地基承载能力、渗透性等情况进行设计。并针对土质不良、边坡易被雨水冲刷的地段或软土路基应进行处理，满足道路设计要求后方可采用建筑垃圾再生集料无机混合料作为道路基层。

上海市市场监督管理局于2020年发布了《工程填筑用装修垃圾再生集料技术要求》DB31/T 1254—2020，该标准规定了工程填筑用装修垃圾再生集料等级和规格、要求、检验规则、标志、储存和运输，适用于城市道路（包括基层、底基层、垫层、路基、软基处理）和填筑（包括沟槽回填、管网回填、堆坡造景、促淤造地等）中使用的再生集料。与成分单一的废混凝土生产的再生集料相比，装修垃圾生产的再生集料外观质量和技术性能存在较大差别，如红砖集料的色差大、杂物含量略高，该标准对装修垃圾生产的再生集料做出详细规定，有利于破解装修垃圾的处置利用技术难题和标准缺乏的瓶颈。

在吸收国内外建筑垃圾在公路工程领域应用的技术成果之后，借鉴和总结公路工程领域建筑垃圾应用实践经验及国内相关地方标准，交通运输部于 2021 年发布了《公路工程利用建筑垃圾技术规范》JTG/T 2321—2021，该规范提出了建筑垃圾再生材料的应用范围与技术类别等级划分，建议建筑垃圾再生材料主要应用于公路非承重结构混凝土构件、路面基层、底基层及路基工程，并为了方便建筑垃圾规模化生产及工程应用，按照非承重结构混凝土构件、路面基层、路基应用将建筑垃圾再生材料划分为三个技术类别，并分别给出相应技术指标及要求。作为我国公路工程领域首部指导建筑垃圾再生利用的行业规范，该规范对于建筑垃圾在公路工程领域的规范化、标准化应用及全面推广具有指导性作用。该规范明确了建筑垃圾原材料指标、建筑垃圾再生利用加工工艺、建筑垃圾再生材料适用范围以及建筑垃圾再生材料应用于几种工程部位的技术要求和施工注意事项。综合考虑全国范围内不同省份、不同应用条件的特点，能够为全国范围内公路工程领域利用建筑垃圾再生材料提供技术指导。

5）结构工程。随着再生混凝土技术发展，再生混凝土作为一种可持续发展的绿色混凝土其在结构工程中的应用势必逐渐提高，而明晰再生混凝土与普通混凝土在构件及结构设计与构造方面的联系与区别[44]，提出适应于再生混凝土结构设计方法和标准，并提出施工技术要求和质量检验要求，有助于促进建筑垃圾在结构工程中的应用。国内现行的相关标准有《再生混凝土结构技术标准》JGJ/T 443—2018、《再生混合混凝土组合结构技术标准》JGJ/T 468—2019、《再生混凝土结构技术规程》DBJ61/T 88—2014、《再生骨料混凝土结构应用技术规程》DB37/T 5208—2021 等，这些标准从相关术语、配合比设计、承载能力极限状态计算、正常使用极限状态验算、施工及质量验收等方面对再生混凝土结构工程提出要求，规范了再生混凝土在建筑结构中的应用，保证再生混凝土结构安全，做到技术先进、安全可靠、经济合理、保证质量[45]。

现有建筑垃圾资源化利用相关标准涵盖了对再生骨料、细粉、微粉的技术要求，指导了再生料制备混凝土、透水混凝土、实心砖、路面砖、透水砖等制品的制备工艺，规范了再生料用于道路工程、结构工程的技术规程，有效保障了建筑垃圾资源化利用。

1.3.2.3 技术体系

我国与建筑垃圾相关的大量研究研究起步相对较晚，陈志均等[46] 于 1983 年研究了用于建筑垃圾粉碎的锤式粉碎机的工作原理、技术性能及应用效果，该文是可检索到的最早的关于建筑垃圾的文章，关于建筑垃圾的相关文章从 2005 年才开始大量出现。我国关于建筑垃圾的技术体系可分为建筑垃圾产生量统计预测、产物处置及处理工艺等。

1）在建筑垃圾产生量的统计预测方面，左浩坤等[47] 利用 SPSS 软件，建立了北京市GDP、建筑施工面积和商品房销售面积与建筑垃圾产生量之间多元回归模型，并预测了"十二五"期间北京市建筑垃圾的产生量。王桂琴等[48] 通过北京市有关部门所统计的建筑垃圾数据，分析了 1999~2006 年建筑垃圾的构成情况，并建立灰色预测模型对未来五年北京市建筑垃圾总产生量以及各组成成分（工程渣土、拆除垃圾和装修垃圾）进行了预测，此外，陈天杰[49] 也在对成都市建筑垃圾产生量的预测中使用到了相似方法。杨涛等[50] 对比分析了增长曲线模型、灰色预测模型、逐步回归预测模型、多元回归预测模型四种方法后认为，对城镇垃圾产生量的预测过程中加入定性条件可提高预测结果的精度及合理性。王东明[51] 通过对北京市城市生活垃圾的研究，运用灰色预测模型中的时间序列法模型预测了辽宁省生活垃圾的产生量。

2）在减量方面，吴骥子[52] 对产业化装修进行研究后认为，住宅工厂化装修能从源头上减少装修垃圾的产生，同时，由于其产品制作转移到现代化的工厂中，生产过程中所产生的装修垃圾能够得到就地再利用和集中处理。吴泽州等[53] 通过分析建筑垃圾的来源和构成，指出建筑垃圾减量化应从源头做起，并提出了相应措施。蒋红妍等[54] 结合实际案例，从施工方面入手，对建筑垃圾源头减量进行了研究，最终提出可通过优化施工方案和应用新技术改善建材等方法可有效降低其产生量。刘会友[55] 指出通过控制房屋装修频率减少装修垃圾的产生。

3）在建筑垃圾处理处置方面我国研究人员着重从安全和环境影响两方面定量、定性分析建筑垃圾堆填处置的危害。雷华阳等[56] 通过大量的非线性有限元计算，找到了双屈服面模型中影响建筑垃圾填埋场沉降的主要参数，并给出了各参数与沉降之间的定性关系，为建筑垃圾填埋场沉降计算和参数灵敏度分析奠定了基础；苗雨等[57] 建立基于PFC3D 三轴数值试验模型，得到较为统一的强度参数，利用 FLAC3D 软件和计算得到的强度参数分析了实际建筑垃圾堆填体的稳定性，该方法可用于判断建筑垃圾堆填体的安全系数，分析同类工程在堆填过程中的坡体稳定性。赵晓红等[58]、陈宇云等[59] 开展对路用建筑垃圾中重金属的污染风险分析，结果显示与土壤质量国家标准进行比较，个别样品重金属含量虽有超标现象，但平均值远低于三级指标，对环境影响较小。

在建筑装修垃圾处理工艺上，杨英健等[37] 探索研究了装修垃圾收运处一体化模式，通过数字化、信息化手段，在收集、运输、分选、处置、再生利用等各个环节提升技术水平，如在装修垃圾收集端开发智能化在线平台，运输全过程采用信息化监管，分选工艺阶段采用智能分选设备，提升分选功能，提升装修垃圾分选洁净率；建设配备智能控制系统的再生骨料生产线，真正实现自动化控制和信息化管理。雷慧[60] 指出装修垃圾资源化处理需要经过破碎、磁选、风选、筛分等工艺处理，主要产生各种粒径再生骨料、金属、轻质可燃物和残渣；残渣基本不具备利用价值，可填埋处置；金属可由专门的公司回收利用；轻质可燃物（纸塑、竹木等）优先考虑资源化利用，由专门的公司回收利用，不具备资源化价值时直接进入焚烧厂焚烧处置；各种粒径再生骨料为装修垃圾资源化项目的主要产品，经处理分选的骨料一般分为 4 种粒径进行回收利用；按目前建筑垃圾处理厂资源化路线，可作为再生骨料、回填材料、制再生砖、制水泥砂浆等。

经过近 10 年的研究与发展，我国装修垃圾处理工艺技术已趋近于成熟稳定，以"二级破碎＋三级筛分＋多级风选"为主线、以"干/湿式切换"为重点的主体工艺路线在实际生产中已无过多障碍。针对装修垃圾成分较拆除垃圾更为复杂的特点，每一类物料应采用最适宜的处理方法，在实现垃圾处理无害化、减量化和资源化的基础上，使装修垃圾处理的环境效益和社会效益达到最佳。程文等[61] 对太湖流域某装修垃圾资源化利用工程的总体设计进行介绍，项目主要分为装修垃圾预处理系统、骨料制砖系统两部分。垃圾预处理流程采用"二级破碎＋三级筛分＋三级分选"的组合工艺，产品主要为再生骨料和标准砖、市政砖、透水砖等。

4）发展建议方面，王家远等[62] 提出可通过加强法治建设、推行减量化设计、加强现场管理和强化市场利益驱动机制等措施来实现建筑垃圾的减量化。高敏等[63] 结合某市发展，提出形成多部门联动机制，达到长效管理的目的；同时创新建筑垃圾资源化技术，实现建筑垃圾的产生到再处理等工序智能循环控制。

1.4 国内外发展对比分析

西方发达国家城市化进程比我国更快，也更早地面临建筑垃圾的问题，目前西方发达国家的建筑垃圾资源化利用率均达到75%以上，最高的接近100%。发达国家建筑垃圾资源化水平远高于国内，有相对较高的建筑垃圾管理水平。因其建筑使用年限普遍高于国内，更多的是对建筑的维护，而不是拆除，建筑垃圾产生量更少。在立法上，发达国家明确了建设过程中各责任主体对建筑垃圾源头减量化的责任，并制定了严厉的惩罚措施；对建筑垃圾实行源头减量、中期回收、末端资源化处置的全生命周期管理模式；通过税费减免、财政补贴等方式推进建筑垃圾资源化产品的市场占有率等。这些国家在建筑垃圾的源头减量和末端资源化利用方面进行了积极探索，开展了科技研发，编制了相关法律法规，并开展公众教育，公民对建筑垃圾源头减量化的意识也较强。

德国的建筑、市政材料消耗年均150亿～160亿t，人均190t/年，目标降到130亿t（人均160t）。其颁布有建筑物拆除垃圾分类收集法规，要求对同质、同类的垃圾进行分类。1972年，德国制定了《废弃物处理法》，要求以关闭无人管理的废物垃圾场，污染者付费，废弃物无害化、规范化处理等手段对废弃物进行末端治理。到20世纪中后期，随着公民环境保护意识的自我觉醒，以往简单地对建筑垃圾进行焚烧、填埋的处理手段受到社会大众强力抵制，政府对垃圾管理政策的主导思想也产生了实质性转变。源头预防、再生利用、最后处置的建筑废弃物处理原则逐渐在立法中得以确立。为此，将1986年的《废弃物处理法》修订颁布为《废物防止与管理法》，规定了预防优先、循环利用等内容，强调从源头上减少和避免废弃物的产生，德国自此从末端治理转变为以源头预防和控制为主。目前，德国建筑垃圾资源化率已达85%。另外，德国政府高度重视与建筑垃圾相关的科学研究与开发，每年投入大量资金进行循环经济相关研究，支持高校、科研机构、大型企业和民营科研院所投身科学研究。经过长期的研究，德国在建筑垃圾回收利用领域已达到世界领先水平。德国政府对建筑垃圾回收企业有一定的资金支持。另外，国家循环经济产业的相关公司会与政府共同建造研发建筑垃圾处理产业链，支持建筑垃圾回收产业。

目前我国建筑垃圾资源化率不到5%，当下采用最多的处理方式依然是填埋。我国建筑垃圾产生的源头和消纳场所通常不具备精细化的分拣技术、设施和人员，绝大多数施工企业也没有实施建筑垃圾现场分类分拣的操作，严重地影响了建筑垃圾的资源化利用，建筑垃圾现场管理水平亟待提升，建筑垃圾的再生管理需要进一步加强。如果从产生源头就开始对建筑垃圾进行分类收集，不仅能在很大程度上减少后续处置带来的环境影响，而且能有效降低其运输和处置成本，提升建筑垃圾回收率和再生利用率。与发达国家相比，我国在推进建筑垃圾的资源化利用领域虽进行了政策法规方面的有力探索，但总体上政策法规还不完善，相对零散且不成体系，尤其缺少建筑垃圾资源化领域的专项法律；对建筑垃圾的再生产品用于绿色建筑方面，与国外发达国家相比，在批复、验收方面缺乏完整的流程。总体归结如下：

1）由于我国建筑垃圾处理工艺比较单一，占用大量土地的同时，也消耗了大量的征地及垃圾清运等建设经费；另外，建筑垃圾产生的源头和消纳场所通常不具备精细化的分拣技术、设施和人员，严重地影响了建筑垃圾的资源化利用，建筑垃圾的再生管理需要进一步加强。

2）由于管理体制不够健全，各级政府在管理中往往缺乏统一协调，监管不到位，违法倾倒、违规处置的现象仍然比较普遍。建筑垃圾源头减量化已成为我国推动经济和社会全面协调、可持续发展等重大发展战略中亟待解决的问题。由于我国城市化发展的进程慢于西方发达国家，目前没有国家层面的建筑垃圾处理的法律，对建筑垃圾管理的处理大多停留在末端资源化的角度，较少出台建筑垃圾源头减量策略的法律法规。

3）建筑垃圾治理缺乏规范性的引导，主要表现在建筑垃圾治理未能与城市规划体系相衔接，未将建筑垃圾减量落实到空间规划和空间管理中从源头控制建筑垃圾的产生和排放；而且建筑垃圾处理设施的用地布局不合理，政府并未对生产者规定强制回收建筑废弃物的义务，建筑垃圾生产者往往将建筑垃圾填埋或倾倒，建筑垃圾的资源化处理进程严重滞后，建筑垃圾治理缺乏统一的规划引导。这导致很多地区在城市规划、产业布局、基础设施建设方面，对固体废物减量、回收、利用与处置问题重视不够、考虑不足，严重影响城市经济社会可持续发展。

4）现阶段我国针对建筑垃圾更多关注其回收、处置与资源化利用环节，但是在前端设计产生环节关注较少。设计阶段影响减量化的因素错综复杂，在实施建筑废弃物减量化设计管理的过程中，必须综合考虑建筑技术、建筑设计、材料管理规划、外部制度、设计师能力、设计师行为态度等方面因素的影响及相互作用关系，有针对性地制定以设计导则为基础的解决方案，逐步转换建筑设计师的设计方式，推进设计阶段废弃物减量化的实施，从而提高建筑废弃物减量化水平，以更好地推动向资源节约型、环境友好型社会快速发展。

通过以上对比分析可知，建筑垃圾减量化及资源化利用具有良好的生态效益、社会效益，更会产生显著的经济效益，建筑垃圾减量化比末端治理更为有效，是解决建筑垃圾问题的根本所在。从城市规划和管理的角度展开研究，有利于从上层做出指导、便于制定法律法规、统筹规划建筑垃圾的各项处理工作、从源头控制污染，减少资源开采、制造和运输成本，减少对环境的破坏，是解决建筑垃圾问题的根本所在。同时，可以从更加宏观的角度考虑建筑垃圾在减量过程中产生的效益，对城市的可持续发展具有重要意义。在此过程中，政府扮演着重要角色，是引导者又是规则制定者，也是重要参与者，建筑垃圾资源化利用产业投资也离不开政府的支持。

第2章 装饰装修垃圾减量设计方法及案例

2.1 装饰装修垃圾与设计

装饰装修垃圾的产生与设计关系密切，设计师既有责任、也有能力从装修工程的源头减少装修垃圾的产生。

装饰装修设计项目一般分为新建项目设计和装饰装修改造项目设计两种类型，这是根据建设工程特点和设计法规管控差别的分类。这两种类型的装饰装修设计有较大不同。新建项目中的装饰装修设计是在建筑设计的基础上进行完善、优化，并不改变建筑的使用功能，也不改动结构和设备系统，更不会大面积拆除建筑的墙体和设备，装饰装修设计与建筑、结构、给水排水、暖通空调、电气、智能化等专业协同，一体化设计。而装饰装修改造项目则是因为既有的建筑经过多年使用后，内部空间或外部装饰已经不能满足新的使用要求，需要对建筑功能、空间布局、设备设施进行改造，往往会拆除已有的墙体、吊顶、地面和管线设备，仅保留结构和建筑外围护部分，少数还需要对局部的楼板、梁柱进行加固或拆除（图 2-1）。

(a) 拆除现场   (b) 拆除现场局部

图 2-1 拆除现场照片

在这两类装饰装修项目中，装饰装修垃圾的产生原因既有相同的部分，也有不同的部分，具体如表 2-1 所示。

两类装饰装修项目装饰装修垃圾产生原因   表 2-1

项目类型	新建项目	装饰装修改造项目
装饰装修垃圾产生原因	拆改局部的内隔墙	拆改大量的内隔墙
	未做吊顶	拆除原有的吊顶

项目类型	新建项目	装饰装修改造项目
	未做地面	拆改原有的地面
	喷淋、风口、灯具、开关等末端点位调整位置,局部管线拆改	拆除原有的设备管线和末端
	土建施工偏差造成局部墙体、地面剔凿等	竣工图不准确导致的拆改
装饰装修垃圾产生原因	无功能变化,不改动结构	因建筑功能的改变对建筑结构的楼板、墙体、柱进行局部改动、加固
	由于设计变更造成的拆改	
	施工组织错误造成的拆改	
	正常装修施工产生的垃圾	
	由于成品保护不善造成的破损	

近年来随着我国城市化率的逐年提高,新建项目正在逐渐减少,建设工程从增量转向存量。城市中大量拆除旧建筑,以腾出空间建造新建筑。这种做法产生了数量巨大的建筑垃圾,尤其是有些主体结构还可以继续使用的建筑,破拆成本高,造成巨大的浪费。发现大拆大建的种种弊端后,住房和城乡建设部、各级政府提倡城市微更新,对建成的城市进行针灸式、织补式的改造、完善,因此既有建筑装饰装修改造就成为建设项目的主要类型。与新建项目相比,既有建筑装饰装修改造项目的建筑垃圾以装饰装修垃圾为主,主体结构改动较少,装饰装修垃圾种类多,有机类垃圾的占比大,拆除时粉尘多、体块小,分拣繁琐,对环境造成的危害也大,值得高度关注,具体如表2-2所示。

两类装饰装修项目垃圾的特点　　　　　　　　　　　　　　　　　表2-2

垃圾数量	新建项目	装饰装修改造项目
金属类垃圾	主要来自材料现场加工	主要来自拆除
无机非金属类垃圾	主要来自现场湿作业和材料现场加工	主要来自现场拆除和材料现场加工
木材类垃圾	几乎没有	主要来自拆除
塑料类	极少,主要来自材料现场加工	主要来自拆除
其他类	极少	主要来自拆除
总数量	少	多

注:极少数既有建筑具有较强的文化特色,在装饰装修改造时基本保留了建筑空间和材料,仅更新家具陈设,拆除量少,垃圾数量也较少。

装饰装修改造项目的垃圾主要来自拆除,因此充分利用原有的空间布局、材料,或是采用在原有饰面上翻新、叠加,都能大幅度减少装饰装修垃圾(简称:装修垃圾)。这一方面需要设计师提高责任意识,弘扬节约美德,改变奢华的审美意识,培养利旧的价值观;另一方面需要室内设计师以减少垃圾为设计原则之一,有针对性地进行精细化设计,采用恰当的材料和工艺,实现既便于使用又效果美观,还能减少拆除,新旧融合。

2.2 装饰装修垃圾减量的设计方法及案例

装饰装修工程的依据是设计图纸,通过设计减少装饰装修垃圾是在源头起作用,也是作用效果最大的。装饰装修设计能够采用多种方法减少垃圾产生量，同时提高工程质量。

2.2.1 建筑与装饰装修一体化设计

　　长期以来，不论是住宅建筑还是公共建筑，我国的建筑设计和装饰装修设计都是分离的，一般建筑师先完成建筑设计的内容，把装饰装修设计的工作留给室内设计师。这一方面是建筑师因为有大量的建设项目，无暇顾及细致而繁琐的室内空间设计；另一方面也是因为建设项目的建设程序允许建筑工程竣工与装饰装修工程竣工分离；还因为建设方与使用方不是同一人，不能提出完善的装饰装修设计任务书，而使用方在工程建设后期才加入建设团队。建筑设计与装饰装修设计的分离带来拆改增多，对垃圾源头减量不利。建筑与装饰装修一体化设计是减少装饰装修垃圾的重要手段之一，这也是我国《民用建筑绿色设计规范》JGJ/T 229—2010 中强调的内容。建筑与装饰装修的一体化设计流程如图 2-2 所示。

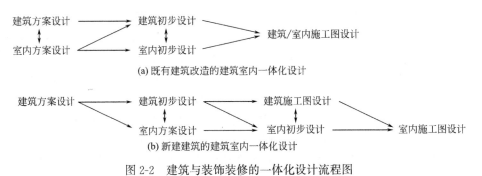

图 2-2　建筑与装饰装修的一体化设计流程图

　　建筑和装饰装修的一体化设计能够从多个方面减少装修垃圾的产生。

　　1）装饰装修设计在完善和优化建筑设计的过程中，对功能流线、空间的布局、形态进行调整，改动建筑内部隔墙的位置、门窗洞口的位置，这是装饰装修方案设计时的主要工作。如果这项工作等到土建墙体已经施工完成再进行，就必然会带来拆改，产生大量的垃圾；例如轻钢龙骨石膏板隔墙拆除中破损的石膏板块、扭曲的轻钢龙骨、散乱的玻璃纤维，砌块隔墙拆除中的破损砌块、凝固的水泥砂浆，扭曲的预理在墙体内的管线等。如果能够在建筑初步设计阶段开始装饰装修设计，把装饰装修方案的成果作为建筑施工图设计的条件，将可避免上述拆改。

　　2）装饰装修的饰面构件需要与建筑主体承重构件连接，现在普遍采用的是后植锚栓的工艺，既对混凝土造成一定的损伤，又产生了大量的粉尘和噪声。装饰装修设计人员参与到建筑施工图设计当中，能够向建筑、结构专业提出预理构件和设置条件，既牢固又安全，也避免了后期的锚栓植入。

　　3）建筑机电设备系统是建筑体系中的重要组成部分，随着建筑自动化、智能化的发展，建筑综合体的功能集成，机电设备系统越来越多、越来越复杂，占据了一定的建筑空间，尤其是吊顶空间，与装饰装修设计的关系也极为密切。建筑和装饰装修的一体化设计能够将使用需求细致地提交给机电设备专业工程师，从功能和美观两个方面综合考虑，确定最佳的解决方案。在建筑设计和装饰装修设计分离时，最常见的就是装饰装修材料、造型及尺寸的优化导致设备管线的排布需要修改，包括位置、形状和路由，也因此造成已安装设备管线的拆改。拆改下来的管线大多作为垃圾处理，很难进行再利用。

此外，建筑设计时各专业工程师做吊顶综合时，对于大多数空间，建筑师一般只给出控制标高，管线排布有较大的富余量，空间的利用并不充分。而室内设计师的习惯控制尺寸以毫米计，虽然对管线的排布规律不熟悉，但严格控制吊顶高度，往往会造成吊顶高度与管线排布高度的冲突，要求拆改设备管线。有时室内设计师为了实现吊顶造型的效果，甚至会拆改整个空间的设备管线。建筑和装修的一体化设计能够很好地解决这个问题，减少管线垃圾的产生。

2.2.2　装饰装修垃圾减量与装配式内装修设计

装配式建筑改变了以往的建造模式，工地现场加工和制作材料减少，主要部品部件在工厂预制，运送到现场安装，从而实现了工业化的建筑生产，提高了生产效率和部品部件的质量，减少原材料的浪费，减少施工现场的噪声、粉尘、建筑垃圾，提高建筑整体质量，是近年来国家大力提倡、推动的建造方式和技术。

装配式建筑体系包括四大系统：结构系统、外围护系统、设备与管线系统、内装系统。其中内装修系统又可分为吊顶系统、墙体系统、楼地面系统等，这也是建筑中与使用者的关系最密切的部分。

2.2.2.1　装配式内装修概况

住房和城乡建设部 2022 年 3 月 1 日发布《"十四五"建筑节能与绿色建筑发展规划》，提出"积极发展装配化装修，推广管线分离、一体化装修技术，提高装修品质"。

市场应用最广的装配式内装修技术基于 SI 建筑体系，即建筑支撑体与建筑填充体的分离，遵循管线与结构分离的原则，运用集成化设计方法，统筹隔墙和墙面系统、吊顶系统、楼地面系统、厨房系统、卫生间系统、收纳系统、内门窗系统、设备和管线系统等，协调各系统之间的功能、构造、规格，让装修使用的材料与构件能够在工厂进行工业化生产，组合成部品部件，运输到现场后以干式工法进行快速的施工安装。

装配式内装修是装修工程的工业化、现代化发展，从装修设计、生产、施工到运维的各个环节都与传统方式不同，集成化、标准化、模块化成为设计的重要原则，能够显著提高装修工程的效率、质量。因为装配的部品部件具有可拆卸性，易于维修或更换，有利于建筑全生命周期的资源节约和再利用。

随着我国建筑工业化水平的提高，装配式内装修逐步在多个方面做出尝试，住宅的整体卫浴系统、整体厨房系统、整体收纳系统进入了千家万户；公共建筑的轻质隔墙系统、板块吊顶系统、架空地面系统也在多个类型的项目中广泛应用，降低了工人的劳动强度，提高了劳动效率。某项目装配式电梯厅效果如图 2-3 所示。

不可否认的是，我国的装配式内装系统的发展还处于起步阶段，部品部件的集成化程度不高、通用性不强，产业工人的技术水平不高，有待于产业的进一步发展和完善。

2.2.2.2　装配式内装修设计

装配式作为新的建筑建造方式，必然要求采用适宜的设计方法。近年来，为了更好地指导设计师学习和掌握装配式内装修设计，国家和行业陆续发行有关装配式内装修的设计标准，有力促进了装配式内装修在工程建设中的应用。如：《装配式建筑评价标准》GB/T 51129—2017、《装配式住宅建筑设计标准》JGJ/T 398—2017、《装配式整体卫生间应用技术标准》JGJ/

图 2-3　某装配式电梯厅（墙面和吊顶）

T 467—2018、《装配式整体厨房应用技术标准》JGJ/T 477—2018、《厨卫装配式墙板技术要求》JG/T 533—2018、《居住建筑室内装配式装修工程技术规程》DB11/T 1553—2018、《装配式内装修技术标准》JGJ/T 491—2021、《装配式建筑用墙板技术要求》JG/T 578—2021、《建筑装配式集成墙面》JG/T 579—2021、《装配式住宅设计选型标准》JGJ/T 494—2022、《住宅装配化装修主要部品部件尺寸指南》《装配式建筑工程投资估算指标》等。

此外，为了加快推进装配式建筑的应用，各省市也发布了一些地方标准，如北京市发布了《居住建筑室内装配式装修工程技术规程》DB11/T 1553—2018，上海市发布了《住宅室内装配式装修工程技术标准》DG/TJ 08-2254—2018，安徽省发布了《装配式住宅装修技术规程》DB34/T 5070—2017 等。

装配式内装修设计首先要求设计师能够将工程设计内容拆解为部品部件。这个拆解包括三个层次，第一个层次是对建筑空间与功能的拆解；第二个层次是对建筑界面（墙、顶、地）的拆解；第三个层次是对构造做法的拆解。其次，装配式内装修设计要求设计师对拆解的功能、部件、构造做标准化、模块化的设计（图 2-4）。标准化与模块化是为了提高工业化生产和施工安装的效率，降低成本，需要处理好标准化部品与模块化部品、非标准部件与组合模式的关系，做到规格种类少、组合模式简单，而部品形式多样、功能齐全。最后，装配式内装修设计要求设计师了解部品部件的生产与拆装构造，参观大量的部品工厂，了解生产环节和技术要点。如果设计师不了解部品部件是如何进行工业化生产，如何组装和拆解，就无法做出符合工业化生产要求的设计图。

对室内设计师来说，还有一个亟待解决的困难是不熟悉内装管线。在传统的室内设计中，内装管线是由给水排水、暖通空调和电气工程师设计完成的，室内设计师仅仅解决装饰面与构造问题，几乎对管线的设计方法、布置原则、技术要点一无所知。装配式内装修实行管线与结构分离，与装修构造的关系更为密切，所以设备和管线系统也属于装配式内装修系统之一。

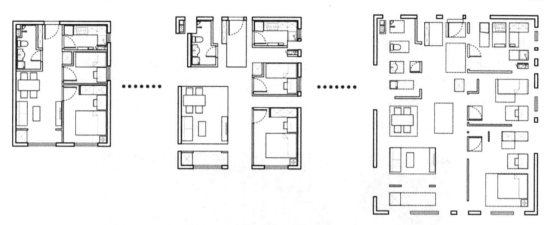

图 2-4　功能拆解示意（徐娜绘制）

目前大多数设计师都没有接受过装配式内装修技术的教育培训，在学校学习的知识、工作之后的设计实践还是传统装修施工的工艺工法，如砌筑、抹灰、裱糊等，碰到工厂制作的部品就在图纸上标注为"详见厂家深化"，对工业化生产的部品部件知之甚少，非常不利于装配式内装修的推广应用。另一方面，因为缺少系统的部品部件选型标准和产品，在装配式内装设计时，也遭遇到不同厂家的部品标准不统一，构造连接方式各异的困难，有待于行业的进一步发展和规范。

在医疗、养老、公租房、商品住宅等建筑的室内装修工程中，装配式内装修已经有一些成功案例，实现了高品质的室内空间，成为装配式内装修的范例（图 2-5），有的还形成了设计专利。

图 2-5　某医疗空间的装配式墙面

2.2.2.3　装配式内装修设计与垃圾减量

与传统的室内设计相比，装配式内装修的各系统集成化、模块化、标准化程度较高，并且大量采用工业化生产部品部件，这种建造模式能够大量减少装修垃圾。在做设计时，需要统筹不同专业、不同系统的技术要求，协调系统与系统之间、系统内部、部品部件之间的连接，协调设计、生产、供应、安装、运维等不同阶段的需求，从而在设计中减少生产和施工安装时的垃圾产生。

集成化的设计一方面大幅度减少了施工现场的装修与建筑机电设备之间的冲突，避免拆改；另一方面装修材料的加工和组装工作从现场转移到工厂，能够充分利用工厂的现代化、智能化设备，提高了材料的综合利用率、加工精度，减少了装修垃圾产生量。某项目木饰面板的智能化加工如图 2-6 所示。

图 2-6　木饰面板的智能化加工

模块化的设计是装配式内装修的设计原则之一，只有采用少模数、多组合的方式做设计，才能既实现设计构思，又能充分利用工业化生产的高效率，实现降低成本与精细加工。模块化设计的第一个层次是功能模块，第二个层次是部品部件模块，需要室内设计师统筹考虑，并与设备管线模块协调，最大程度地减少加工中的材料浪费。

标准化的设计是装配式内装修另一个重要的设计原则，通过标准化设计，部品部件形成标准化体系，统一规格、接口，便于生产和安装。在传统的内装修工程中，设计师对标准化不重视，多个设计师的分工合作很容易导致一个项目的类似细部构造有很大差异，而构造的多样性导致装修施工复杂，工程洽商增多，技术管理繁琐，也容易产生装修垃圾。

采用装配式内装修技术，可实现完好拆除，这也是减少装修垃圾最有效的方式。装配式内装修从技术上可以实现部品部件拆卸、更换及安装便捷，不会对相邻的部品部件产生破坏性影响，从而保证拆下来的材料完好，可以再利用。传统的装修工程中，很少考虑材料或板块的拆除再利用，所以在拆除施工中往往是破坏性拆除，一拆就破，一拆就毁，产生了大量装修垃圾。近年来虽然更多地采用干法施工，但是由于设计时未考虑再利用，选择了廉价产品或不恰当构造和施工工艺，往往造成拆卸破坏，只能作为垃圾处理。如方形铝扣板，300mm×300mm 规格板的厚度只有 0.5mm，吊顶拆除下来的板都会变形，所以无法直接再利用，只能成为装修垃圾（图 2-7）。

从建筑长寿化使用方面，装配式内装修也为室内空间可变性改造提供了条件，显著提高建筑空间的适用性，为既有建筑装饰装修改造的可持续性提供了解决方案，也大幅减少了装饰装修垃圾。

图 2-7　某卫生间吊顶拆除的变形铝扣板

2.2.3　采用简约、功能化、轻量化的装饰装修设计

设计师在做设计时，有责任引导客户采用简洁、朴素的设计风格，注重功能，摒弃繁复造型与雕刻，减少纯装饰性构件，可以减少装饰装修材料加工和施工时产生的垃圾。近年来，我国的装饰装修设计逐渐走向成熟，早期学习法国、英国、美国的传统风格，如维多利亚风格、巴洛克风格等充满雕刻造型的装饰装修项目已大幅减少，符合中国审美的现代简约国风成为潮流，审美的多元化也让市场接受了素混凝土饰面等朴素的装饰装修风格（图 2-8）。

图 2-8　大连软件园 8 号楼素混凝土饰面效果

43

图 2-9　雁栖湖酒店的古铜云纹屏风

设计采用必要的装饰构件时，设计师应努力提高装饰构件的艺术价值，使之成为装饰艺术品，在拆卸之后仍然具有较高的价值，而不是变成垃圾。我国的传统木结构民居就是这方面的典型实例，雕刻精美的门扇、雀替、梁枋，即使彩画、漆膜脱落，也具有文化价值，被大量收藏。年轻的设计师应该加强这方面的学习，提高修养，将纯装饰构件变为艺术构件，创造更高价值（图 2-9）。

设计师还要尽量少用重量大的装饰装修材料，例如混凝土砌块墙，提倡使用轻钢龙骨石膏板类型的轻质墙体，减少结构荷载，降低施工消耗和拆除时的垃圾。近年来装饰设计师使用的装饰石材板块的规格越来越大，重量大、安装难度高，虽然采用干挂工艺，在固定时往往先用云石胶定位，挂装时又使用双组分环氧树脂胶加强粘结，在拆除时也只能破坏。因此，提倡采用蜂窝铝板复合石材取代石材平板块，减轻饰面材料的重量，既便于安装，拆卸后还能够继续使用。

2.2.4　采用基于建筑信息模型（BIM）的精细化设计

传统的装饰装修设计中采用二维图纸表达三维的室内空间，尤其是复杂的三维造型和纵横错落的设备管线，很容易出现表达不充分、不准确的问题。室内设计师即使有较强的空间思维能力，有时也会出现一些错误和疏漏，成为图纸上的错漏碰缺。施工人员读二维图纸，再映射到三维空间时会出现矛盾和冲突，如在施工之前就发现可提出洽商，如在施工过程中发现则只能进行拆改。碰到复杂的管线和造型时，还要反复琢磨，甚至尝试几遍，不仅费工费力，还产生大量装饰装修垃圾。

当代建筑设计中出现了越来越多的三维曲面造型，用二维图纸几乎无法表达，只能采用三维设计，这使得早已用于工业设计的三维设计软件进一步开发、应用于建筑行业，诞生了多种建筑信息模型软件，可以对建筑信息模型进行创建、使用、管理。《建筑信息模型应用统一标准》GB/T 51212—2016 中对建筑信息模型的定义是："在建设工程及设施全生命期内，对其物理和功能特性进行数字化表达，并依此设计、施工、运营的过程和结果的总称。"建筑信息模型中又可以分为多个子模型，即"能够支持特定任务或应用功能的模型子集"，装饰装修 BIM 模型就是其中一个。

《建筑装饰装修工程 BIM 设计标准》T/CBDA 58—2022 中对装饰装修工程 BIM 模型的定义是："装饰装修工程 BIM 模型是运用数字信息仿真技术模拟建筑装饰装修所具有的真实信息，是建筑装饰装修工程阶段的物理特性、功能特性及管理要素的共享数字化表达。"

基于 BIM 模型和应用的装修设计不仅能够解决复杂造型的精确设计，还能够优化设计参数，选择造型表达效果与模块种类数量的矛盾中相对平衡的解决方案（图 2-10），实现效果与经济性的协调，同时还能为智能制造提供准确数据，这也减少了工厂加工时产生的垃圾。

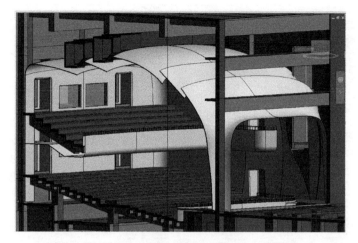

图 2-10　海口微城小剧场装饰装修 BIM 模型

此外，BIM 模型具有实体和空间属性，可以利用专业模拟软件对空间的照明、声学、通风等性能进行模拟、计算（图 2-11）。设计师根据结果进行优化，也避免了施工后发现空间性能不佳而拆改。

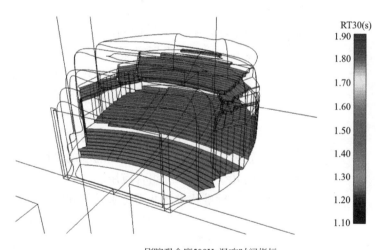

剧院观众席500Hz混响时间指标

图 2-11　商丘剧院声学模拟（混响时间）

基于 BIM 模型的工程量、材料使用量统计比图纸更为准确，还可以进行虚拟建造，这让施工的准备工作更充分，实现精打细算，减少了失误和材料浪费（图 2-12）。在室内设计中，还可以进行家具、灯具的数量、规格统计，提高设计效率。

2.2.5　采用标准化的装饰装修材料板材

标准化一直是室内设计的重要原则之一，它能显著提高工程的经济性、缩短施工周期、降低建造难度。标准化就是千篇一律的认识是对标准原理的错误理解。

从材料生产来说，很多材料都有最经济的尺寸和生产的最大规格，超过这个尺寸后价

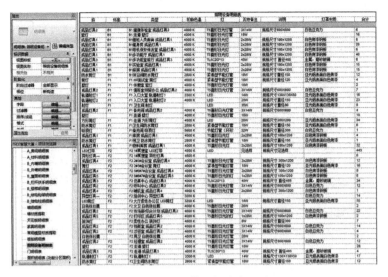

图 2-12　BIM 模型提取家具表

图 2-13　非标准化卫生间隔断

格大幅增加，并且产生很多边角料的垃圾。例如抗倍特板材经常用于卫生间隔断，标准板的规格是 2440mm× 1220mm，超过这个尺寸就需要定做。如果设计师对此不了解，随手在图上画出 2500mm 高的隔断，和标准板差 60mm，使得厂家要定制材料（图 2-13），导致产品价格提高很多，空间效果却几乎没有差别。

从项目整体的设计而言，很多大型项目可以建立某些部品的统一标准，减少异形加工，这也是标准化的设计。例如，办公项目中采用的玻璃隔墙，如果使用量比较大，可以梳理出各部位隔墙的高度、长度，找到统一的几个标准尺寸组合应用。

标准化设计并不是呆板的固定尺寸，而是一种设计思维。在三维造型的设计中，标准化也能帮助设计师更好地控制造型尺度，有利于材料加工，有效降低造价。建筑师在设计建筑造型时会将造型分解为多个标准部件，或者由厂家进行深化设计，工厂的高精度加工能够减少误差，保障安装严密。标准化设计方法在建筑幕墙的设计、施工中已经广泛应用，值得室内设计师学习，延庆希尔顿逸林酒店大堂吧的标准化吊顶如图 2-14 所示。

2.2.6　选择耐久性好，易于维护的材料及构造

建筑装修材料中不断涌现出新材料，很多是新的表面效果，也有的是呈现更好的物理性能，还有的是更加绿色环保。室内设计师往往对装修材料的表面效果更为关注，在选择材料时将效果视为唯一标准，却忽视了材料的其他性能，尤其是耐久性和易维护性。

室内设计师选择材料时，既要挑选适宜的效果，还要审视材料的检测报告（图 2-15），比较性能，才能获得既美观又实用的材料。例如选择无机涂料时，不能仅提出颜色要求，

图 2-14　延庆希尔顿逸林酒店大堂吧的标准化吊顶

还要提出耐擦洗性能、耐污染性能等指标；选择地面瓷砖时，要提出耐腐蚀性能、抗划性能（表面硬度）等指标；选择洁具时，要提出耐污染性能、节水性能、抑菌性能等指标。

国家建筑材料测试中心

检 测 报 告

报告编号：WT2020B01A00093　　　　　　　第 3 页　共 3 页

序号	检测项目	标准要求 GB/T 9756-2018 表 2 面漆			检测结果	单项结论	检测依据
		合格品	一等品	优等品			
1	在容器中状态	无硬块、搅拌后呈里均匀状态			无硬块、搅拌后呈里均匀状态	符合	GB/T 9756-2018 5.5.2
2	施工性	刷涂二道无障碍			刷涂二道无障碍	符合	GB/T 9756-2018 5.5.3
3	低温稳定性（3 次循环）	不变质			不变质	符合	GB/T 9756-2018 5.5.4 GB/T 9268-2008 A 法
4	低温成膜性	5℃成膜无异常			5℃成膜无异常	符合	GB/T 9756-2018 5.5.5
5	涂膜外观	正常			正常	符合	GB/T 9756-2018 5.5.6
6	干燥时间（表干）/(h)	≤2			1	符合	GB/T 1728-1979 (2004) 表干乙法
7	对比率（白色和浅色）	≥0.90	≥0.93	≥0.95	0.96	优等品	GB/T 9756-2018 5.5.10 GB/T 23981-2009
8	耐碱性 (24h)	无异常			无异常	符合	GB/T 9756-2018 5.5.8 GB/T 9265-2009
9	耐洗刷性/次	≥350	≥1500	≥6000	6000 次不露底	优等品	GB/T 9756-2018 5.5.11 GB/T 9266-2009
（以下空白）							

备注：检测地点：管庄

图 2-15　某涂料的检测报告

在选择构造做法时，也需要考虑耐久性和易维护性、可替换性。例如矿棉吸声板的构造有明架、暗架、半明半暗三种，在设备管线较多、检修频繁的走廊空间，宜选择明架或半明半暗，维护拆卸方便，避免矿棉板的破损。木饰面给人温暖亲切的感觉，是许多设计师喜爱使用的材料，但是木饰面容易划伤，受潮会变形，可以选用木纹转印或木纹覆膜金属板替代（图 2-16），耐久性、环保性更好。

图 2-16　木纹覆膜金属板

2.3　装饰装修垃圾综合利用的设计方法及案例

2.3.1　最大限度利用原有构件、部品

既有建筑的装修改造中，拆除下来的材料就成为垃圾，而不拆除原有的装修材料、构件和部品，把它们融入新的设计中综合考虑，能够最直接地减少装修垃圾，也节约造价，缩减人工。如全国政协委员书院装修设计时，保留了原有的黑色石材地面，达到了良好的效果（图 2-17）。

图 2-17　全国政协委员书院的装修保留原有的黑色石材地面

　　设计师要对空间现状的地面、墙面、吊顶等材料的适用性、耐久性做出判断，如果能继续使用，在改造设计时就可以有意识地以此为基础，协调新的材料、颜色、造型等，营造功能适用、效果协调的空间。对某些不够完善的部位进行修整或清洗，接受无伤大雅的小缺陷，这需要综合考虑各种因素，改变追求完美的理念，即设计师要将节约原则放在首位，从实用性和减少装修垃圾出发，并以此为美，相关案例如图 2-18、图 2-19 所示。

图 2-18　志成小学教室利旧的地面和墙裙

图 2-19　全国政协领导休息室内利旧的地毯

可以采用叠加、覆盖的方式对空间进行改造。例如在已有的瓷砖地面上直接铺装地毯或 PVC，采用压边条或过门石的小斜面解决地面高差，而不是拆除之后按标准工艺施工。这样就能避免地面及垫层的拆除，减少了装修垃圾，更降低了施工造价和人工费用。

某些既有建筑的构件、部品具有较好的装饰性，可以在保护性拆除后用于新的部位，所以设计师在做设计之前应该查看现状，与客户共同制定利旧的计划，确定实施办法，达到新与旧的和谐美观（图 2-20）。

图 2-20 全国政协委员书院的门拉手在新、旧门上

以装修垃圾为材料进行艺术化的设计和应用，也是综合利用的一种方式。如旧建筑拆下来的木质板材，可以做成木块装饰艺术品或直接使用，展现怀旧、历史感（图 2-21）。

图 2-21 崔恺工作室的标牌使用旧木门

2.3.2 采用可再利用的材料及构造

再利用是节约和减少装修垃圾的重要方面，准确地说是对拆除的材料进行再加工，使

之能够再次使用，翻新、回收再造等都是再加工的方式。大家比较熟悉的金属板、玻璃、石膏都是可再利用的装修材料。

　　在设计时，应当以减少垃圾、节能减排为重要原则，而不是盲目追随潮流。近年来，侘寂风成为流行风格，与极简主义风格类似，摈弃复杂装饰造型和材料多变，墙面和地面都是用微水泥做装饰面，显得朴素淡雅（图 2-22）。侘寂风的设计虽然没有做造型和多种材料装饰，但是作为原材料的微水泥不仅生产能耗高，而且需要现场湿作业，养护繁琐，干燥后的打磨施工中还会产生大量的粉尘，拆除后的垃圾也无法再利用，毫无疑问属于应该淘汰的施工工艺。

图 2-22　微水泥项目效果

　　室内设计师在设计时，应该尽量采用可使材料再利用的构造。例如大理石墙面的施工工艺有湿贴、挂贴和干挂，湿贴石材与后部的水泥砂浆紧贴在一起，只能破坏性拆除；挂贴虽然采用了型钢龙骨的骨架和挂片，但是在挂片和石材凹槽之间使用双组分树脂胶粘结来增强稳固性，也无法完整拆除；只有干挂石材可以整块拆卸，石材板块能够再利用。干挂构造又分为栓挂和扣挂两种，相比较而言，将螺栓置入石板的栓挂工艺对石材损伤更小，安装更牢固，拆卸更方便，值得推广（图 2-23）。

图 2-23　栓挂节点照片

2.3.3 采用可降解的材料

某些装饰装修材料能够在自然状态下较快降解为可被环境吸收的材料，因此这些装修材料垃圾并不会对自然环境产生危害，不是装饰装修垃圾减量的目标，我们熟悉的速生木材、竹材都属于这一类。我国传统的装饰木材多为名贵树种，生长缓慢，几百年来的采伐导致某些树种已经濒临灭绝。设计师要转变观念，提高设计中的环保价值，尽量使用速生木材、竹材（图2-24），既能减少装饰装修垃圾，又为降低碳排放作出贡献。

图 2-24 竹木纤维板

近年来，我国的建筑师也在探索新型木结构建筑，并且取得了一些成果。崔恺院士设计的海南海口市游客服务中心项目（图2-25），屋面采用了多层复合木板梁、檩结构，既体现了建筑的地域文化，又实现了环保、低碳的可持续发展目标。在一些多层建筑中，室内设计师也可以采用一些经过防火处理的木结构造型，低碳、环保一举两得。

图 2-25 海口市民游客服务中心项目

　　还有一些采用天然材料制作的装修材料，也可以在自然环境中较快降解。亚麻地板就是其中一种，它的主要成分为亚麻籽油、木粉、黄麻、石灰石粉、松香和软木，都属于天然材料，并且具有良好的抗压性能和耐污性，环保性能优异，广泛应用于幼儿园、小学校的室内地面（图 2-26）。

图 2-26　某学校的地面铺装亚麻地板

第 3 章　装饰装修垃圾施工减量及案例

3.1　概述

对于工程项目，所有的实施都是通过施工过程来落地的。对于装饰装修垃圾的减量化也不例外，设计阶段是从源头进行方案策划来实现源头减量，施工阶段要落实所有的策划和设计阶段的减量措施，是实现垃圾减量化的最重要阶段。应采取前期策划和综合应用管理和技术措施降低装饰装修施工过程中的垃圾排放量。

前期策划，装饰装修垃圾减量的前期策划应在装饰装修项目开工前，通过建立完善合理的减量化人员组织架构，结合项目具体情况制定合理的减量目标，根据减量目标进行明确的人员职责划分，并制定可行的装饰装修阶段垃圾减量专项实施方案。

管理措施，结合前期策划和项目具体情况，建立并健全完善的装饰装修垃圾全过程管理制度和评价方法，在组织和工序两方面提出具体管理要求。

技术措施，在施工过程中，通过采用各种装饰装修垃圾减量化措施，并对已经产生的垃圾进行合理分类和无害化处理，减少垃圾产生量并保障产生的垃圾对环境影响降到最低。

值得指出的是，采用装配式装修是装饰装修工程建筑垃圾减量的最重要方式之一。装配式装修[64] 是遵循管线与结构分离的原则，运用集成化设计方法，统筹隔墙和墙面系统、吊顶系统、楼地面系统、厨房系统、卫生间系统、收纳系统、内门窗系统、设备和管线系统等，将工厂化生产的部品部件以干式工法为主进行施工安装的装修建造模式。

装配式装修的建造模式是装饰装修工程垃圾减量的最重要方式，将大量策划、集成、一体化设计工作前置，提前规避"错漏碰缺"，减少材料损耗，大大减少返工风险。装配式装修采用工厂生产及现场装配，装配式装修施工采用干法施工，安装精度高，质量好。现场减少了焊接，没有明显扬尘，减少了污染。如目前常用于替代传统砌筑隔墙的 ALC 隔墙板，其是以粉煤灰（或硅砂）、水泥、石灰等为主原料，经过高压蒸汽养护而成的多气孔混凝土成型板材（内含经过处理的钢筋增强）。以 ALC 隔墙板施工的装配式隔墙，墙面平整、垂直度高、隔声好、安装效率高，该装配式隔墙完成面不需要再进行抹灰找平，墙体厚度可降低，可以增加室内使用面积，提升空间利用率，装配的 ALC 隔墙板定制加工，现场的二次切割少，极大减少了切割垃圾及粉尘的产生，且因免除的抹灰作业，现场湿作业减少，由此免除了抹灰湿作业的垃圾产生，提升了现场文明施工程度，改善了现场作业环境。

当前我国装配式装修进入全面发展期，但在标准化设计理念、装配式部品部件产业化水平和信息化支撑等方面与国际先进水平仍然存在差距。为推动装配式装修施工技术的发展，下一步，将构建设计、生产、装配体系进行标准化统一，推行"少规格、多组合"的正向设计方法，推动与之配套的装配式建筑市场化、规模化发展，势在必行。

3.2　施工减量管理措施

3.2.1　减量策划管理

装饰工程施工现场垃圾减量最重要的就是要做好前期策划，结合项目实际情况，通过成立领导和工作小组、编制减量方案，明确整体减量目标，针对源头减量措施、垃圾分类与收集，后续处置及再利用提出具体管理要求。

3.2.1.1　总体要求

施工现场装饰装修垃圾减量化，在总体要求上，包括如下方面：

1）施工现场的建筑垃圾减量化应遵循"源头减量、分类管理、就地处置、排放控制"的原则。项目应落实招标文件和合同文本中的减量化目标和措施。建筑垃圾减量化措施费应专款专用，不得挪作他用。

2）应当建立健全施工现场建筑垃圾减量化管理体系，充分依托新技术、新材料、新工艺、新装备统筹人力、设备、材料、技术和资金等资源，强化精细化管理理念；建立建筑垃圾减量化奖惩考核目标与制度，明确分包单位责任，监督和激励分包单位落实减量化目标与措施。

3）施工组织设计完成后，应及时编制建筑垃圾减量化专项实施方案，确定减量化目标，明确职责分工，结合工程实际制定有针对性的技术、管理和保障措施，做好建筑垃圾减量化在项目实施前的顶层设计和策划管理。

4）在施工现场主入口处，宜设立建筑垃圾排放量公示牌，可与智慧工地系统联网，并及时更新，广泛接受社会监督。施工全过程中，应当积极推进信息化、绿色化、工业化的新型建造方式。

采用工程总承包模式的项目，应当基于 BIM 技术强化设计、施工阶段的全专业一体化协同配合，保证设计深度满足施工需要，减少施工过程的设计变更。

3.2.1.2　确定垃圾减量目标

根据住房和城乡建设部、国家发展改革委发布的《城乡建设领域碳达峰实施方案》相关要求，需加强施工现场建筑垃圾管控，到 2030 年新建建筑施工现场建筑垃圾排放量不高于 $300t/万 m^2$，同时积极推进建筑垃圾集中处理、分级利用，建筑垃圾资源化利用率达到 55%。

各个项目在落实推进施工现场垃圾减量工作时，要结合项目实际情况及当地政府垃圾处置要求，首先依据"五分法"对现场装修垃圾进行分类，对装饰装修建筑垃圾的总量进行预估，结合项目实际减量化措施明确减量目标（表 3-1）。

3.2.1.3　建立垃圾减量组织架构

（1）组织架构

为了保障项目垃圾减量的顺利进行，项目应成立以项目经理为组长的领导小组以及工作小组（图 3-1），对各部门合理分工，落实责任；上下结合，综合管控的组织管理模式，确保现场建筑垃圾管控按计划顺利实施。

某项目装饰装修垃圾减量目标 表 3-1

序号	建筑垃圾分类	预估量	减量目标	减量率
1	无机非金属	按照实际装修面积，每 2000m² 产生一车垃圾进行预估	减量总质量	减量质量/预估垃圾总质量
2	金属类	根据现场金属垃圾种类及加工方式进行预估		
3	木材类	根据模板用量进行预估		
4	塑料类	根据使用总量进行预估		
5	其他类	根据使用总量进行预估		
6	合计		减量总质量	减量总质量/预估垃圾总质量

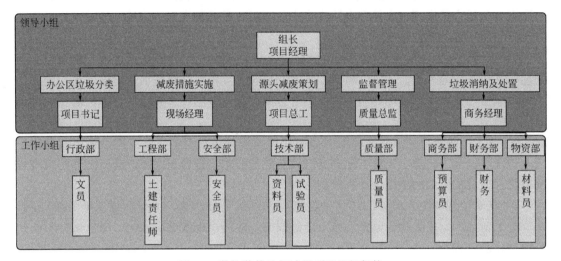

图 3-1 装饰装修垃圾减量项目组织架构

（2）职责划分

1）领导小组

组长：垃圾减量第一责任人，负责统筹制定各项目标，建立管理组织机构，审批实施专项实施方案，主持领导小组例会。

副组长：协助组长开展垃圾减量管理工作，受组长委托主持领导小组例会，组织现场检查、落实整改，协调分包垃圾减量管理工作。

2）工作小组

编制、完善垃圾减量专项实施方案。对现场建筑垃圾分类严格按方案实施、落实。方案实施过程中定期进行检查、监控。对不符合要求的内容及时安排整改完善。确保现场垃圾分类严格按方案实施，同时留存现场垃圾分类相关记录及影像资料。

3.2.1.4 编制专项实施方案

项目应编制《施工现场建筑垃圾减量化专项实施方案》，内容应包括：编制依据、工程概况、总体策划、源头减量措施、分类收集与存放措施、就地处置措施、排放控制措施以及相关保障措施等，主要内容如表 3-2 所示。

《施工现场建筑垃圾减量化专项实施方案》主要内容 表 3-2

章节名称	主要内容
编制依据	相关法律、法规、标准、规范性文件以及工程所在地建筑垃圾减量化相关政策等
工程概况	工程类型、工程规模、结构形式、装配率、交付标准以及主要施工工艺等
总体策划	减量化目标、工作原则、组织架构及职责分工、工程各施工阶段建筑垃圾成因分析及产生量预估
源头减量措施	施工组织优化、施工过程管控、统一测量及深化设计、材料集中加工、无线充电机具及设备使用、永临结合、可周转材料使用等
分类收集与存放措施	建筑垃圾的分类、收集点与堆放池的布置及运输路线等
就地处置措施	工程垃圾、拆除垃圾等就地利用措施
排放控制措施	出场建筑垃圾统计和外运等
相关保障措施	人员、经费、制度等保障

3.2.2 减量过程管理

减量过程管理是依据项目编制的《施工现场建筑垃圾减量化专项实施方案》,对方案实施落地进行过程管理工作,大致可分为组织管理与工序管理两个主要部分,可采取加强组织实施、细化减量措施、优化施工方案及合理确定施工工序等管理手段,以实现精细化管理。

3.2.2.1 组织管理

组织管理是施工现场装饰装修垃圾源头减量的重要一环,通过加强组织实施领导能力,确保减量制度及措施的落实,加强施工过程管理,减少因组织原因导致的措施落实不到位问题,并进一步减少由此导致的装饰建筑垃圾的产生。

组织管理主要包括以下内容。

(1)加强组织领导。由建设单位牵头建立工作领导小组,协调设计、施工、运营相关单位等部门加强协作,形成合力,科学执行本项目垃圾减量化实施方案,明确任务目标,制定责任清单。

(2)强化任务落实。项目需将各项任务落实落细,并及时做好阶段性总结,扎实推进相关工作。

(3)加大培训宣传。将垃圾减量化作为项目实施过程中重要培训内容,提高项目绿色低碳建造能力。通过业务培训、比赛竞赛、经验交流等多种方式,提高规划、设计、施工、运营相关单位和企业人才业务水平。同时加大对优秀做法、典型案例的宣传力度。

3.2.2.2 工序管理

工序管理要求施工单位做好施工前交底、施工过程监督、施工后检验及工序交接前的验收等工作,以最大限度地减少因工序管理及交接问题导致的拆改发生,进而减少由拆改产生的装饰建筑垃圾,还需施工单位做好施工前与交叉施工单位、设计单位、业主单位、监理单位及其他项目参与单位的沟通工作,提前沟通确认前置交叉施工工序的工艺节点、做法要求、施工进度、质量情况及分界位置是否无误等事前确认工作,避免因交叉作业不当导致的拆改垃圾产生。

工序管理主要可分为以下 3 项主要工作：

（1）装饰装修施工进场前

在装饰装修施工进场前就需要做好的相关管理工作，大致可分为方案策划确认，工作面移交及其他施工前的准备工作等，此阶段在装饰装修垃圾减量的工序管理中，主要为"永临结合"工序实施管理。

"永临结合"是将工程施工中的临时设施与永久设施相结合进行一次施工，让部分永久设施在施工中能够直接使用，以达到节约减废的目的。如需实施"永临结合"则需要在项目土建施工前即完成方案策划，并经业主、设计及监理等项目主要参与方认可后，方可进行实施。

在满足相关标准规范的情况下，项目应根据实际情况对具备条件的施工现场，水、电、消防、道路等临时设施工程实施"永临结合"，并通过合理的维护措施，确保交付时满足使用功能需要。常规"永临结合"方案中主要工序管理重点如下：

1）现场临时道路布置应与原有及永久道路兼顾考虑，充分利用原有及永久道路基层，并加设预制拼装可周转的临时路面，如钢制路面、装配式混凝土路面等，加强路基成品保护。

2）现场临时围挡应最大限度利用原有围墙或永久围墙。

3）现场临时用电应根据结构及电气施工图纸，经现场优化选用合适的正式配电线路。

4）临时工程消防、施工生产用水管道及消防水池可利用正式工程消防管道及消防水池。

5）现场装修施工垂直运输可充分利用正式消防电梯。

6）地下室临时通风可利用地下室正式排风机及风管。

7）施工现场办公用房、宿舍、工地围挡、大门、工具棚、安全防护栏杆等临时设施推广采用重复利用率高的标准化设施。

（2）装饰装修施工进场后，工序施工开展前

在装饰装修施工进场后，工序施工开展前应做好的与交叉施工单位、设计单位、业主单位、监理单位及其他项目参与单位的沟通工作。施工单位应在不降低设计标准、不影响设计功能的前提下，与相关人员充分沟通，合理优化、深化原设计，避免或减少施工过程中拆改、变更产生建筑垃圾。常见对装饰施工有较大影响的工序作业包括机电安装、二次砌筑及暖通消防等施工工序，其也是工序管理中需重点关注的管理环节。

1）穿越作业区域的管理：当施工现场的穿越通行区装饰施工到一定程度时，在征得监理工程师和发包人批准后，提请总承包人在工程监理的统一安排下对进入通行区域的施工人员进行限制，即根据施工需要，确定可以进入该区域的专业分包人员及单位数量。项目部必须在需要执行关键区域出入管理前 10 天内，书面通知各穿越通行区的分包单位，并上报监理工程师和发包人；分包单位在接到书面通知后 3 天内向精装修单位及总承包人递交进入通行区域申报表，确定进入此区域施工及管理人员数量，由项目部制作进入通行区域的特别通行证并派驻专人在指定入口验证放行。在精装修单位的工作完成并通过有关单位验收后，取消穿越通行区域管制措施，恢复原状。避免因其他单位随意穿越装饰施工区域，违规行人或拉运材料及设备，从而破损装饰施工成品或半成品，导致破坏及返修垃

圾的产生。

2）统筹管理工序衔接与交叉施工管理：工程涉及的各专业（包括机电、消防、弱电等工程）较多，协调和配合的内容多。装饰装修施工的同时，室内机电、弱电等其他安装工程也在同时进行，在施工中应积极与其他施工单位协调处理好相关部位的配合施工。项目部需要充分利用装饰装修总负责制，对相关专业进行把控，严管综合质量关。装饰工程施工时，应加强对安装产品的保护，相互配合，相互保护，不得损坏已安装好的产品，特别是已施工完的保温管道和分管、门窗。所有精密仪器、仪表元件、灯具、面板、洁具等产品进行封闭围护，以防丢失和损坏。设备安装完毕后，采取防水、防尘等对设备进行密封保护。在施工中各工种应经常与各分包单位保持联系，互相监督，互相积极配合，按质按期完成逐个工程。

（3）工序施工过程中

工序施工过程中对每项工序的管理及要求，其既包括装饰装修施工内容中的全部工序，又包括与装饰装修施工相关或对装饰施工有较大影响的其他工序。常规有以下管理内容：

1）推行土建机电装修一体化施工，加强协同管理，避免重复施工的垃圾产生。

2）土建工作面的移交直接影响后续施工的工序管理，故而应按照施工进度，依据施工图纸及时做好土建工作面移交管理工作，合理组织施工资源，避免因工作面移交管理不当导致的垃圾产生。

3）因机电安装施工对后续装饰装修施工工序影响较大，故而机电管线施工前，应根据深化设计图纸，对管线路由进行空间复核，确保安装空间满足管线、支吊架布置及管线检修需要，避免机电安装拆改导致装饰装修面层破坏，产生破坏及返修垃圾。

4）对于安装空间紧张、管线敷设密集的区域，应根据深化设计图纸，合理安排各专业、系统间施工顺序，避免因工序倒置造成大面积拆改，产生大量垃圾。

5）应结合 BIM、物联网等信息化技术，建立健全施工现场建筑垃圾减量化全过程管理机制。鼓励采用智慧工地管理平台，实现建筑垃圾减量化管理与施工现场各项管理的有机结合。

6）应结合施工工艺要求及管理人员实际施工经验，利用信息化手段进行预制下料排版及虚拟装配，进一步提升原材料整材利用率，精准投料，避免施工现场临时加工产生大量余料。

7）应按照设计图纸、施工方案和施工进度合理安排施工物资采购、运输计划，选择合适的储存地点和储存方式，全面加强采购、运输、加工、安装的过程管理。鼓励在一定区域范围内统筹临时设施和周转材料的调配。减少材料储存、二次转运及加工过程的垃圾产生。

8）推广应用轻钢龙骨墙板、ALC 墙板等具有可回收利用价值的建筑围护材料，如后续出现拆改或更换情况，拆除垃圾可充分回收利用，减少垃圾最终排放量。

9）设备配管及风管制作等优先采用工厂化预制加工，提高加工精度，减少现场加工产生的建筑垃圾。

10）门窗、幕墙、块材、板材等采用工厂加工、现场装配，减少现场加工产生的装饰装修施工垃圾。

11）鼓励采用成品窨井、装配式机房、集成化厨卫等部品部件（图3-2），实现工厂化预制、整体化安装，替代传统现场湿作业施工方法，减少现场湿作业工程量，进而减少该类区域的垃圾产生。

(a) 工厂化预制生产

(b) 整体化部品安装

图 3-2　装配式部品部件示意

12）应严格按设计要求控制进场材料和设备的质量，严把施工质量关，强化各工序质量管控，减少因质量问题导致的返工或修补。加强对已完工工程的成品保护，避免二次损坏，减少返修垃圾产生。

13）设备和原材料提供单位应进行包装物回收，减少过度包装产生的装饰装修垃圾。

14）应实时统计并监控建筑垃圾的产生量，以便采取针对性措施减少排放。

3.2.3　减量保障措施

项目部为确保减量管理措施实施而制定相应的保障制度及检查措施，保证装饰装修垃圾现场减量及分类管理方案的实施，具体分为制度管理措施、环境管理措施、安全管理措施、成效评价方法及考评体系等措施。

3.2.3.1　垃圾减量管理制度

（1）装饰装修垃圾全过程管理制度

针对工程特点，由技术部牵头项目部各部门制定装饰装修垃圾全过程管理制度，明确装饰装修垃圾分类原则，做好分类交底，落实装饰装修垃圾分类过程信息收集与统计分析，最终进行装饰装修垃圾现场分类的应用总结，形成技术成果。

1）装饰装修垃圾分类处理制度

由物资部牵头建立装饰装修垃圾现场分类的后期分类处置工作制度，落实相关垃圾消纳资源，明确垃圾分类消纳运输车辆，对现场可回收资源或可利用资源进行分类处置，做好垃圾分类处置台账以及过程资料。

2）装饰装修垃圾回收利用制度

由商务部和物资部结合装饰装修垃圾的分类特性，制定现场垃圾的回收利用制度。结合"五分法"分类原则，根据不同类别的垃圾实行不同的回收再利用方式，充分提高现场垃圾的再利用率。

（2）环境管理制度

装饰装修垃圾分类管理过程中做好现场扬尘控制，尤其是无机非金属类材料（如石膏板材切割料、打磨粉尘等）的分类投放、分类存放、分类运输、分类处理尤为重要，做好垃圾分类过程中扬尘控制。

1）在运送垃圾、设备及建筑材料等物资时，车辆不污损场外道路。运输容易散落、飞扬、流漏物料的车辆，必须采取措施封闭严密，保证车辆清洁。出入车辆必须进行冲洗，并做好车辆设备冲洗记录。

2）现场安装扬尘监测设备，能有效监测现场扬尘情况，发现扬尘超标即可启动现场自动喷淋系统进行降尘，现场配备移动式降尘设备（雾炮）重点区域重点防控，以便更好、更及时地采取有效措施。

3）对易产生扬尘的堆放材料应采取密目网覆盖措施；对粉末状材料应封闭存放；对场区内可能引起扬尘的材料及装饰装修垃圾搬运采取降尘措施，如覆盖、洒水等；混凝土清理灰尘和垃圾时利用吸尘器清理，机械剔凿作业时可用局部遮挡、掩盖、水淋等防护措施；垃圾清理应搭设封闭性临时专用道或采用容器吊运。

4）施工现场非作业区达到目测无扬尘的要求。对现场易飞扬物质采取有效措施，如洒水、地面硬化、围挡、密目网覆盖、封闭等，防止扬尘产生。

（3）安全管理制度

1）金属类装饰装修垃圾现场切割分解时，应严格按照切割安全操作规程及相关安全防护要求进行作业，禁止违章操作；采用气焊等动火作业前，必须向项目部报备并开具动火证明，施工人员持证上岗，并配备必要的消防器材。

2）现场垃圾堆放严禁超高。

3）易燃易爆垃圾必须存放在专用区域并符合防火要求。

3.2.3.2　制度实施及监督管理

由工程部牵头落实装饰装修垃圾现场分类实施工作，配合做好前期现场装饰装修垃圾存储的方案策划，落实现场分区垃圾分类管理，并指导分包单位严格落实装饰装修垃圾分类的相关要求，配合技术部做好现场装饰装修垃圾分类的资料收集，配合物资部做好现场装饰装修垃圾的分类处置。

由质量部牵头落实装饰装修垃圾现场分类监督管理制度，按照《装饰装修垃圾现场分类技术方案》的相关要求，以及现场装饰装修垃圾分区管理制度，做好对现场装饰装修垃圾分类管理落实情况的监督，及时反馈过程分类管理情况，督促分包单位对违规操作或不正确分类做法进行整改，确保现场装饰装修垃圾分类工作有序进行。

通过建立垃圾全过程管理制度，指导现场从分类原则、分类识别、分类堆放、分类转运等装饰装修垃圾现场分类管理的全过程进行有效管理，并通过落实监督职责，确保现场装饰装修垃圾分类的有效性和规范性。

3.2.3.3　成效评价方法与考评体系

为保证装饰装修垃圾现场分类管理的实施，进一步提高项目装饰装修垃圾减量化、资源化、无害化水平，项目部建立装饰装修垃圾分类处理长效管理机制，逐步提高装饰装修垃圾分类日常运营和管理水平，建立健全的成效评价方法与考评体系，检验现场装饰装修垃圾分类实施效果。

（1）建立装饰装修垃圾分类考评评价管理体系

1）项目经理是施工装饰装修垃圾现场分类的第一责任人，全面负责施工现场的装饰装修垃圾分类控制、实施、考评。

2）工程部、技术部、安全部、物资部、商务部各部门将装饰装修垃圾分类控制列入施工全过程管理的范畴，根据自己的岗位职责，切实加强管理。

3）各劳务分包的班组长是施工现场装饰装修垃圾分类执行负责人，配合项目部的指挥，实施装饰装修垃圾控制措施。

4）项目部与各部门管理人员签订装饰装修垃圾责任书，并按装饰装修垃圾分类考核表进行考核，以进一步推进本工程施工装饰装修垃圾控制工作的有序开展。

5）项目经理部与各分包单位/施工班组签订责任书，落实防治责任，制定奖罚制度，以推动装饰装修垃圾控制工作。

（2）装饰装修垃圾分类考评评价方法

考核工作采取"日检查、月考核、季评价、年汇总"的形式，按照项目装饰装修垃圾分类日常运营检查考评标准执行。

1）日检查。主要针对各劳务班组施工过程中产生垃圾分类投放、分类收集、分类处理等各环节日常运营、有效衔接情况。

2）月考核。以自然月为一个周期，将日检查结果汇总进行评分，纳入月考核。

3）季评价。以自然季为一个周期，将本季度各月的考核结果进行对比分析、同时对项目部垃圾分类管理体系的建设和运营情况、日常工作推动情况、宣传和培训情况等进行总结评价。

4）年汇总。汇总垃圾消纳量，对全年建筑垃圾分类实施情况检查考核评价，制定下一年的工作目标。

3.3　施工减量技术措施

3.3.1　装配式装修施工与垃圾减量

装配式装修通过项目各专业集成设计使主体结构与机电管线分离，实现了部品部件工业化生产、工厂集中加工、现场装配式安装和基于 BIM 的信息化管理，实现现场全干法作业，减少了装修材料现场加工的工序，极大程度上减少建材拼装产生的垃圾，粘贴打胶等工序也大量减少，是装饰装修垃圾减量的最优技术措施之一。同时，还可加快现场施工进度、减少现场用工，有效解决了延长装饰装修使用寿命、绿色环保等问题。区别于传统装饰装修，装配式装修更加考验施工单位对技术品质和管理、合理安排时间和工序、协调各方单位的综合管理能力。

通过装配式装修实现施工阶段的装饰装修垃圾减量，应重点采用如下关键措施[65]：

（1）集成设计是装配式装修的前提

装配式装修设计应在项目建设初期的技术策划阶段，根据建设单位对设计的需求，统筹不同专业、系统的技术要求。对建筑、结构、机电暖通等各专业的要求，进行一体化设计。协调专业系统、系统内部、部品部件之间的连接，实现一张蓝图绘到底。首先，在平面布局时，为装配式部品预留装配空间。其次，装配式装修设计的优点之一就是可变性，设计应考虑为满足今后建筑使用功能的可变性，设计应标准化、模数化，优先选择模块集成技术的产品。最后，在设计过程中，明确细部收口的节点做法。应用 BIM 技术使施工图纸达到可指导现场施工的深度，并满足各部品的准确订货加工。前置解决设计问题的过程，是协调解决设计、施工生产、材料加工、订货、运输安装、后期运营维护等不同阶段问题的过程。通过集成设计，能够最大程度减少施工过程中拆改和返工，极大程度实现装配式装修的施工减量。

（2）不同材质交接收口处理

装配式装修与结构、设备管线、外围护系统之间的接口是安装中需要重点处理的部位。若前置施工安装偏差、设计不到位，会给装修工程造成不可忽略的影响，严重的将导致装修部品无法使用，造成巨大浪费。因此，应在集成设计阶段特别重视，保障接口应符合通用性要求，并提前做好预留、预埋工作，确保其连接的牢固性、安全性、美观性。

（3）装修部品部件深化设计与排版

装配式装修项目中，设备管线的安装敷设应与室内空间设计相协调。应对部品的安装节点进行深化，明确部品之间的结构类型、连接方式与配套部件要求，确定施工的完成面，以便机电管线的敷设。施工单位进场后，应对施工现场测量放线。根据现场尺寸，对部品进行精准的深化排版，将设备和管线的预留洞口尺寸及位置、插座接口的末端点位在图中标识明确，以提高部品部件尺寸的精确度，减少现场二次加工作业以及安装时的偏差。

（4）根据项目特点制定现场施工方案

施工单位应根据项目特点，对建筑体系关系、施工界面划分、装饰饰面材料选用及部品部件，综合考虑各专业的施工工艺顺序，明确避让原则，制定相应的装配式装修专项施工方案。装配式装修对工程现场组织秩序的不规范更加敏感，施工单位应更加深入地研究装配式装修的技术周期、施工界面划分、不同工序的组织尤其是周期的可压缩性；非合理压缩工期和工序倒置等材料工序交叉可能会直接造成大量的材料半成品部件损坏，对造价和工期形成巨大影响，并将产生大量的垃圾。因此，施工中应遵循装配式内装修的特性，更侧重科学的、统观全局的施工工序和规范化的管理，合理组织安排施工的时间和工序。同时，装配式内装修从一体化装饰设计的工程组织和管理到现场标段的划分，再到施工工作面的移交，直至工序的交接等，都需要建设单位的设计管理规范、总承包单位科学的组织施工管理更加规范化与程序化，将尽可能多的部品部件的加工、切割等工序分担给工厂，充分发挥装配式装修的优势。

（5）基于 BIM 的协同施工管理

在装配式装修项目施工阶段，首先对装修范围内的墙体与结构、墙体与机电管线、墙体与幕墙进行三维排查，确认是否存在碰撞情况，若有，需及时提出并解决；其次，根据施工图，将厂家提供的部品模型、材质、颜色、规格大小等导入三维模型，排查装修施工图在建筑结构模型中是否能够实现，是否存在标高不统一、材质交接收口不明确等情况，若有，需及时提出并解决；然后根据现场尺寸调整模型，对装饰面层的板材进行深化设计排版，为主材的加工定制提供准确的数据依据，对各机电末端点位精准定位；最后，在样板间施工的过程中，明确各材质的交接收口，对所有涉及交叉作业的工序进行梳理，制定一套切实可行、科学合理的施工方案及节点做法，最终实现各个系统收口的功能性、美观度协调统一，实现满意的装饰效果，减少装饰装修垃圾的产生与排放。

（6）装配式装修施工样板先行

装配式内装修在大面积施工开展之前，对重点、标准房间进行样板间装修或样板的试安装，建设各方可通过样板间安装总结经验，查漏补缺，为大面积施工起到事半功倍的效果。设计单位和项目建设单位实际感受方案的大小、工艺、质感和效果并可及时调整。通过样板间建设检验施工单位的技术和管理水平，为大面积施工制定质量依据和验收标准。装配式装修涉及大量材料、构配件的工厂定制，现场安装可检验产品及供应商的质量和服务。

3.3.2 统一测量及深化设计

在项目装饰装修垃圾施工过程减量中，应实施"五统一"的垃圾减量综合措施，即统一测量放线、统一深化设计、统一排版下单、统一生产加工和统一现场安装。其原理是结合"标准化、集成化、模数化"的思维，推行装饰材料的统一集中加工、现场装配施工，以实现装饰装修垃圾的施工过程减量。其中统一测量放线和统一深化设计是实现图纸与现场统一的关键步骤，为后续套材加工与优化节点提供了可靠的数据基础，同时也是实现施工垃圾源头减量的第一步。

1）统一测量放线，装饰装修施工现场要开展统一测量放线，需要两个"统一"的基础，即在统一图纸分析和统一测量标准的基础上，实现测量和放线的统一。重点是将图纸与现场相结合。统一图纸分析，即将项目施工图纸进行综合分析，包含平面图、立面图与节点图，分析其中规律，求同存异，寻求"大数"统一。然后对具体楼层或区域的具体尺寸进行分析，确定其中的定量与变量。将各个大区域分别划分标注，如户型、公共通道、机电管井、核心筒及幕墙结构等，分析其中定量与变量的关系，首先确定大区域的定变量关系，然后对大区域中的定量区域再进行细化分析，逐层分析各区域中的定变量关系，分析到达饰面层级时，即可分列出材料加工的定变量关系，确定定量数值，同时分析出变量的变动范围。

完成图纸分析，则需要将图纸尺寸反映到施工现场，即统一测量标准，在统一分析图纸得出的规律的基础上，统一规定测量的位置及测量方法，以使不同区域相同测量位置所得的测量数据具有可对比性。常用方法有通过完成面定位，实现统一开间尺寸，以装饰控制线为基准，测量建筑墙体的实际数据，首先确定主控线与1m水平线，然后分别测量各控制线与结构面的间距。将现场所测数据的"平均值"与图纸数据"设计值"进行对比，计算户型的平均开间尺寸，此数据也可用来分析实际工程量与图纸工程量的偏差，即进行大数据分析，汇总平均值、设计值与偏差情况。运用大数据进行推敲，统一开间尺寸，合并同类项，由此得出与现场绝大多数实际测量尺寸相符的统一的标准尺寸，以此使后续的加工尺寸尽量统一，尽量减少加工产生损耗，进而从源头减少因材料加工而导致的垃圾产生。

2）统一深化设计，其是在"统一设计排版"和"统一深化工艺"的基础上，实现"统一深化设计标准"，作为后续统一生产加工的基础，其重点是寻找规律。

统一设计排版是通过对比平面与立面的图纸，确定装饰板块的排版和定位，合理利用设计"三大原则"：对齐、居中和等分。如干区与湿区的分隔对齐，床头装饰与床边对齐，电视造型与背景墙对齐等；然后是居中，床与电视造型与背景墙居中，洗手池与浴缸居中，插头位置与床头柜居中等，最后是等分，如床头背景墙的等分等。将这三大原则灵活且合理地运用于深化设计之中，在满足装饰效果的前提下，将上述分析出的定量区域实现统一排版，而变量区域通过设置可调结构同样实现统一排版，最终实现统一的设计排版。

统一深化工艺则需要将施工过程中的所有工艺进行梳理，可采用表格梳理施工工艺，寻找其中的规律，如大面积施工的装饰部位，不利于采用"标准化、模数化、集成化"思维进行深化设计；以"项"为单位的装饰部位，可同时实现"标准化、模数化"加工；部分以"项"为单位的装饰装修部位还可在"标准化、模数化"的基础上实现"集成化"或"成品化"等。以此为基础，经过系统的分析后，尽可能地将相近类型或工艺做法进行统一，相近尺寸进行合并，最终实现统一深化工艺。统一测量及深化设计后，应采用"样板先行"的原则，制作实物样板，更加直观地推敲工艺和工序，从而使材料加工损耗更低，装饰饰面安装精度更高，以此减少装饰装修施工过程中的垃圾产生。

3.3.3 材料集中加工

本节论述集中加工对装饰施工垃圾减量的相关措施，主要包括加工区域设置、主要功能、常备设备及净化措施等，对套材加工材料做好余料再利用，废料做好分类回收。

在施工现场选择一处或多处区域进行集中管理，实现材料的集中加工，以达成在装饰施工中对主要加工垃圾的产生点集中、处置集中与再利用集中。

集中加工区，主要由五大核心区域构成，分别为原料堆放区（图 3-3）、板材加工区、钢材加工区、组装区和半成品堆放区（图 3-4）。原料堆放区主要用于堆放板材如阻燃板、石膏板、硅钙板等，钢材如角钢、方通、槽钢、轻钢龙骨等原始基层材料的区域。板材加工区主要为将板材定尺切割的加工区域，主要工序为弹线和切割等。钢材加工区主要为将钢材定尺加工的区域，主要工序为切割和钻孔等。组装区为组装板材造型如窗帘盒、灯带，或焊接钢架造型（洗手台盆）等基层标准化部件的区域。半成品堆放区为将定尺切割好的基层板材、钢架或组装好的半成品部件进行集中分类堆放的区域。五大功能区域彼此独立，协同配合，以实现项目后场加工的集中管理。

板材加工区和钢材加工区统称集中加工区，其设置应充分利用现场永久结构，以永临结合为原则设置分隔区域，包括材料周转区、各类库房和集中充电区，板材的堆放区、切割区、组装区及半成品堆放区，钢材的堆放、切割、打孔、焊接、涂刷、栓接及半成品堆放区，相应材料的加工及堆放区域尽量贴近，尽量减少材料的二次转运，避免由转运过程导致的垃圾产生（图 3-5）。

原料堆放区需设置灭火器。采用标准货架堆放或垫高堆放，确保通风干燥，并采用物资标识牌进行分类标识，减少材料储存过程中的垃圾产生。

(a) 钢材类 (b) 板材类 (c) 龙骨类

图 3-3 原料堆放区

图 3-4 半成品堆放区

图 3-5 集中加工区

板材加工区采用无尘台锯，将切割粉尘进行收集，每天加工完成后进行定期清理，集中处理，减少粉尘垃圾无序排放，改善现场施工环境，并将可回收的余料进行回收处理，减少最终垃圾的排放量。钢材加工区需设置单独电箱，挡火罩和废料集中回收箱，电焊区配备有焊烟净化器，独立的防锈油漆涂刷区域，对焊接废料和油漆废料均能做到有效回收处理。实施后场集中加工后的项目现场加工（切割、电焊）明显减少，配合运用充电式机具进行现场装配式施工，可使现场除了照明用电源外，无需再进行其他临电布设，材料加工垃圾大大减少，临电类措施垃圾也有一定减少。

半成品堆放区用于堆放半成品板材、半成品部件等，需设置灭火器。各造型的半成品应分类堆放，做好标识，便于后续安装施工，减少转运与储存垃圾产生。

3.3.4 无线充电式机具及设备

现场施工中无线充电式机具的使用优势为减少临电布设、保障用电安全、减少维护整备垃圾、便于集中管理，配合装配式安装方式，可提升安装精度，减少由于安装方式落后及安装精度不高产生的垃圾。

装配式施工中常用的无线充电式机具主要有：电钻、冲击钻、扳手、起子、圆锯、打磨机、曲线锯、平铺机、穿线机、工作灯等，配备单块锂电池时，能连续工作 3～5h，每台机具配备 2 块以上锂电池交替使用即可满足现场施工需求。同时，施工现场应统一配备集中充电箱，解决充电式机具的集中充电与安全充电问题（图 3-6）。

图 3-6 集中充电箱

无线充电式机具的选用需要依据现场施工内容、材料种类和工效要求等进行比选，常规机具性能如下：充电式电钻，用于进行木材、钢材的打孔上钉操作，最大钻孔直径钢材 10mm、木材 20mm；充电式冲击钻，用于进行木材、钢材、墙体的打孔操作，最大钻孔直径钢材 13mm、混凝土 20mm、木材 30mm；充电式扳手用于进行螺母拧动操作，适用标准螺栓：M6～M18；无线充电式起子，用于进行螺钉拧动操作，最大螺丝直径 5mm；充电式圆锯用于钢材、木材的切割，适用锯片直径 165mm；充电式打磨机，用于进行石材、钢材的打磨、切割，磨皮直径 100mm；充电式曲线锯，用于木材、钢材、铝材的曲线切割，切割深度：木材 90mm、钢材 8mm、铝材 20mm；瓷砖平铺机，用于进行墙地面瓷砖铺贴振动调平，适用瓷砖规格为 300～1200mm；充电式锂电穿线机，用于进行强弱电布线，引线长度为30m。合理选用匹配的无线充电式机具，即可满足现场绝大部分装饰施工需求。如常规的无线充电式机具功率不足，无法满足施工要求时，则可采用移动电箱，配合大功率有线工具实现现场无线装配式施工。

移动电箱可满足手枪钻、角磨机等小型机具的现场施工，也可满足冲击钻、电锤、切割机、液压冲孔机等稍大型机具的间歇性应用。移动电箱的最高功率可达5kW，能满足现场临时电焊的用电需求（图3-7）。

图3-7 移动电箱

使用无线充电式机具及设备的现场装配式施工无须临电配合、现场干净整洁、工人操作方便、安装效率高、精度高，几乎没有安装垃圾的产生。

3.3.5 永临结合

"永临结合"是将工程施工中的临时设施与永久设施相结合进行一次施工，使得部分永久设施在施工中能够直接使用，以达到节约材料的目的。"永临结合"一般有永久道路与临时道路的结合使用、室外设施的永临结合使用、围墙围挡的永临结合使用、消防给水的永临结合使用、楼层照明的永临结合使用、市政给水排水的永临结合使用等。

1）工程正式围墙与临时围挡的永临结合施工。在开工初期，通过沟通协调，在图纸会审中先行明确围墙施工做法，将具备条件的正式围墙基础、立柱先行施工，预留栅栏部分安装可周转使用的彩钢挡板。此做法将正式围墙与施工临时围挡的基础与立柱结合，满足了扬尘管控要求，施工一次成型，既节约了成本，同时施工了一部分正式围挡，也为后续室外施工减轻进度压力，因为减少了临时基础与临时立柱的施工和拆除，更进一步减少了措施垃圾的产生（图3-8）。

2）现场消防设施与临时用水永临结合施工。施工现场临时用水和消防用水相结合，

图 3-8　永临结合围挡

共用主管和支管。在市政供水不足的情况下，安装消防水箱和变频泵组，既满足了施工现场消防扑救的要求，又解决了施工用水问题（图 3-9）。

图 3-9　消防水箱和变频泵组

3）隔震沟垫层和落地脚手架基础永临结合施工。有减、隔震设计的楼栋，在结构施工时将隔震沟垫层施工完成作为主体结构施工落地脚手架基础。提高了落地脚手架的安全系数，防止架体不均匀沉降变形。同时，达到了美观、降尘的效果，省略了临时基础的施工与拆除（图 3-10、图 3-11）。

永临结合施工有诸多优势，但同时应做好相应管理工作，才可保证后续工程建设完成后永久设施的质量满足要求。首先是严把材料质量关，永临结合施工中，要严格控制使用材料的质量。施工的材料要按照永久设施的材料质量进行要求。同时要避免在使用过程中对永久设施造成破坏和污染，故一般给水管不作为永临结合给水使用。同时，在施工前应做好前期准备工作，在施工过程中，要想实现永临结合，工程的设计意图及使用功能必须

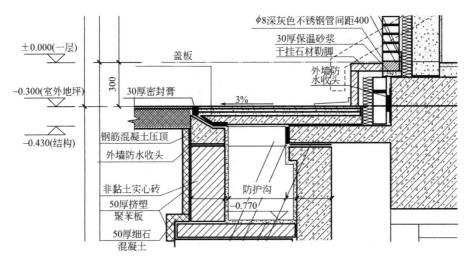

图 3-10　隔震沟垫层和落地脚手架基础永临结合施工示意

图 3-11　隔震沟垫层和落地脚手架基础永临结合施工现场

要熟悉。在深度解读设计文件的基础上进行永临结合施工的策划和实施，避免造成因对设计文件不熟悉而贸然施工导致永久设施达不到设计使用功能。最后是要把握好施工过程中的关键环节，施工的主要流程必须进行严格管控，所有永临结合项目必须履行验收程序，验收合格后方可进行下道工序施工。

在"永临结合"实施中，应特别注意：①现阶段的建设工程中存在较多甲指分包，而"永临结合"方案实施需要在进场后临时设施施工时就进行同步施工，但是大部分专业分包进场比较晚，在具体的实施中，若要采用"永临结合"的方案，则要在前期加强与监理、业主以及潜在的甲指分包施工单位沟通，并在过程中留下相应的证明材料，以避免在后期交工时出现纠纷；②并不是所有临时设施都能够实现永临结合，在具体实施过程中，应根据项目的实际情况，做好"永临结合"的策划工作，从而避免出现因临时设施无法转换为正式设施而影响整体工程进度。

3.3.6　可周转材料使用

可周转材料亦称"可周转使用材料"，是指在建筑安装工程施工过程中能多次使用并基本保持其原来的实物形态，其价值逐渐转移到工程成本中去，但不构成工程实体的工具性材料。按其用途不同，可以分为：①模板，指浇制混凝土用的竹、木、钢或钢木组合的模型板，配合模板使用的支撑料和滑模材料等；②挡板，指土方工程用的挡土板以及撑料等；③架料，指搭脚手架用的竹、木杆和跳板，及列作流动资产的钢管脚手架；④其他，指以流动资金购置的其他周转材料，如塔吊使用的轻轨、枕木、围挡、成品保护材料等。这些材料在施工中能长久周转使用，可减少一次性废料产生，从而达到节能减废的目的。

装饰装修中的成品保护必不可少，而常规多使用一次性材料，保护完成后随保洁清理出场，如使用可周转材料或可再生类材料，则可极大减少环境污染，并且可减少废弃垃圾的产生。

1）石材装车运输前需在每块石材间放置柔性材料，运输均应有防护措施，禁止铁件、硬件等直接接触，以免损坏材料（图 3-12）。

图 3-12　石材防护措施

2）型材及铝板出厂时表面应加保护膜，另外应使用专用包装纸捆扎，装车时应在周边铺垫柔性材料（图 3-13）。

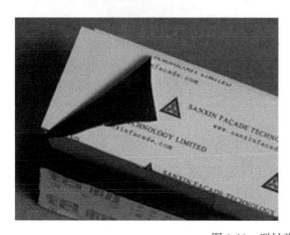

·　图 3-13　型材及铝板保护膜

3）铝板保护膜选用可降解材料则可降低塑料类垃圾的处理难度。玻璃板块等除在装饰表面按规定加贴保护膜外，在准备发运装车时应在板块中间加隔离板，并用紧线机捆扎结实，严防运输过程中造成摩擦损坏（图 3-14）。

4）木饰面门扇及木饰面出厂前使用纸壳、塑料纸等包装封闭，一方面防止水汽渗透；另一方面防止运输过程中刮伤破坏。

5）地面成品保护，对已完成地面进行围护或进行覆盖，对地面石材施工所留的岔口进行必要保护，对楼梯石材更应重点防护，以免重物坠落碰撞损坏，在已完工作面水平运输时垫木板保护（图 3-15）。

图 3-14　玻璃板块运输防护　　　　　　　图 3-15　地面成品保护用木板

6）电梯门槛、轿厢处设置一块木作翻板（18mm 厚木芯板）保护，电梯门套处用成品瓦楞纸板根据石材造型满贴进行保护等（图 3-16）。

图 3-16　电梯门槛及轿厢保护

7）墙面石材及墙砖护角保护，护角采用可周转钢质或木质材料进行保护，可周转多个项目使用，在损坏后可统一回收处理（图 3-17）。

上述保护措施为装饰装修中常见保护类型，其目的是确保装饰装修半成品、成品材料在移交前的运输、堆放及安装过程中不受损坏。目前绝大多数项目使用的保护材料为一次

图 3-17　墙面石材护角保护

性材料，且多为塑料制品，由此产生的废弃垃圾在装饰装修垃圾中占比较大。因此，在装饰装修成品保护施工时，使用可周转材料或可再生类材料，则可极大减少环境污染，并且可减少废弃垃圾的产生，做到源头减量。

3.4　垃圾无害化处理

　　装饰装修阶段有害建筑垃圾部分可以通过垃圾无害化处理回收，但由于装饰装修垃圾的成分比较杂乱，不能统一收集和再利用，有害建筑垃圾现场处置的首要任务是分类收集和存放，应提前考虑各项施工中后续将要产生的有害建筑垃圾种类，预估其产生量，并做好现场处置及场外处置计划，委托有资质的有害垃圾处理单位，高效地处理好每个阶段产生的有害垃圾，防止对环境造成破坏。

　　不能进行现场处理或资源化的有害装饰装修垃圾，应提前寻找、联系就近的相关材料回收处理厂。处理厂一般拥有整套装修垃圾处理资源生产线，对垃圾进行粉碎、筛选和分类等。其中，大块垃圾被粉碎并与轻物质、金属和骨料等分离，一些轻物质可以燃烧发电，金属可以回收利用，骨料配合适量制砖原料制成环保再生砖等。

3.4.1　固体有害垃圾现场无害化处理措施

　　1）对产生固体有害垃圾的施工班组应携带清理运输工具，施工结束后及时清理本工艺施工产生的有害垃圾，日产日清，并运输至有害垃圾专用存放处，集中处理清运。

　　2）施工现场单独设置有毒有害垃圾临时存放区。存放区宜设置在地势低洼处，远离生活办公区、供水地、农田、河流等区域，且处于当地长年主风向的下风位。同时应注意其封闭、通风、防火、防爆、防潮、防雷、防静电、防腐、防渗漏等功能。有害垃圾临时存放时间不宜过长，满足一批处理量后即应及时处理清运，现场不可进行长时间大量存放（图 3-18）。

　　3）根据《国家危险废物名录》，含有或沾染毒性、感染性危险废物的废弃包装物、容器、过滤吸附介质等属于危险废物 HW49 类，废物代码为 900-041-49。因此，工业生产过

(a) 封闭的有害垃圾存放处

(b) 废旧油漆桶统一存放

(c) 废旧电池回收箱

图 3-18　有害垃圾临时存放

程中产生的废油漆桶、染料桶、油墨桶、废机油桶等均属于危险废物。危险废油漆桶必须找专门持有处理危险废物许可证的单位处置，按照《中华人民共和国固体废物污染环境防治法》和《危险废物经营许可证管理办法》规定，处理单位应具备相应危险废物经营许可证。普通油漆桶需要经过粉碎分离处理，既可以购买具有正规资质厂家生产的、符合环保标准的油漆桶粉碎机，对其分离粉碎二次利用，也可直接交由具有处理资质的厂家处理。数量少且无污染的油漆桶可由金属回收站处理。对于个人使用的废旧油漆桶，应进行垃圾分类，依据油漆桶壁上用后处理说明进行处理，无污染的可以由金属回收站或垃圾处理厂进行处理。

4）石棉废物包含石棉废纤维、废石棉绒、石棉隔热废料、石棉尾矿渣等。石棉废物在我国属于危险废物，需要谨慎处理。

石棉清理时，工作人员应佩戴好个人防护装备，携带专用工具及石棉废弃物贮存容器进入工作区域。贮存容器包括坚实的塑料袋、塑料桶等。待工作人员进入工作区域后，封闭工作区域入口。首先须用水或其他湿润介质将石棉材料充分湿润，以防止石棉颗粒的释放，可以使用喷雾枪喷洒加过湿润剂的水。将清理后的石棉材料废弃物迅速放入贮存容器中。可用装有高效微粒空气过滤器的真空清理器（吸尘器）收集散落的石棉碎片和灰尘。工作人员清除掉封闭区内所有石棉材料或者清理工作告一段落时，应封好装有清除下来的石棉材料和已沾污的湿抹布等含有石棉废弃物的清理工具，用干净湿抹布清洁工作中所用器具，将清理好的器具放在规定的地方，使用过的湿抹布按石棉废物处理。工作人员离开工作规定区域前要将个人防护装置脱下并清洁干净，放在指定地点，一次性防护装备按石棉废弃物处理。人员在淋浴室清洗干净换上干净衣物后，离开工作区域。拆解清除工作完成后，需对规定区域内的所有物品进行清洁，包括封闭用的材料。对于不能够清洁干净的材料、清洁用的废水、抹布等按照含石棉废弃物进行处理。

石棉的贮存、处理和处置：使用封闭的容器或双层塑料袋盛装石棉废弃物，将盛装石棉废物的袋子、容器或其他包装材料标出警告标签。将石棉废弃物直接运送到环保部门认可的危险废物贮存场所或处置场所。运输人员须是经过培训的专业人员，在运输过程中应携带必要的人员防护装备和工具，携带备用的水合润湿剂、容器等。石棉废物在运输过程中必须确保不向空气中释放石棉纤维，车辆应有封闭车厢，确保石棉废物容器在运输过程中密封、湿润、不破损。

5）联系原厂家或有资质的回收公司，对收集到的固体有毒有害垃圾进行回收。

3.4.2　液体有害垃圾现场无害化处理措施

1）涂料、乳胶漆等相关施工中，应采取废旧液体收集措施，防止有害液体遗留或渗透到地面或其他饰面上。

2）废旧油漆桶可放置到特定区域进行风干，同时防止涂料遗撒或滴落，待油漆凝固，可将油漆桶作为固体有害垃圾处理，减少液体有害垃圾处理步骤。

3）液体有害垃圾的储存区域应进行防水防渗处理，可设置成品密闭的废水收集池，收集清洗油漆等施工设备产生的废水及油污等有害液体。成品污水罐的安装：开挖基槽前应掌握地质情况，收集罐就位后要及时回填土，罐体内灌满水以防位移，回填土要求进行过筛，无尖角石块和建筑垃圾，无地下水时，按土质以 0.95 的压实系数夯实。有地下水时，应特别注意罐体下四周用素土或黄砂填实，保证罐体固定位置受力均匀。在雨期施工时，要有排水设施，防止基坑积水及边坡坍塌，同时将罐体内注满水防止漂浮而造成位移。施工应遵照有关工程施工及验收规范的规定进行，安装完成后进行蓄水试验，确定没有渗漏之后，才可进行污水储存（图 3-19）。

(a) 施工现场废水收集池　　　　　　　　　　(b) 成品污水罐

图 3-19　液体有害垃圾储存

4）顶面涂料施工时，在施工范围内的成品和地面上铺设防渗膜，飘落或滴落的油漆会直接落在防渗膜上，施工完成后将防渗膜收起，运送至液体有害垃圾存放处（图3-20）。

图 3-20　防渗膜

5）联系原厂家回收或有资质的回收公司，对收集起来的有毒有害液体建筑垃圾进行回收。

3.4.3　粉尘类有害垃圾现场无害化处理措施

1）易产生粉尘、烟尘的施工工序，应采取粉尘清理和降尘设备及时收集，防止粉尘扩散或吸入人体内。粉尘类有害垃圾应采取密闭运输和存放，并做好防火、防潮措施。

2）墙体腻子打磨时，会产生大量粉尘，打磨腻子也是装修过程中最易产生粉尘污染的环节。施工时，工人需佩戴粉尘隔离口罩，门窗缝等一些不好打理的地方，可以通过吸尘器打理。现场施工可采用带集尘盒或吸尘布袋的腻子打磨机，自动收集粉尘（图3-21）。

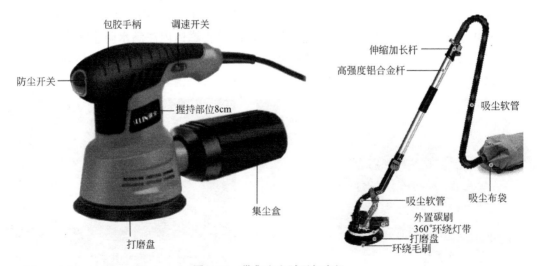

图 3-21　带集尘盒腻子打磨机

3）采用传统钻孔方式钻墙打孔易产生粉尘，可采用自吸尘接灰的电锤冲击钻进行除尘、集尘，其可适用于玻璃、瓷砖、塑料等表面较光滑的饰面（图3-22）。

4）石膏板、木工板材、地板等板材切割时容易出现粉尘，采用无尘切割机，通过精

(a) 垂直墙面钻孔

(b) 吊顶钻孔

图 3-22 自吸尘接灰的电锤冲击钻

确的切割避免产生粉尘。同时切割器中内置的吸尘技术也可以将产生的极少数粉尘进行吸纳，防止粉尘外溢，最大限度消除粉尘（图 3-23）。

5）电焊作业时使用移动式电焊烟尘收集设备，及时收集电焊烟尘，防止烟尘扩散，消除和减少有毒有害气体的排放（图 3-24）。

图 3-23 无尘切割机

图 3-24 移动式电焊烟尘收集设备

6）联系原厂家或有资质的回收公司，对收集到的有毒有害的粉尘、烟尘等垃圾进行回收。

3.4.4 其他特殊装饰装修材料有害垃圾

其他特殊装饰装修材料有害垃圾，应根据《中华人民共和国固体废物污染环境防治法》进行清理收集、运输存放和回收处理。

3.5 施工减量典型案例

3.5.1 典型商业综合体项目——朝阳区北苑路 98 号院 1 号楼－3～7 层内装修

朝阳区北苑路 98 号院 1 号楼－3～7 层内装修概况见表 3-3。

朝阳区北苑路 98 号院 1 号楼－3～7 层内装修概况　　　　　　　　　表 3-3

项目名称	朝阳区北苑路 98 号院 1 号楼－3～7 层内装修		
项目地点	北京市朝阳区北苑路 98 号院 1 号楼		
建设单位	北京华联美好生活百货有限公司		
设计单位	北京炎黄联合国际工程设计有限公司		
施工单位	中建深圳装饰有限公司		
监理单位	北京国金管理咨询有限公司		
建筑业态	商业建筑	建筑面积	74696.78m²
装修形式	传统装饰装修	装饰装修垃圾 减量措施	施工减量 分类回收 资源化利用

3.5.1.1　工程简介

朝阳区北苑路 98 号院 1 号楼－3～7 层内装修工程项目（以下简称：北京 SKP 大屯项目）位于北京市朝阳区北苑路 98 号院，建筑面积 74696.78m²，为既有建筑装饰装修改造项目，改造完成后将成为融百货经营、商业零售与公共服务一体的商业综合体。主楼大楼结构高度 44.25m，地下 3 层，地上 7 层，工程效果如图 3-25 所示。

图 3-25　北京 SKP 大屯项目工程效果图

本次装修项目涉及－3～7 层内装修施工，合计施工面积 40557.6m²，其中施工单位精装区域 22100m²，店铺精装区域 18458m²。项目合同工期 243 天。局部装修效果如图 3-26 所示。

3.5.1.2　项目特点

1）工序繁复、工期紧张。本工程定位为高端商业，装饰装修工序繁复且质量要求高，从进场到开业仅 200 天。

2）现场用地紧张，垃圾存放及分类储存困难。项目位于奥运村地区，周围均为成熟社区和商业，且由于是装修改造项目，用地紧张，为垃圾存放及分类储存带来困难。

3）涉及店铺精装，统筹管理困难。高端商场的定位，不同品牌方后期同时进场装修，给工作面管理及交付带来困难。

(a) B1层公区

(b) 1层公区

(c) 2层公区

(d) 3层公区

(e) 4层公区

(f) 5层公区

(g) 6层公区

(h) 7层公区

图 3-26　局部装饰效果图

4）工作管理任务重。拆除阶段无机非金属类垃圾最多，金属类垃圾次之，涉及原二次结构砌筑墙体拆除，外运、分类及回收利用困难。

3.5.1.3 装饰装修垃圾来源分析及处置预案

工程建筑面积 74696.78m²，拆除面积 40557.6m²，装饰装修工程面积 40557.6m²。装饰装修垃圾来源、产生量及处置预案如表 3-4、表 3-5 所示。

拆除阶段装饰装修垃圾来源、产生量及处置预案 表 3-4

序号	分类	涉及施工内容	预估产生量	处置方法
1	无机非金属	原二次结构砌筑墙体拆除	按墙体 240mm 厚，拆除量 3500m² 计算：3500×0.24＝840m³，按照垃圾密度 0.5t/m³ 的密度计算，共 420t	外运到专门资源回收站，粉碎后进行回收再利用
2	金属类	原电缆电线、水管、通风排烟管道、防火门、卷帘等拆除；拆除施工产生的废锯片、废钻头、焊条头、破损的临时围栏	以现场实际拆除量进行消纳，暂估 150t	外运回收
3	木材类	临时保护模板、木方	模板用量 200 张，每张 13.5kg，暂估 2.7t	外运回收
4	塑料类	PVC 或 PPR 管、塑料包装、塑料薄膜、橡塑保温棉、岩棉板等	暂估 5t	外运回收
5	其他类	如有害垃圾类等	暂估 5t	外运无害化处理
合计			约 582.7t	

装饰装修阶段垃圾来源、产生量及处置预案 表 3-5

序号	分类	涉及施工内容	预估产生量	处置方法
1	无机非金属	地面混凝土找平（未浇筑完成余料、剔凿）、砂浆、粘接剂、石材瓷砖边角料	按照实际装修面积，预估废料约 55t	外运到专门资源回收站粉碎回收再利用
2	金属类	电缆、电线线头、铁丝、角钢、钢管、涂料等金属容器、金属支架、不锈钢边角料、水管、风管废料、废锯片、废钻头、焊条头、废钉子、破损的临时围栏	采用现场集中加工装配施工形式，预估废料约 50t	外运到回收站回收再利用
3	木材类	阻燃板加工后不再利用余料、饰面材料箱体木质包装、石材、玻璃保护板	模板用量 3000 张，每张 13.5kg，暂估 40.5t；饰面材料、货柜等暂估 109.5t，合计约 150t	外运回收
4	塑料类	编织袋、PVC 或 PPR 管、塑料包装、岩棉板、塑料薄膜等废料	约 10t	外运回收
5	其他类	石膏板、损坏 GRG、PRC 板、涂料等精装材料，有害材料（油漆桶等）	约 200t	外运，有害材料做无害化处理
合计			约 465t	

3.5.1.4 装饰装修工程垃圾减量措施

（1）施工减量计划

减量计划如表 3-6 所示。

减量计划

表 3-6

序号	建筑垃圾分类	预估产生量/t	减量目标/t	减量率/%
1	无机非金属	50	10	20.0
2	金属类	30	10	33.3
3	木材类	150	60	40.0
4	塑料类	10	3	30.0
5	其他类	200	50	25.0
合计		440	约133	30.2

注：减量率=减量目标/预估产生量；预估产生量为减量范围的预估量。

（2）施工减量思路

本项目无机非金属类、金属类、木材类一般为项目的主要材料，主要用于基层及面层，对于基层垃圾（金属）减量的思路主要通过以下方式进行。

1）在深化设计阶段，运用 MATLAB 对基层材料的含量及尺寸进行全面统计，为后续材料加工套裁提供数据支撑。

2）在材料加工阶段，运用前期套裁数据进行定尺集中加工，最大限度地降低材料浪费。

3）在施工阶段，将各加工好的材料进行分区发放，限额领料，并全面采用装配式施工，减少焊接。

4）对于金属边角料，进行暂存处理，对后期收边收口部位的材料使用进行预评估，避免"因小切大"的情况。

5）对于面层垃圾（非金属、木材）：主要依托公司"三统一"管理模式，在设计阶段对材料进行充分排版并按排版图进行细致下单，减少资源浪费。

6）对于塑料类及其他类垃圾，主要为项目主材的相关包装及结余垃圾。将此类垃圾分为无害垃圾及有害垃圾，将无害垃圾进行捆绑、装箱处理，对有害垃圾进行包封处理，运输至垃圾堆放场地进行统一消纳。

（3）减量工序管理

新建墙体预留风管等洞口，根据建筑电气、给水排水、暖通空调等专业管线综合布置图要求，预先按照管径要求将所需洞口尺寸弹线至地面上，新建墙体施工时，将各个专业所需洞口预留，避免后续二次进行墙体打凿开洞而产生垃圾和劳务费用。

地面找平施工前，线管预先敷设，根据建筑电气（地插）、消防（疏散指示灯）、弱电（网络地插）及机电末端点位需求，在地面精找平前，按照地面地砖铺设图经设计及各专业会签确认无误后，将需要隐蔽的金属导管预先敷设到位后再进行地面混凝土精找平，避免后续点位变更需要重新剔凿地面开槽布管。

吊顶封板前，进行工序隐蔽验收及会签制度，保证一次成活。

（4）减量组织保障

1）设计保障，在深化设计阶段，充分对材料进行测算，主要对材料的尺寸、排版、下单以及后续加工图进行重点把控，降低材料损耗，本项目深化设计投入人数为2人。

2）生产保障，在装配式组装阶段，严格监管材料加工，按照预定排版、下单尺寸进行，并进行分区发放、限额领料，降低材料使用错误率，减少资源浪费。本项目生产保障投入人数为2人。

3）消纳保障，该保障系统主要由技术人员担任，用于在余料产生后进行二次"消化"，此保障系统人员需对现场材料尺寸十分了解，确保看到某种尺寸的材料后，可第一时间将其"归位"，从而降低材料的浪费。

4）减缓保障，主要是通过技术手段，将一些建筑垃圾进行"废物利用"，例如废模板，可在后期进行地面成品保护的使用，同时还可用于后期进行建筑通道搭设时的临时封闭材料，进而增加"垃圾"的循环利用率，减缓部分垃圾的消纳速度，实现垃圾减量。

（5）施工减量技术措施

1）统筹规划，减少损耗。套材切割，本项目在地下2层设置木工、金属集中加工区，经深化设计后，下料时采用套材切割方法，最大程度利用材料，降低材料损耗率（图3-27、图3-28）。同时设置可回收金属垃圾临时堆放区，集中管理。

图 3-27 集中加工区

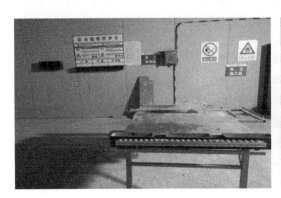 

图 3-28 集中加工施工现场（一）

图 3-28　集中加工施工现场（二）

2）收集管理。现场设垃圾收集房一个，并按照"五分法"划定不同垃圾区域，有害垃圾单独堆放，封闭管理。每个楼层实施垃圾第一次分拣，按照"五分法"要求，分开堆放，分别外运至垃圾收集房相应区域（图 3-29、图 3-30）。

图 3-29　垃圾收集房

金属余料收集流程

二次加工利用

金属余料收集

废料处理(报备公司)

图 3-30　第一次分拣

　　安排 2 人专门负责文明施工及垃圾清运，由各楼层现场工程师安排，安全员监督管理。施工作业人员每天施工完成后，做到工完场地清，将当日产生的施工垃圾收集并用现场垃圾专运工具转运至本楼层垃圾临时堆放点（图 3-31），并经文明施工班组进行分类、运至垃圾集中堆放点。

图 3-31　现场垃圾转运工具

在垃圾收集房实施二次分拣，尤其注意有害垃圾的闭环管理，并办理建筑垃圾处理方案备案及消纳备案手续；根据垃圾产生量，统筹协调经由备案的运输车统一外运、消纳。垃圾外运通过北京市建筑垃圾管理与服务平台，采用专用配有北斗监管系统的场外垃圾运输车，每次垃圾清运完成后生成电子运单（图 3-32～图 3-34）。

本工程建筑垃圾房设置于场区西南角。现场按照可回收垃圾分类分拣后，集中将垃圾运至临时垃圾收集房，根据产生量经由备案的运输车统一外运、消纳

垃圾外运
(再生资源站或垃圾消纳场)

运输至垃圾收集房处二次分拣
(将混合类垃圾挑出)

垃圾第一次分拣
(挑出金属与非金属)

图 3-32 垃圾分拣

图 3-33 办理建筑垃圾处理方案备案及消纳备案手续

图 3-34　场外垃圾运输车

3）可周转临建及可周转模块化设施。采用模块式临建，如宿舍和办公建筑、模块化钢制围栏等，待本项目使用完毕后直接转运到其他项目继续使用（图 3-35、图 3-36）。

图 3-35　可周转临建

图 3-36　钢制围栏及加工棚

4）推广现场无线化工具。推行无线化充电工具和移动充电电箱及移动充电焊机，减少现场临电投入，提高工效（图 3-37）。

图 3-37　现场无线化工具

5）永临结合。本项目永临结合方式暂未实施，但项目运用垃圾收集房实施二次分拣，作为垃圾长期堆放点。对于临时堆放点，参照北京 SKP 项目的旧改经验，在后期运营过程中，采用公司自主专利技术"可升降施工围挡"进行局部区域的施工或垃圾临时存储。可升降围挡将垃圾消纳空间立体化、封闭化，进而实现垃圾的分类保管（图 3-38）。

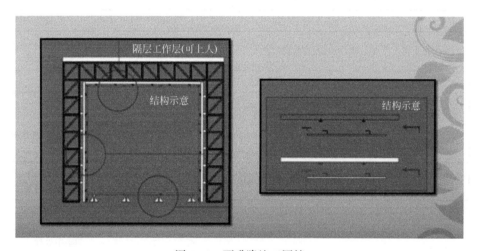

图 3-38　可升降施工围挡

3.5.1.5　有害垃圾专项处置技术

（1）有害垃圾种类

目前本项目涉及的有害垃圾为油漆类、胶类垃圾，而该类垃圾一般与油漆桶、胶桶共同处理。

（2）现场处置技术

1）本施工现场油漆类有害垃圾，要求开盖后保留原有桶盖，待油漆使用完后，将原有桶盖盖回原桶。并使用塑料膜进行批量包封，运送至垃圾集中堆放区，进行垃圾集中处理（图 3-39）。

2）对于胶类垃圾，坚持开装即用完的标准，保证每个胶管内的存胶为零。如存在部

图 3-39 垃圾集中处理

分胶未用完的情况，采用保鲜膜进行封存，便于下次使用。最终将胶管集中装箱运输至垃圾堆放场地进行统一消纳。

3.5.1.6 建筑垃圾减量及综合利用经济评价

（1）垃圾实际产生量与预估量偏差

经计算，垃圾实际产生量与预估量有一定偏差，实际产生量如表 3-7、表 3-8 所示。

拆除阶段垃圾实际产生量   表 3-7

序号	分类	涉及施工内容	实际产生量	处置方法
1	无机非金属	原二次结构砌筑墙体拆除	实际拆除 900m³，垃圾量约 500t	由外运单位联络，粉碎后制成透水砖
2	金属类	原电缆电线、水管、通风排烟管道、防火门、卷帘等拆除废锯片、废钻头、焊条头、破损的临时围栏	以现场实际拆除量进行消纳，约 100t	金属回收单位回收后集中加工
3	木材类	临时保护模板、木方	约 3t	签约外运单位处理，预计粉碎后再加工
4	塑料类	PVC 或 PPR 管、塑料包装、塑料薄膜、橡塑保温棉、岩棉板等	约 2t	签约外运单位处理，预计粉碎后再加工
5	其他类	如有害垃圾类等	约 0.05t	集中封闭存放，由签约外运单位联络无害化公司集中处理
	合计		约 605t	

装饰装修阶段垃圾实际产生量   表 3-8

序号	建筑垃圾分类	涉及施工内容	实际产生量	处置方法
1	无机非金属	地面混凝土找平（未浇筑完成余料、剔凿）、砂浆、粘接剂、石材瓷砖边角料	约 40t	外运到专门资源回收站粉碎回收再利用
2	金属类	电缆、电线线头、铁丝、角钢、钢管、涂料等金属容器、金属支架、不锈钢边角料、水管、风管废料锯片、废钻头、焊条头、废钉子、破损的临时围栏	约 40t	外运到回收站回收再利用

序号	建筑垃圾分类	涉及施工内容	实际产生量	处置方法
3	木材类	阻燃板加工后不再利用余料、饰面材料箱体木质包装、石材、玻璃保护板	约 150t	外运回收
4	塑料类	编织袋、PVC 或 PPR 管、塑料包装、岩棉板、塑料薄膜等料	约 5t	外运回收
5	其他类	石膏板、损坏 GRG、PRC 板、涂料等精装材料,有害材料(油漆桶等)	约 100t(有害垃圾共 0.1t)	外运,有害垃圾由有资质公司做无害化处理及回收
	合计		约 335t	

（2）垃圾减量及综合利用经济效益评价

1）经济效益

本项目预计可实现装饰装修垃圾减量的效益 10 万～15 万元。

2）社会效益

与以往简单分拣为非金属和金属处理方式相比,本项目综合处置措施改善了现场环境。

3）环境与生态效益

减少了垃圾填埋及简单露天堆放对环境及水体的污染。

3.5.2 典型办公楼改造项目——成都中海国际中心 H 座装修

成都中海国际中心 H 座装修概况见表 3-9。

成都中海国际中心 H 座装修概况 表 3-9

项目名称	成都中海国际中心 H 座装修		
项目地点	成都市高新区金融城核心中央商务区		
建设单位	四川融海共创商业管理有限公司		
设计单位	中国建筑西南设计研究院有限公司		
施工单位	中建深圳装饰有限公司		
监理单位	四川万峰建设工程项目管理有限公司		
建筑业态	公共建筑	建筑面积	54440.79m²
装修形式	传统装饰装修	装饰装修垃圾减量措施	施工减量 分类回收 资源化利用

3.5.2.1 工程简介

成都中海国际中心 H 座装修项目建筑面积约 54440.79m²,位于成都市高新区金融城核心中央商务区,在交子大道与万象南路的交汇处,涉及装饰装修工程、安装工程及对原有建筑的改造、总坪改造及景观改造等施工内容,项目效果如图 3-40 所示,施工范围如表 3-10 所示,主要装饰工程量如表 3-11 所示,典型分区建筑效果如图 3-41 所示。

图 3-40　成都中海国际中心 H 座装修项目效果图

施工范围　　　　　　　　　　　　　　　　表 3-10

序号	分类	施工范围
1	建筑装饰工程	会议室、食堂及厨房、卫生间、VIP 电梯厅、办公室、职工之家、茶歇间、公共过道、公共办公区
2	安装工程	电气工程、给水排水工程、消防工程、通风空调工程、弱电工程
3	其他	景观绿化工程

(a) 会议室

(b) 食堂

(c) VIP电梯厅

(d) 办公室

图 3-41　各分区建筑效果图（一）

(e) 职工之家

(f) 茶歇间

(g) 公共过道

(h) 景观绿化

图 3-41　各分区建筑效果图（二）

主要装饰工程量　　　　　　　　　　　　　　　　　　　　　　表 3-11

分项工程	工程量/m²
22mm 厚运动木地板	347.3
2mm 厚白色穿孔铝单板吊顶	1106.1
2mm 厚覆木纹铝单板吊顶	447.3
30mm×100mm×1.5mm 白色铝方通吊顶	423.6
300mm×300mm×10mm 防滑地砖	193.8
300mm×600mm×10mm 米白色墙砖(有防水要求墙面)	1226.9
300mm×600mm×10mm 米黄色墙砖(有防水要求墙面)	550.6
300mm×600mm×10mm 浅灰色仿石材砖(有防水要求墙面)	377.8
50mm×100mm×1.5mm 白色铝方通吊顶	333.17
50mm 高深灰色拉丝不锈钢踢脚线	8079.2
600mm×600mm×0.8mm 白色穿孔吸声铝扣板吊顶	276.4
600mm×600mm×0.8mm 白色铝扣板吊顶	495.1
600mm×600mm×10mm 防滑地砖	372.4
6mm 厚运动橡胶地板	237.4
800mm×800mm×10mm 防滑地砖	283
800mm×800mm×10mm 米色仿石墙砖	1161.7
A 级透光膜顶棚	1565.9
白色铝单板吊顶(主材利旧)	7904.2

续表

分项工程	工程量/m²
不锈钢边框夹胶玻璃隔断	1366.2
成品磨砂玻璃隔断(淋浴间)	240.9
成品木质门带门套	1936.7
地面 2mm 厚 JS 聚合物水泥防水涂料	842.2
电梯厅地面浅咖色大理石	186.3
电梯厅墙面茶色镜面不锈钢门套	70.9
电梯厅墙面米黄色大理石	300.9
定制艺术隔断	45.6
多层实木复合地板(主席台地面)	143.6
LVT 地板	31847.1
钢架龙骨隔墙	2317.4
灰色厨房专用吸水砖	276
灰色整毯	3361.3
墙布硬包	1520.9
米白色墙纸	17736.1
墙面干挂米色大理石	316.2
木纹凸凹铝板	3001.3.2
轻钢龙骨纸面石膏板吊顶	25912.4
双面单层 12mm 厚阻燃板轻钢龙骨隔墙	5804.4
石膏板轻钢龙骨隔墙	30154.1
香槟金色磨砂不锈钢装饰线	496.1
深灰色不锈钢装饰线	47.9
吊顶、墙面白色无机涂料	47220
银镜	140
屋面防腐木地板	409.5
艺术整毯	786.7
白色氟碳漆	439
造型木饰面长城板	563.2

3.5.2.2 项目特点

1)工序繁复、工期紧张。本工程定位为办公楼,工序繁复且装饰装修质量要求高,从进场到交付使用仅 180 天,工期紧张。

2)拆改范围大。本项目旧改拆除量大,涉及暖通、消防、强电、给水排水、弱电等的拆除和改造提升。

3)成品保护任务重。核心筒为非施工区域,须重点进行成品保护,受限于建筑垃圾清运、材料垂直运输等,核心筒成品保护压力大,项目施工高峰期交叉作业多,各专业间的成品和半成品保护工作难度大。

4）材料利旧率高。本项目暖通、强电、消防、地面工程等材料二次利旧率高。

5）外运、分类及回收利用管理任务重。拆除阶段无机非金属类建筑垃圾最多，金属类垃圾次之，涉及原二次结构砌筑墙体拆除。

3.5.2.3　装饰装修垃圾来源分析及处置预案

工程建筑面积 54440m²，拆除面积 42426.8m²，装饰工程面积 51850m²。装饰装修垃圾来源、产生量及处置预案如表 3-12、表 3-13 所示。

拆除阶段装饰装修垃圾来源、产生量及处置预案　　　　　　表 3-12

序号	建筑垃圾分类	涉及施工内容	预产生估量	处置方法
1	无机非金属	原二次结构砌筑墙体拆除	按墙体 240mm 厚，拆除量 2458m² 计算，2458×0.24＝589.9m³，按约 0.5t/m³ 计算，共 295t	使用建筑垃圾处理系统粉碎后打包运送至专门资源回收站
2	金属类	原空调水管、消防水管、新风管、电缆线、线管、金属门框、吊顶铝板、龙骨、丝杆、钢筋；拆除时产生的废锯片、废钻头、焊条头、破损的临时围栏	以现场实际拆除量进行消纳，暂估 98t	将可利旧材料进行整理归类，在施工后期进行利旧，超出利旧范围的进行调拨、翻修、出售。其余金属废料运到回收站回收再利用
3	木材类	成品保护模板、木方	模板用量 600 张，每张 13.5kg，暂估 8.1t	外运回收
4	塑料类	PVC 或 PPR 管、塑料包装、塑料薄膜、橡塑保温棉、岩棉板、酚醛树脂风管等	暂估 12t	外运回收
5	其他类	有害垃圾类等	暂估 5t	外运无害化处理
	合计		约 417t	

装饰装修施工阶段垃圾来源、产生量及处置预案　　　　　　表 3-13

序号	建筑垃圾分类	涉及施工内容	预产生估量	处置方法
1	无机非金属	石膏板、地面混凝土找平（未浇筑完成余料、剔凿）、砂浆、粘接剂、石材瓷砖边角料	按照实际装修面积，产生垃圾量约 26t	外运到专门资源回收站粉碎回收再利用
2	金属类	电缆、电线线头、铁丝、角钢、钢管、涂料等金属容器、金属支架、不锈钢边角料、水管、风管废料；废锯片、废钻头、焊条头、废钉子、破损的临时围栏	采用现场集中加工装配施工形式，预估废料约 22t	外运到回收站回收再利用
3	木材类	玻镁板加工后不再利用余料、饰面材料箱体木质包装、石材、成品保护板	暂估 25t	外运回收

序号	建筑垃圾分类	涉及施工内容	预产生估量	处置方法
4	塑料类	PVC 或 PPR 管、塑料包装、橡塑保温板、岩棉板、塑料薄膜等	约 10t	外运回收
5	其他类	涂料、有害材料等(油漆桶等)	约 15t	外运,有害材料做无害化处理
合计			约 98t	

3.5.2.4 装饰装修工程垃圾减量措施

(1) 施工减量管理策划

施工减量管理策划如表 3-14 所示。

施工减量管理策划 表 3-14

序号	建筑垃圾分类	预估产生量/t	减量目标/t	减量率/%
1	无机非金属	26	8	30.8
2	金属类	22	6	27.3
3	木材类	25	6	24.0
4	塑料类	10	4	40.0
5	其他类	15	6	40.0
合计		98	30	30.6

(2) 施工减量思路

1) 拆除阶段 "源头控制、分类管理、翻新利旧、以料抵工"。

2) 装饰施工阶段 "源头减量、设计优化、分类管理、就地处置、排放控制"。

(3) 减量工序管理

1) 通过应用架空地板空腔将机电管线走地,同时将部分新建墙体设计成轻质隔墙,减少现场剔凿垃圾产生。

2) 通过集中加工区将卫生间台盆、接待台钢架进行半成品制作,现场整体钢架安装,减少现场垃圾产生 (图 3-42)。

图 3-42 半成品施工

3) 通过将新风空间风管设计成工厂成品加工,现场成品安装,减少现场加工产生垃圾。

4）通过将机电末端设备集成设计成机电末端集成带，减少现场机电末端开孔，减少产生施工垃圾（图 3-43）。

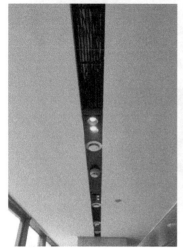

图 3-43 多功能设备集成带，现场装配式施工

（4）减量组织保障

1）垃圾减量工作小组组长为项目经理。组长全面负责项目垃圾减量工作的统筹和安排，定期组织垃圾减量效果检查，确保项目能有效减少垃圾产出。

2）组员职责为：①项目技术负责垃圾减量方案的策划和监督执行，定期组织计算垃圾减量计算，并制定纠偏措施；②项目生产经理负责按照垃圾减量方案在拆除、施工阶段严格执行，确保垃圾减量方案实施落地；③项目设计根据垃圾减量策划，在拆除阶段和施工阶段结合施工图纸，进行深化设计，减少垃圾产出。

（5）施工减量技术措施

1）拆除阶段技术措施

① 结合图纸和现场分析出可不拆除部位（如架空地板、消防管道、新风空调管道、窗帘盒等），通过深化设计，将不拆除部位与新建部位进行结合，减少拆除量（图 3-44）。

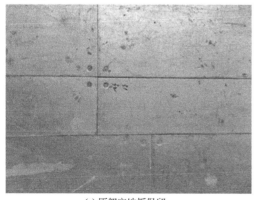

(a) 原架空地板保留　　　　　　　　　　　　(b) 原窗帘盒保留

图 3-44 可不拆除部位（一）

(c) 原安装管道保留   (d) 原新风管保留

图 3-44　可不拆除部位（二）

② 通过现有图纸与拆除材料进行对比，分析出可回收利用的材料种类（吊顶铝扣板、空调面板、风机盘管、电梯井石材），进行保护性拆除，并设置专用堆放点，贴牌分类分尺寸堆放，设专人保管，减少新建垃圾产生量（图 3-45）。

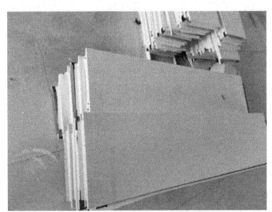

(a) 架空地板保护性拆除，定点堆放   (b) 机电末端材料保护性拆除，定点堆放

图 3-45　专用堆放点

③ 针对项目架空地板、铝扣板等多余材料，采用保护性拆除后进行优选，调拨或者翻新后调至其他项目使用，大大减少垃圾产生。

④ 拆除阶段通过采用逐层设置垃圾分类回收点（分金属、非金属等），并在地下室设置集中垃圾周转区，安排专业拆除班组进行拆除，从层到周转区进行垃圾转运，流水有序拆除（图 3-46）。

⑤ 通过设置垃圾处理器（破碎机），将大块料建筑垃圾破碎，并打包，减小拆除建筑垃圾的体积，提高运输效率（图 3-47）。

⑥ 空调面板、消防水管、空调水管、消防烟感等，采取"以料抵工"，变废增效，减少垃圾产生（图 3-48）。

图 3-46　分类回收，有序处理

图 3-47　破碎机

图 3-48　机电安装管道、末端设备等拆除以料抵工

2）装饰施工阶段技术措施

① 通过深化设计，现场施工采用集中加工，并在集中加工区设置垃圾回收堆放点，针对废料进行二次套裁，减少垃圾量（图 3-49）。

② 通过深化设计，将机电末端设计成集成带，减少机电末端（灯具、喷淋、风口等）的开孔，减少现场垃圾的产生。

③ 通过深化排版，将墙面及顶面基层轻钢龙骨根据材料尺寸、层高进行优化排版设计，将基层龙骨进行工厂定尺加工，避免产生现场垃圾（图 3-50）。

图 3-49　材料集中堆放、集中加工

图 3-50　龙骨由工厂定尺加工运输至现场

④ 通过深化排版，将瓷砖、锁扣地板、铝扣板吊顶等饰面材料根据材料尺寸、现场情况及装饰效果进行优化排版设计，减少面层板材损耗，提高利用率，减少施工过程的垃圾产生。

⑤ 通过深化设计，采用风管、卫生间洗手盆、接待台等装配式施工，减少现场垃圾产生量。

⑥ 每层楼布置一个废料收集箱，建筑垃圾集中处理（图3-51）。

图 3-51 楼层定点设置废料收集箱

⑦ 应用无尘台锯、水刀切割机等可有效减低现场粉尘，减少现场粉尘垃圾产生，提高文明施工质量（图3-52、图3-53）。

图 3-52 无尘台锯 　　　　　　　　　　 图 3-53 水刀切割机

⑧ 推广现场无线化工具。推行无线化充电工具和移动充电电箱及移动充电焊机，减少现场临电投入，提高工效。

3）永临结合

① 现场有效利用避难层设置临时模块化办公区，仅采用模块化隔墙进行分区隔离，

有效减少了临建垃圾的产生，同时可周转使用。

② 通过应用已有水源和电源，减少现场临电搭设。

3.5.2.5 有害垃圾专项处置技术

（1）有害垃圾种类

塑料、废弃胶桶、油漆桶等。

（2）现场处置技术

现场按可回收、废弃垃圾进行分类，同时按照可降解、不可降解进行分类打包处理。

3.5.2.6 建筑垃圾减量及综合利用经济评价

（1）实际垃圾产生量与预估量偏差

经计算，实际垃圾产生量与预估量有一定偏差，如表3-15、表3-16所示。

拆除阶段实际垃圾产生量 表 3-15

序号	建筑垃圾分类	涉及施工内容	实际产生量	处置方法
1	无机非金属	原二次结构砌筑墙体拆除	实际拆除量 480m³，垃圾量约241t	使用建筑垃圾处理系统粉碎打包运送至专门资源回收站
2	金属类	原空调水管、消防水管、新风管、电缆线、线管、金属门框、吊顶铝板、龙骨、丝杆、钢筋；拆除时产生的废锯片、废钻头、焊条头、破损的临时围栏	82t	将可利旧材料进行整理归类，在施工后期进行利旧，超出利旧范围的进行调拨、翻修、出售。其余金属废料运到回收站回收再利用
3	木材类	成品保护模板、木方	6.5t	外运回收
4	塑料类	PVC或PPR管、塑料包装、塑料薄膜、橡塑保温棉、岩棉板、酚醛树脂风管等	10.5t	外运回收
5	其他类	有害垃圾类等	4t	外运无害化处理
	合计		约344t	

装饰装修阶段实际垃圾产生量 表 3-16

序号	建筑垃圾分类	涉及施工内容	预估量	处置方法
1	无机非金属	石膏板、地面混凝土找平（未浇筑完成余料、剔凿）、砂浆、粘接剂、石材瓷砖边角料	约20t	外运到专门资源回收站粉碎回收再利用
2	金属类	电缆、电线线头、铁丝、角钢、钢管、涂料等金属容器、金属支架、不锈钢边角料、水管、风管废料废锯片、废钻头、焊条头、废钉子、破损的临时围栏	约15t	外运到回收站回收再利用

续表

序号	建筑垃圾分类	涉及施工内容	预估量	处置方法
3	木材类	玻镁板加工后不再利用余料、饰面材料箱体木质包装、石材、成品保护板	约20t	外运回收
4	塑料类	PVC或PPR管、塑料包装、橡塑保温板、岩棉板、塑料薄膜等料	约8t	外运回收
5	其他类	涂料,有害材料等(油漆桶等)	约10t	外运,有害材料做无害化处理
	合计		约73t	

（2）垃圾减量及综合利用经济效益评价

1）经济效益

本项目通过系列措施，由节约材料实现的成本节约共 12.4 万元，减少运输量 8 车，合计节约成本 22.4 万元。

2）社会效益

与以往简单分拣为非金属和金属处理方式相比，本项目综合处置措施改善了现场环境。

3）环境与生态效益

减少了垃圾填埋及简单露天堆放对环境及水体的污染。

3.5.3 典型老年公寓项目——北京泰康之家燕园三期内装修

北京泰康之家燕园三期内装修概况见表 3-17。

北京泰康之家燕园三期内装修概况 表 3-17

项目名称	北京泰康之家燕园三期内装修				
项目地点	北京市昌平区南邵镇				
建设单位	泰康之家瑞城置业有限公司				
设计单位	北京维拓时代建筑设计股份有限公司				
施工单位	中建一局集团建设发展有限公司				
监理单位	北京中城建建设监理有限公司				
建筑业态	养老社区	建筑面积		165552.47m²	
装修形式	传统装饰装修	装饰装修垃圾减量措施		设计减量 施工减量 分类回收	

3.5.3.1 工程简介

北京泰康之家燕园三期项目位于北京市昌平区南邵镇，建筑面积 165552.47m²，其中地下 66395.02m²，地上 99157.45m²。本工程共 10 个子项：10、11、12、14、15 号住宅楼，16号公共服务配套楼、地下车库、密闭式清洁站、分界室、三期分界室。地下建筑层数：车库为2层，12号楼无地下室，其他主楼单体地下3层；地上建筑层数：10号楼11层、局部8层，11号楼10层，12号楼12层，14号楼12层、局部10层，15号楼12层、局部7层，16号楼2层，该项目是泰康人寿在全国投资建造的第一个落地的高端养老社区，是一个集养老、住宅、公共配套设施于一体的大型综合性社区。项目效果如图3-54、图3-55所示。

图 3-54　工程整体规划图

图 3-55　活力中心工程效果图

本次装饰装修项目涉及10、15、16号楼（活力中心）内装修，合计施工面积56964m²，其中住宅部分精装区域44838m²，活力中心精装区域12126m²。项目合同工期243天，局部装饰装修效果如图3-56、图3-57所示。

3.5.3.2　项目特点

1）工序繁复、工期紧张。本工程定位为高端养老社区，工序繁复、装饰装修质量要求高且装修需考虑大量适老化设计；工期紧张，住宅部分工期210天，活力中心工期300天。

2）现场临时用地紧张，垃圾存放及分类储存困难，项目周围均为成熟社区，垃圾存放及分类储存存在困难。

(a) 公区　　　　　　　　　　　　　　　　　　　　(b) 户内

(c) 卫生间

图 3-56　住宅局部装饰装修效果

(a) 四季花厅　　　　　　　　　　　　　　　　　　(b) 泳池

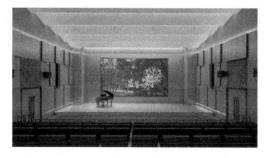

(c) 时光剧场

图 3-57　活力中心局部装饰装修效果

3）涉及甲供厂家较多，统筹管理困难，不同材料厂家后期同时进场装修，对工作面管理及交付带来困难。

4）活力中心室内装修效果不断调整，部分施工内容完成后因设计变更导致现场拆改，增加了垃圾产生量。

3.5.3.3 装饰装修垃圾来源分析及处置预案

工程建筑面积165552.47m²，精装修工程面积56964m²。装饰装修垃圾来源、产生量及处置预案如表3-18所示。

装饰装修施工阶段垃圾来源、产生量及处置预案 　　　　表3-18

序号	建筑垃圾分类	涉及施工内容	产生量	处置方法
1	无机非金属	地面混凝土找平(未浇筑完成余料、剔凿)、砂浆、粘接剂、石材瓷砖边角料	按照实际装修面积预估，约150t	外运到专门资源回收站粉碎回收再利用
2	金属类	电缆、电线线头、铁丝、角钢、钢管、涂料等金属容器、金属支架、不锈钢边角料、水管、风管废料废锯片、废钻头、焊条头、废钉子、破损的临时围栏	采用现场集中加工，预估废料50t	外运到回收站回收再利用
3	木材类	阻燃板加工后不再利用的余料、饰面材料箱体木质包装、石材、玻璃保护板	模板用量3700张，每张13.5kg，暂估50t；饰面材料货柜等暂估50t，共约100t	外运回收
4	塑料类	编织袋、PVC或PPR管、塑料包装、岩棉板、塑料薄膜等料	约10t	外运回收
5	其他类	石膏板、损坏GRG、PRC板、涂料等精装材料，有害材料(油漆桶等)	约200t	外运，有害材料做无害化处理
	合计		约510t	

3.5.3.4 装饰装修工程垃圾减量措施

（1）施工减量管理策划

结合项目实际情况及北京市垃圾处置要求，确定本工程装饰装修垃圾减量管理目标如表3-19所示。

减量管理目标 　　　　表3-19

序号	建筑垃圾分类	垃圾预估量/t	减量目标	减量率/%
1	无机非金属	150	45t	30.0
2	金属类	50	12.5t	25.0
3	木材类	100	40t	40.0
4	塑料类	10	3t	30.0
5	其他类	200	50t	25.0
	合计	510	约150.5t	29.5

（2）施工减量思路

1）施工现场垃圾减量化应遵循"源头减量、分类管理、就地处置、排放控制"的原则。项目应落实招标文件和合同文本中的减量化目标和措施。建筑垃圾减量化措施费应专款专用，不得挪作他用。

2）应建立健全施工现场建筑垃圾减量化管理体系，充分依托新技术、新材料、新工艺、新装备，统筹人力、设备、材料、技术和资金等资源，强化精细化管理理念；建立垃圾减量化奖惩考核目标与制度，明确分包单位责任，监督和激励分包单位落实减量化目标与措施。

3）施工组织设计完成后，应及时编制垃圾减量化专项方案，确定减量化目标，明确职责分工，结合工程实际制定有针对性的技术、管理和保障措施，做好垃圾减量化在项目实施前的顶层设计。

4）在施工现场主入口处，宜设立垃圾排放量公示牌，可与智慧工地系统联网，并及时更新，广泛接受社会监督。施工全过程中，应当积极推进信息化、绿色化、工业化的新型建造方式。

5）采用工程总承包模式的项目，应当基于 BIM 技术强化设计、施工阶段的全专业一体化协同配合，保证设计深度满足施工需要，减少施工过程的设计变更。

6）项目在不降低设计标准、不影响设计功能的前提下，与设计人员充分沟通，合理优化、深化原设计，避免或减少施工过程中拆改、变更产生建筑垃圾。

7）在机电安装工程中采取以下措施：机电管线施工前，根据深化设计图纸，对管线路由进行空间复核，确保安装空间满足管线、支吊架布置及管线检修需要。安装空间紧张、管线敷设密集的区域，根据深化设计图纸，合理安排各专业、系统间施工顺序，避免因工序倒置造成大面积拆改。设备配管及风管制作等部分采用工厂化预制加工，提高加工精度，减少现场加工产生的建筑垃圾。

8）在装饰装修工程中采取以下措施：推行土建机电装修一体化施工，加强协同管理，避免重复施工；门窗、幕墙、块材、板材等采用工厂加工、现场装配，减少现场加工产生的垃圾；活力中心室内隔墙应用轻钢龙骨墙板、ALC 墙板等具有可回收利用价值的建筑围护材料。

（3）减量工序管理

1）按照设计图纸、施工方案和施工进度合理安排施工物资采购、运输计划，选择合适的储存地点和储存方式，全面加强采购、运输、加工、安装的过程管理。协调北京区域内其他项目统筹临时设施和周转材料的调配。

2）结合施工工艺要求及管理人员实际施工经验，利用信息化手段进行预制下料排版及虚拟装配，进一步提升原材料整材利用率，精准投料，避免施工现场临时加工产生大量余料。

3）设备和原材料提供单位应进行包装物回收，减少过度包装产生的建筑垃圾。

4）应严格按设计要求控制进场材料和设备的质量，严把施工质量关，强化各工序质量管控，减少因质量问题导致的返工或修补。加强对已完工工程的成品保护，避免二次损坏。

5）结合 BIM、物联网等信息化技术，建立健全施工现场建筑垃圾减量化全过程管理机制。鼓励采用智慧工地管理平台，实现建筑垃圾减量化管理与施工现场各项管理的有机结合。

6）实时统计并监控建筑垃圾的产生量，以便采取针对性措施减少排放。

（4）减量组织保障

1）为了保障项目垃圾减量的顺利进行，项目成立了以项目经理为组长的领导小组以及工作小组。对各部门合理分工，落实责任；上下结合，综合管控的组织管理模式，确保现场垃圾管控按计划顺利实施。

2）领导小组组长为垃圾减量第一责任人，负责统筹制定各项目标，审批实施专项方案，建立管理组织机构，主持领导小组例会。

副组长协助组长开展垃圾减量管理工作，受组长委托主持领导小组例会，组织现场检查、落实整改，协调分包垃圾减量管理工作。

3）工作小组负责编制、完善垃圾减量建设方案。对现场建筑垃圾分类严格按方案实施、落实。方案实施工程中定期进行检查、监控。对不符合要求的内容及时安排整改完善。确保现场垃圾分类严格按方案实施，同时留存现场垃圾分类相关记录及影像资料。

（5）施工减量技术措施

1）统筹规划，减少损耗

① 本项目场区东侧设置机电集中加工区，经深化设计后，下料时采用套材切割方法，最大程度有效利用材料，降低材料损耗率（图3-58）。同时设置可回收金属垃圾临时堆放区，集中管理。

图3-58　集中加工区

② 收集管理现场东西施工区各设分类垃圾收集房，并划定不同垃圾区域，有害垃圾单独堆放，封闭管理（图3-59）。

③ 每个楼层实施垃圾第一次分类分拣，分别外运至垃圾收集房相应区域。安排2人专门负责文明施工及垃圾清运，由各楼层现场工程师安排，安全员监督管理。施工作业人员每天施工完成后，做到工完场地清，将当日产生的施工垃圾收集至本楼层垃圾临时堆放点（图3-60），并经文明施工班组进行分类、运至垃圾集中堆放点。

④ 在垃圾收集房实施二次分拣，尤其注意有害垃圾的闭环管理；根据垃圾产生数量，统筹协调经由备案的运输车统一外运、消纳。垃圾外运通过北京市建筑垃圾管理与服务平台，清运车为专用运输车并配有北斗的监管系统，每次垃圾清运完后生成电子运单（图3-61、图3-62）。

图 3-59　现场垃圾收集房

图 3-60　现场垃圾清运

图 3-61　专用运输车

图 3-62　北京市建筑垃圾管理与服务平台

2）可周转临建及可周转模块化设施

采用模块式临建如宿舍和办公、采用定型防护栏杆、待本项目使用完毕后可直接转运到其他项目继续使用（图 3-63）。

下基坑马道　　可周转临边防护　　可周转钢板网防护

可周转木工棚　　可周转箱式房　　可周转卸料平台

图 3-63　现场临建

3）推广现场无线化工具

推行无线化充电工具和移动充电电箱及移动充电焊机，减少现场临电投入，提高工效（图 3-64）。

图 3-64 现场无线化工具

4）永临结合

合理利用项目永久设置作为施工临时设施使用，减少相应措施垃圾的产生（表 3-20 及图 3-65）。

永临结合思路   表 3-20

序号	永临结合思路	说明
1	现场正式消防作为临时消防使用	主体结构阶段提前施工正式消防管道，以满足主体及装饰装修阶段的临时消防、临时用水
2	地下室及楼梯间临时照明永临结合	借用工程预埋线管敷设临时照明线路，所穿导线应与工程设计导线规格型号一致，导线最终将保留在管内作为正式工程使用
3	正式排水系统作为临时排水	正式排水系统作为施工阶段的排水措施
4	正式电梯作为临时电梯使用	主体结构施工完成后，提前将正式电梯安装并验收，作为装饰装修阶段材料垂直运输的工具
5	地下室排污泵作为临时泵提前启用	地下室正式泵提前进行安装，作为地下室积雨水的主要排水措施
6	排水沟盖板作为临时盖板	正式排水沟盖板提前策划作为临时排水沟盖板使用，待正式排水沟施工后将盖板加以利用
7	楼梯间正式栏杆提前安装代替临时防护	将楼梯间栏杆提前策划安装，作为楼梯防护；减少临时防护投入，实现正式栏杆提前安装

5）其他施工减量技术措施

机电部分管道采用工厂化预制加工，有效控制材料的损耗，节约成本，降低现场施工安全隐患，减少对环境污染（图 3-66）。

3.5.3.5 有害垃圾专项处置技术

（1）有害垃圾种类

装修阶段有害垃圾主要有建筑用胶、涂料、油漆等，这些垃圾不仅是难以生物降解的高分子聚合物材料，还含有有害的重金属元素。这些废弃物被埋在地下，会造成地下水的污染，直接危害到周边居民的生活。

（2）现场处置技术

在现场设置封闭式有害垃圾存放处，并采用专业有资质的有害垃圾处理单位进行专

消防永临结合：随结构施工，同步安装正式消防主管，实现消防设施永临结合，降低临时消防投入，同时实现消防工序提前穿插

排水永临结合：使用正式强排管道，结合临时水泵，实现地下室抽排水永临结合，减少了临时设施投入

照明永临结合：根据施工需求，调整地下室照明回路，优先部置主要施工通道照明，其他区域逐步完善，实现永久分区照明提前启动

楼梯栏杆永临结合：楼梯栏杆跟进安装，楼梯间进行楼梯栏杆的流水安装施工，保持室内楼梯临时防护仅9层用量周转

图 3-65　现场永临结合

业处置。

3.5.3.6　建筑垃圾减量及综合利用经济评价

（1）经济效益。本项目通过系列措施，节约材料实现成本节约 20 万元，增加运输量 20 车，合计节约成本 30 万元。

（2）社会效益。与以往简单分拣为非金属和金属处理方式相比，本项目综合处置措施

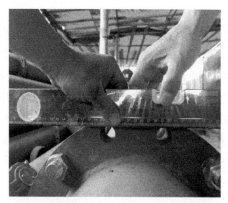

(a) 法兰固定预制管道

(b) 现场组装安装效果

图 3-66 工厂化预制管道

改善了现场环境。

（3）环境与生态效益。减少了垃圾填埋及简单露天堆放对环境及水体的污染。

3.5.4 典型酒店项目——源泰蓝海钧华大饭店内外装饰装修

源泰蓝海钧华大饭店内外装饰装修概况见表 3-21。

源泰蓝海钧华大饭店内外装饰装修概况   表 3-21

项目名称	源泰蓝海钧华大饭店项目内外装饰装修		
项目地点	淄博市沂源县瑞阳大道西侧、新城大道北侧		
建设单位	沂源源泰置业有限公司		
设计单位	青建集团股份公司		
施工单位	青建集团股份公司		
监理单位	青岛建设监理研究有限公司		
建筑业态	公共建筑	建筑面积	36322.82m²
装修形式	传统装饰装修	装饰装修垃圾减量措施	施工减量

3.5.4.1 工程简介

源泰蓝海钧华大饭店项目位于山东省淄博市沂源县中心城区东北方向,南邻新城路,东接瑞阳路。本工程由一个单体组成,其地上主楼为20层,裙房为2层和3层;地下为2层,其中地下2层为车库和设备用房(设有人防),地下1层为车库,主楼范围设有1层地下夹层,夹层主要为后厨配套用房、设备用房及储藏室。地上1层为大堂和自助餐,2、3层主要为餐饮区,设有厨房、宴会厅、多功能厅和包间,4层主要为会议,5~10层为客房,11~16层为小开间办公,17~20层为大空间办公。本工程总用地面积8286.9m²,总建筑面积36322.82m²,其中地上27685.25m²,地下8637.57m²,建筑高度91.1m,项目建筑效果如图3-67所示。

图 3-67 工程建筑效果

本次装饰装修工程涉及地下2层~地上20层内装修施工,合计施工面积36322.82m²,均为施工单位精装区域。项目合同工期418天,要求提前30天具备开业条件。局部装饰装修效果如图3-68所示。

3.5.4.2 项目特点

1)工序繁复、工期紧张、本工程定位为高档酒店、办公楼、公寓一体式建筑,工序繁复且装饰装修质量要求高,从进场到开业仅418天,工期紧张。

2)现场用地紧张,垃圾存放及分类储存困难,地下室边线距离红线位置很近,周围是室外道路,且由于是酒店公寓精装修项目,用地紧张,为垃圾存放及分类储存带来困难。

3)涉及专业多统筹管理困难,且酒店定位高,不同品牌方要后期同时进场装修,工序交叉多,对工作面管理及交付带来困难。

4)装饰阶段无机非金属类垃圾最多,金属类垃圾次之,并且垂直运输困难,外运、分类及回收利用工作管理任务重。

(a) 首层大堂

(b) 3层公区

(c) 泳池　　　　　　　　　　　　　　　(d) 客房

图 3-68　局部装饰装修效果

3.5.4.3　装饰装修垃圾来源分析及处置预案

装饰装修垃圾来源、产生量及处置预案如表 3-22 所示。

装饰装修垃圾来源、产生量及处置预案　　　表 3-22

序号	建筑垃圾分类	涉及施工内容	预估量	处置方法
1	无机非金属	地面混凝土找平（未浇筑完成余料、剔凿）、砂浆、粘接剂、石材瓷砖边角料	按照实际装修面积，预估垃圾量约 80t	外运到专门资源回收站粉碎回收再利用
2	金属类	电缆、电线线头、铁丝、角钢、钢管、涂料等金属容器、金属支架、不锈钢边角料、水管、风管废料；废锯片、废钻头、焊条头、废钉子、破损的临时围栏	采用现场集中加工装配施工形式，预估废料 70t	外运到回收站回收再利用
3	木材类	阻燃板加工后不再利用余料、饰面材料箱体木质包装、石材、玻璃保护板	模板用量 7000 张，每张13.5kg，暂估 94.5t；饰面材料货柜等暂估 70t，共计约 164.5t	外运回收
4	塑料类	编织袋、PVC 或 PPR 管、塑料包装、岩棉板、塑料薄膜等料	约 12t	外运回收
5	其他类	石膏板、FS 保温板、涂料等精装材料，有害材料（油漆桶等）	约 60t	外运，有害材料做无害化处理
合计			约 386.5t	

3.5.4.4　装饰装修工程垃圾减量措施

（1）施工减量管理策划

减量策划管理目标如表 3-23 所示。

减量策划管理目标　　　表 3-23

序号	建筑垃圾分类	垃圾预估量/t	减量目标/t	减量率/%
1	无机非金属	80	30	37.5
2	金属类	70	32	47.5
3	木材类	164.5	50	30.4
4	塑料类	12	4	33.3
5	其他类	60	15	25.0
合计		386.5	131	33.9

（2）减量工序管理

1）减少墙体凿除产生垃圾，可将管线敷设工序前置，采用管线预埋等措施。

2）优化二次结构施工工艺，采用免支模构造柱施工，省去模板支设工艺，采用预制砌块砌筑。

3）永临结合，减少资源浪费，例如现场消防设施的永临结合如图 3-69 所示。

（3）减量组织保障

成立专项小组，划分责任区；明确目标、落实到个人；组织减量比拼大赛，提高工作效率。

图 3-69　消防永临结合

（4）施工减量技术措施

1）统筹规划，减少损耗

套材切割，本项目在车库顶板设置木工集中加工区，经深化设计后，下料时切割机下方采用吸尘设备，最大程度避免碎屑等污染（图 3-70）。同时设置可回收垃圾临时堆放区，集中管理。

图 3-70　吸尘设备

收集管理，现场设垃圾堆放点一个，并按照"五分法"划定不同垃圾区域，有害垃圾单独堆放，封闭管理（图 3-71）。

每个楼层实施垃圾第一次分类分拣，按照"五分法"要求，分开堆放，分别外运至垃圾收集房相应区域。安排 2 人专门负责文明施工及垃圾清运，由各楼层现场工程师安排，安全员监督管理。施工作业人员每天施工完成后，做到工完场地清，将当日产生的施工

图 3-71　现场垃圾堆放点

垃圾收集至本楼层垃圾临时堆放点，并经文明施工班组进行分类、转运垃圾集中堆放点（图 3-72）。

图 3-72　现场垃圾转运工具

2）可周转临建及可周转模块化设施

采用模块式临建如宿舍和办公、采用模块化钢制围栏待本项目使用完毕后可直接转运到其他项目继续使用（图 3-73、图 3-74）。

3）推广现场无线化工具

推行无线化充电工具和移动充电电箱及移动充电焊机，减少现场临电投入，提高工效（图 3-75）。

图 3-73　现场临建

图 3-74　现场模块化钢制围栏

图 3-75　现场无线化工具

4）永临结合

该项目在新城路跟瑞阳路各有一所大门出入口。场区室外路线自场区南侧主出入口，沿东西方向整平压实临时主路，在地下车库完成回填后东侧大门及南侧大门可形成回路，如图 3-76 所示。大门及办公区门前采用混凝土硬化路面。临时道路硬化标高严格控制在场区正式道路建筑做法以下，进一步沟通建设单位、设计单位将临时道路作为正式道路基层进行施工，避免后期破拆产生费用。

永临结合在现今建筑施工中是必不可少的一部分，能够在节约资源的同时避免浪费。

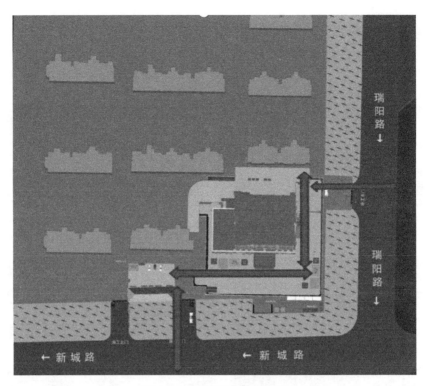

图 3-76 临时道路永临结合

由于建筑消防越来越重要，对施工中的建筑消防给水排水设计有了更新、更高的要求。该项目利用永临结合消防系统、照明系统，避免后期管道拆除产生大量垃圾（图 3-77）。

图 3-77 消防永临结合

（5）有害垃圾专项处置技术

1）有害垃圾种类

装修时产生的废油漆桶、废荧光灯管、废充电电池、打磨产生的粉尘、喷涂设备清洗产生的废水等。

2）现场处置技术

① 施工现场设专门的废弃物临时储存场地，废弃物应分类存放，对有可能造成二次污染的废弃物必须单独储存、设置安全防范措施且有醒目标识。

② 废弃物的运输确保不散撒、不混放，送到政府部门批准的单位或场所进行处理、消纳。

③ 通过现场管理，严格要求产生有害固体建筑垃圾工艺的班组，进场时携带清理和运输工具，工完料净场清，并每日保留清理照片，同时将产生的建筑垃圾打包后运输至有害垃圾存放处。

④ 打磨产生的废料在当天施工完成后用吸尘设备清理到编织袋中，用编织袋封闭包装后运输到有害垃圾仓库存放。

⑤ 现场设置施工设备清洗处，并在清洗处安装成品污水池，用于存放清洗产生的有毒有害液体，待污水池将满时，联系污水处理公司到场抽取。

⑥ 现场采用无尘切割器，在切割石材的同时将粉尘收集起来，省去了清理的人工，同时防止粉尘外逸。

3.5.4.5 建筑垃圾减量及综合利用经济评价

（1）实际垃圾产生量与预估量偏差

经实际计算，实际垃圾产生量与预估量有一定偏差，实际产生量如表 3-24 所示。

装饰装修阶段垃圾实际产生量 表 3-24

序号	建筑垃圾分类	涉及施工内容	实际量	处置方法
1	无机非金属	地面混凝土找平（未浇筑完成余料、剔凿）、砂浆、粘接剂、石材瓷砖边角料	60t	外运到专门资源回收站粉碎回收再利用
2	金属类	电缆、电线线头、铁丝、角钢、钢管、涂料等金属容器、金属支架、不锈钢边角料、水管、风管废料、废锯片、废钻头、焊条头、废钉子、破损的临时围栏	50t	外运到回收站回收再利用
3	木材类	阻燃板加工后不再利用余料、饰面材料箱体木质包装、石材、玻璃保护板	120t	外运回收
4	塑料类	编织袋、PVC或PPR管、塑料包装、岩棉板、塑料薄膜等料	9t	外运回收
5	其他类	石膏板、Fs保温板、涂料等精装材料，有害材料（油漆桶等）	60t（有害垃圾共0.1t）	外运，有害垃圾由有资质公司做无害化处理及回收
合计			299t	

（2）垃圾减量及综合利用经济效益评价

减量及综合利用措施与传统方式对比结果如下。

1）经济效益。本项目通过系列措施，节约材料实现成本节约 45 万元，增加运输量 30 车，合计节约成本 50 万元。

2）社会效益。与以往简单分拣为非金属和金属处理方式相比，本项目综合处置措施改善了现场环境。

3）环境与生态效益。减少了垃圾填埋及简单露天堆放对环境及水体的污染。

3.5.5 典型学校项目——康复大学项目学生宿舍（公寓）、教职工公寓（工程总承包）内装修

康复大学项目学生宿舍（公寓）、教职工公寓（工程总承包）内装修概况见表 3-25。

康复大学项目学生宿舍（公寓）、教职工公寓（工程总承包）内装修概况　　表 3-25

项目名称	康复大学项目学生宿舍(公寓)、教职工公寓(工程总承包)内装修		
项目地点	高新区双积路以南、经二路以北、安和路以西		
建设单位	青岛市住房和城乡建设局		
设计单位	青岛博海建设集团有限公司		
施工单位	青建集团股份公司		
监理单位	青岛万通建设监理有限责任公司		
建筑业态	公共建筑	建筑面积	24570m²
装修形式	传统装饰装修	装饰装修垃圾减量措施	施工减量

3.5.5.1 工程简介

康复大学项目学生宿舍（公寓）、教职工公寓位于青岛市高新区双积路以南、经二路以北、安和路以西；康复大学建设秉持当代先进康复理念，融合医学、生命科学、人文科学等，建成一所以研究为基础、以康复应用为主导的新型大学（图 3-78）。

青建集团股份公司负责 14-6 号、14-16 号学生宿舍楼及 15 号单身教师宿舍楼施工。14-6 号学生宿舍楼建筑面积 13750m²，14-16 号学生宿舍楼建筑面积 5020m²，15 号单身教师宿舍楼建筑面积 5800m²。

本项目涉及 14-6 号、14-16 号学生宿舍楼及 15 号单身教师宿舍楼内装修，合计施工面积 24570m²，合同工期 95 天。其中，15 号楼属于先开放区域，要求率先具备入住条件，局部装饰装修效果如图 5-79 所示。

3.5.5.2 项目特点

1）工序繁复、工期紧张。本工程为学校宿舍，工序繁复且装饰装修质量要求高，合同工期仅 95 天，工期紧张。

2）场区内用地紧张且需要保证无扬尘，在场区外设立垃圾存放区域。

3）涉及甲方直包，统筹管理困难。楼内智能化设备、电梯安装及宿舍内家具后期同时进场装修，对工作面管理及交付带来困难。

图 3-78　工程建筑效果

(a) 教师公寓公区走廊吊顶

(b) 首层公区吊顶

(c) 门厅

(d) 电梯厅

图 3-79　局部装饰装修效果

　　4）拆除阶段无机非金属类垃圾最多，金属类垃圾次之，涉及原二次结构砌筑墙体拆除、外运、分类及回收利用工作管理任务重。

3.5.5.3　装饰装修垃圾来源分析及处置预案

　　装饰装修垃圾来源、产生量及处置预案如表 3-26 所示。

装饰装修施工阶段垃圾来源、产生量及处置预案　　　　　　表 3-26

序号	建筑垃圾分类	涉及施工内容	预估量	处置方法
1	无机非金属	地面混凝土找平（未浇筑完成余料、剔凿）、砂浆、粘接剂、石材瓷砖边角料	按照实际装修面积，预估垃圾产生量约50t	外运到专门资源回收站粉碎回收再利用
2	金属类	电缆、电线线头、铁丝、角钢、钢管、涂料等金属容器、金属支架、不锈钢边角料、水管、风管废料废锯片、废钻头、焊条头、废钉子、破损的临时围栏	采用现场集中加工装配施工形式，预估废料约5t	外运到回收站回收再利用
3	木材类	阻燃板加工后不再利用余料、饰面材料箱体木质包装、石材、玻璃保护板	模板用量 3000 张，每张13.5kg，暂估40.5t；饰面材料入户门废料等暂估100t，共计约140.5t	外运回收
4	塑料类	编织袋、PVC 或 PPR 管、塑料包装、岩棉板、塑料薄膜等料	约10t	外运回收
5	其他类	石膏板、损坏铝扣板、硅酸钙板、涂料等精装材料，有害材料(油漆桶等)	约200t	外运，有害材料做无害化处理
合计			约 405.5t	

3.5.5.4 装饰装修工程垃圾减量措施

（1）施工减量策划管理

装饰装修施工阶段减量目标如表 3-27 所示。

装饰装修施工阶段减量目标　　　　　　表 3-27

序号	建筑垃圾分类	垃圾预估量/t	减量目标/t	减量率/%
1	无机非金属	50	5t	10.0
2	金属类	5	1t	20.0
3	木材类	140.5	30t	21.4
4	塑料类	10	3t	30.0
5	其他类	200	50t	25.0
合计		405.5	89t	21.9

（2）减量工序管理

1）为减少墙体凿除产生垃圾，主体施工时严格采用管线预埋措施。

2）门窗加工前对洞口复尺，定型化生产门窗主副框及玻璃，减少再加工产生废料。

3）设计阶段将加气块墙体变更为 ALC 轻质隔墙、将大面积水泥砂浆抹灰变更为石膏抹灰，充分利用可再生材料，减少垃圾产生量。

4）吊顶排布时，平面设计与BIM深化同时进行，择优选择方案，减少装饰板材损耗量；地砖、墙砖铺贴之前，做出最优损耗率样板。

5）充分利用BIM管综排布，过程中指导施工，减少管材损耗。

（3）减量组织保障

现场管理人员各自负责一栋楼，督促本楼垃圾及时外运。

（4）施工减量技术措施

1）统筹规划，减少损耗

① 套材切割。本项目在场区设置木工、金属集中加工区，经深化设计后，下料时采用套材切割方法，最大程度有效利用材料，降低材料损耗率（图3-80）。同时设置可回收金属垃圾临时堆放区，集中管理。

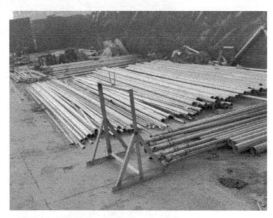

图3-80 集中加工区

② 收集管理。现场设垃圾堆放处按照"五分法"划定不同垃圾区域，有害垃圾单独堆放，封闭管理。每个楼层实施垃圾第一次分类分拣，分开堆放，分别外运至垃圾收集房相应区域。安排2人专门负责文明施工及垃圾清运，由各楼层现场工程师安排，安全员监督管理。施工作业人员每天施工完成后，做到工完场地清，将当日产生的施工垃圾收集至本楼层垃圾临时堆放点，并经文明施工班组进行分类、运至垃圾集中堆放点。在垃圾分类池实施二次分拣，尤其注意有害垃圾的闭环管理；根据垃圾产生数量，统筹协调经由备案的运输车统一外运、消纳。垃圾外运通过青岛市建筑垃圾管理与服务平台，清运车为专用运输车并配有北斗的监管系统，每次垃圾清运完毕生成电子运单（图3-81）。

2）可周转临建及可周转模块化设施

采用模块式临建如宿舍和办公、采用模块化钢制围栏，待本项目使用完毕后可直接转运到其他项目继续使用（图3-82、图3-83）。

3）推广现场无线化工具

推行无线化充电工具和移动充电电箱及移动充电焊机，减少现场临电投入，提高工效（图3-84）。

图 3-81　专用运输车

图 3-82　现场临建

图 3-83　现场模块化钢制围栏

图 3-84　现场无线化工具

4）永临结合

为满足现场施工临时用水、现场消防用水，在主体验收通过之后，提前确定消火栓管品牌，并按照正式施工质量要求将每个楼座施工一根消火栓立管，每层预留取水点（图 3-85），此管道后期正式施工时无需拆除，节省临时用水水管的材料及施工成本。

（5）其他施工减量技术措施

设备和原材料提供单位应进行包装物回收，减少过度包装产生的建筑垃圾。

3.5.5.5　有害垃圾专项处置技术

（1）有害垃圾种类

施工现场采用的材料均在青岛市绿色建材彩信名单中，几乎无有害垃圾产生。零星有害垃圾主要为废弃油漆、废弃电池、废弃打印机墨盒等。

图 3-85　消防管道用作临时供水

（2）现场处置技术

施工现场安全文明施工作业中，会采用油漆作为装饰性点缀使用，多余或使用不当则会产生有害垃圾。为此，施工现场设置废弃油漆回收桶，平时处于密封状态。委托市政垃圾处理机构统一处置。

办公区会产生少量废弃电池为主的有害垃圾，平时设置专用电池回收箱集中回收，委托市政垃圾处理机构统一处置。废弃打印机墨盒则由项目部放入包装箱内，最后由打印机保修单位统一收集处理。

3.5.5.6　建筑垃圾减量及综合利用经济效益

本项目采用综合措施，合计减少约 89t 建筑垃圾，根据项目签订垃圾运输协议，使用垃圾专用渣土车（33m³），减少垃圾运输 15 次，运输费减少 9000 元。

现场垃圾回收所产生的经济效益不易估算，但从材料节省的角度统计，钢、木龙骨，砂浆，砌块等材料使用量较定额使用量减少约 5%，经济效益约为 62500 元。

垃圾及时处理、废料集中堆运等措施对成品保护产生了较大效益，减少二次维修人工消耗量，节省劳力支出，经济收益显著。

综合计算，现场为垃圾减量做出的措施，给项目带来直接经济效益约为 71500 元，间接带来的经济效益主要体现为减少了因垃圾带来的维修人工损耗。

3.5.6 典型老年公寓项目——澳门东北大马路长者公寓 EPC 项目内外装饰装修

澳门东北大马路长者公寓 EPC 项目内外装饰装修概况见表 3-28。

澳门东北大马路长者公寓 EPC 项目内外装饰装修概况   表 3-28

项目名称	澳门东北大马路长者公寓 EPC 项目内外装饰装修		
项目地点	澳门黑沙环填海新区 P 地段		
建设单位	澳门特别行政区政府 - 公共建设局		
设计单位	香港华艺设计顾问(澳门)有限公司		
施工单位	中国建筑工程(澳门)有限公司		
监理单位	乘风土木工程顾问有限公司		
建筑业态	保障性住宅	建筑面积	125212m²
装修形式	传统装饰装修	装饰装修垃圾减量措施	设计减量 施工减量 分类回收

3.5.6.1 工程概况

澳门东北大马路长者公寓建造工程项目位于澳门黑沙环东北大马路新填海区 P 地段，毗邻澳门摩托车检验中心，大通中心及保利达花园。本地段拥有土地面积为 6828m²，总建筑面积约 125212m²。本项目建成后将为澳门长者提供 1815 个开放式公寓单位、345 个轻型停车位、134 个电单车位以及日间护理中心、康乐中心和呼援中心等社会设施。另外项目还包括兴建一座服务整个黑沙环地区的 110kV 变电站。长者公寓为单栋楼高为 113.4m 的住宅建筑，包括 3 层地库停车场、3 层裙楼以及 34 层塔楼。本项目是澳门历史上首个应用装配式技术的公共工程。项目建筑效果如图 3-86 所示。

本次装修项目涉及 3 层地库停车场、3 层裙楼以及 34 层塔楼装修施工，合计施工建筑面积 125212m²，其中地面层有 200m² 洗肾中心、1 层为 3500m² 日间护理中心、康乐中心、呼援中心，2 层为 3500m² 长者护养院，4～37 层公寓（12 层除外）。每层有 55 个公寓单位，每个公寓单位使用面积约 33m²。项目计划装修工期 409 天。局部装饰装修效果如图 3-87 所示。

3.5.6.2 项目特点

本工程定位为高端养老住宅项目。为保障长者公寓长者的健康和安全，公寓的住户单位和社会服务设施设计将引入智慧养老、智能家居及无障碍环境等管理模式与运作配置。公寓内将会提供卫生护理的支援服务，包括紧急医疗支援、长者保健门诊及专科外展医疗服务。工序繁复且装饰装修质量要求高，而工期却十分紧张。

图 3-86　工程建筑效果图

(a) 公寓卧室

(b) 公寓卫生间

(c) 公寓大堂

(d) 公寓大堂

图 3-87　局部装饰装修效果（一）

(e) 标准层走廊　　　　　　　　　　　　　　(f) 标准层电梯厅

图 3-87　局部装饰装修效果（二）

项目位于黑沙环地区，周围均为成熟社区，场地仅有 6000 多 m^2。现场用地紧张，垃圾存放及分类储存困难。

设计方面需获得社工局批核，且部分项目将由社工局负责安装，需与其进行设计及施工协调，对工作面统筹管理及交付带来困难。

3.5.6.3　装饰装修垃圾来源分析及处置预案

装饰装修垃圾来源、产生量及处置预案如表 3-29 所示。

装饰装修施工阶段垃圾来源、产生量及处置预案　　　　　　表 3-29

序号	建筑垃圾分类	涉及施工内容	预估量	处置方法
1	无机非金属	地面混凝土找平（未浇筑完成余料、剔凿）、砂浆、粘接剂、石材瓷砖边角料	约 315t	外运到 A2 区-惰性物料暂存分拣区
2	金属类	电缆、电线线头、铁丝、角钢、钢管、涂料等金属容器、金属支架、不锈钢边角料、水管、风管废料废锯片、废钻头、焊条头、废钉子、破损的临时围栏	约 200t	外运到回收站回收再利用
3	木材类	阻燃板加工后不再利用的余料、饰面材料箱体木质包装、石材、玻璃保护板	约 70t	外运到澳门焚化中心
4	塑料类	编织袋、PVC 或 PPR 管、塑料包装、岩棉板、塑料薄膜等料	约 70t	外运回收
5	其他类	石膏板、损坏 GRG、PRC 板、涂料等精装材料，有害材料（油漆桶等）	约 110t	外运，有害材料做无害化处理
合计				约 765t

3.5.6.4　装饰装修工程垃圾减量措施

（1）施工减量策划管理

装饰装修施工阶段减量目标如表 3-30 所示。

装饰装修施工阶段减量目标　　　　　　　　　　　　　　　　表 3-30

序号	建筑垃圾分类	垃圾预估量/t	减量目标/t	减量率/%
1	无机非金属	315	20	6.3
2	金属类	200	10	5.0
3	木材类	70	5	7.1
4	塑料类	70	5	7.1
5	其他类	110	10	9.1
	合计	765	50	6.5

（2）减量思路

1）加强施工管理，避免因返工而造成垃圾。

2）利用洁具、门窗等原有包装物做成品保护，减少废弃物产生。

3）部分材料的包装物料（如木卡板、油漆桶），要求供应商进行回收。

（3）减量工序管理

1）采用预制装配式构件＋铝合金模板提高主体结构观感质量，配合 ALC 墙板，做到内外墙免抹灰，减少落地砂浆的产生。

2）主体结构施工阶段做好机电管线的一次预埋，减少后期墙体打凿产生垃圾。

3）机电风管在场外的专业加工厂做好半成品加工，提升材料的利用率，减少边角料的产生；工厂预制可以大量降低现场垃圾量的产生。

4）创新使用两块 ALC 墙板中间的空隙安装线管，大量减少线管安装时打凿墙体产生垃圾。

（4）减量组织保障

组织方面，减量工作小组人员分为领导小组和工作小组。

1）领导小组

组长为无废工地建设第一责任人，负责统筹制定各项目标，审批实施专项方案，建立管理组织机构，主持领导小组例会。

组员负责开展无废工地管理指导工作，定期例会，现场检查、落实整改，负责接待上级的检查和评价、验收等活动。

2）工作小组

组长职责应开展无废工地具体管理工作，负责主持领导小组例会，组织现场检查、落实整改，协调分包无废工地建设管理工作。

组员职责为编制、完善无废工地建设方案。对现场建筑垃圾分类严格按方案实施、落实。方案实施工程中定期进行检查、监控。对不符合要求的内容及时安排整改完善。组织管理人员和施工人员进行减废相关知识培训。确保现场垃圾分类严格按方案实施。同时留存现场垃圾分类相关记录及影像资料。持续监控减废效果，提出建设性的改进意见，及时向领导小组反馈。

（5）施工减量技术措施

1）统筹规划，减少损耗

套材切割，本项目在地面设置金属集中加工区，经深化设计后，下料时采用套材切割方法，最大程度有效利用材料，降低材料损耗率（图 3-88）。同时设置可回收金属垃圾临时堆放区，集中管理。

图 3-88　钢筋加工场（集中加工区）

收集管理，现场设环保回收站一个，并按照"五分法"划定不同垃圾区域，有害垃圾单独堆放，封闭管理（图 3-89）。

图 3-89　现场垃圾收集管理

每个楼层实施垃圾第一次分类分拣，按照"五分法"要求，分开收集堆放，利用流动环保回收车分别外运至垃圾收集房相应区域（图3-90）。由安全主任安排2人专门负责文明施工及垃圾清运，现场管工监督管理。施工作业人员每天施工完成后，做到工完场地清，将当日产生的施工垃圾收集至本楼层垃圾临时堆放点，并经文明施工班组进行分类、运至垃圾集中堆放点。

图3-90 流动环保回收车

在地面垃圾收集区实施二次分拣，尤其注意有害垃圾的闭环管理；遵循澳门法规《建筑废料管理制度》，运载建筑废料以及倾卸的车辆须事先取得环境保护部门发出的倾卸许可，方可进入施工区域和建筑废料堆填区。根据垃圾产生数量，统筹协调经由备案的运输车统一外运、消纳。运输车进入施工区域时，司机需在施工区域的车辆登记设备上拍摄倾卸许可电子卡（图3-91），施工区域闸口保安记录车辆出入闸记录表。

图3-91 垃圾运输车辆登记设备

2）可周转临建及可周转模块化设施

采用模块式临建如宿舍和办公、围栏，待本项目使用完毕后可直接转运到其他项目继续使用（图 3-92、图 3-93）。

图 3-92　现场临建

图 3-93　现场标准化围栏

3）永临结合（图 3-94）

① 现场垂直运输将利用消防电梯。

② 楼梯间正式栏杆提前安装代替临时防护。

③ 地下室排污泵作为临时泵提前启用技术。

4）其他施工减量技术措施

① 采用装配式建造技术，装配式构件包括预制外墙、预制楼梯、预制内隔墙（ALC墙板）等（图 3-95）。

② 预制外墙板生产时，预埋铝窗框、预制空调飘台、预埋格栅埋件及预留水电套管等预留预埋随构件生产同步完成，有效减少各项工地施工工序及现场施工产生的废物（图 3-96）。

图 3-94 永临结合示意

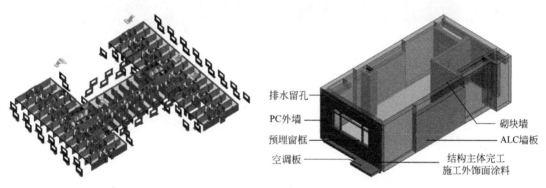

图 3-95 装配式建造示意

图 3-96 相关构件与外墙同步生产

③ 预制楼梯完成面质量好，能达到清水混凝土的效果，而且预制楼梯亦能于预制工

133

厂内完成，能有效减少底盘模板支撑、混凝土打凿及后期找平、贴砖等湿作业的废料产生，优化贴砖湿作业面积为 2886m² （图 3-97）。

图 3-97　预制楼梯

④ 预制外墙和内隔墙板采用免抹灰技术。

预制外墙面积 26805m²，采用免抹灰技术可节约 670m³ 外墙抹灰砂浆（砂浆厚度为 25mm）。内墙铝模板墙柱面积 120186m²，ALC 墙板墙面面积 22869m²，共节约 2145m³ 内墙抹灰砂浆（砂浆厚度为 15mm）（图 3-98）。

图 3-98　内墙免抹灰

⑤ 墙身线管槽型材

在浇筑墙身混凝土前，应用墙身线管槽型材预留机电线管位置，减少墙身混凝土用量，避免后期开槽打凿所产生的混凝土废料（图3-99）。

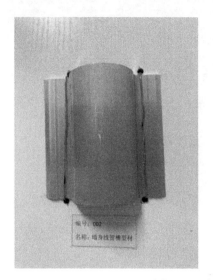

图 3-99　墙身线管槽

⑥ 优化隔墙设计

将部分 ALC 墙板隔墙（尺寸高 2970mm×宽 300mm×厚 100mm，数量为 1716 块）不符合模数部分改为非承重现浇结构墙，满足 ALC 墙板模数（600mm 宽），避免因需切割 ALC 墙板而产生的建筑废料（图3-100）。

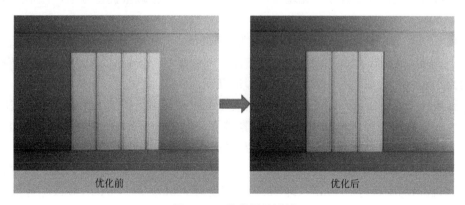

图 3-100　优化隔墙设计

3.5.6.5　有害垃圾专项处置技术

（1）有害垃圾种类

有害垃圾种类包括废墨盒、废灯管、废电池、胶粘剂、废油漆、油漆桶等。

（2）现场处置技术

1）把盛载化学物品的容器放于防漏盘上（图3-101）。

2）把化学废物存放于适当的地方。

图 3-101　防漏盘

3）废墨盒由供应商进行回收。

4）废灯管被运到社区中心进行回收。

3.5.6.6　建筑垃圾减量及综合利用经济效益

本项目暂未进入施工阶段，无垃圾产生实际数据，依据减量优化方案，预估经济效益如下。

节约 670m³ 外墙抹灰砂浆（砂浆厚度为 25mm），节约 2146m³ 内墙抹灰砂浆（砂浆厚度为 15mm），共节约 2816m³（即约 5350t，密度为 1900kg/m³）抹灰砂浆；抹灰砂浆单价约为 1764.62 元/m³，产生效益约 496.92 万元。

预制楼梯完成面质量好，能达到清水混凝土的效果，而且亦能于预制工场内完成，能有效减少现场模板支撑、混凝土打凿及后期找平、贴砖等湿作业。贴砖面积为 2886m²，共节约 43.29m³ 内墙抹灰砂浆（砂浆厚度为 15mm），产生效益约 7.64 万元。

将部分 ALC 墙板隔墙改为非承重现浇结构墙，满足 ALC 墙板模数（600mm 宽），减少 ALC 墙板切割废料约 1529m²（即 95.6t，密度为 625kg/m³），ALC 墙板综合价格约为 100 元/m²，产生效益约 15.29 万元。

综合来看，因项目施工量大，现场为垃圾减量做出的措施，即使只是细小项目入手，也能产生较大的减量效果，给项目带来直接经济效益约为 519.85 万元，经济效益明显。

3.5.7　典型研发中心及资源化利用项目——中铁第五勘察设计院集团有限公司研发实验中心及附属用房内外装饰装修

中铁第五勘察设计院集团有限公司研发实验中心及附属用房内外装饰装修概况见表 3-31。

中铁第五勘察设计院集团有限公司研发实验中心及附属用房内外装饰装修概况　表3-31

项目名称	中铁第五勘察设计院集团有限公司研发实验中心及附属用房项目内外装饰装修		
项目地点	北京市大兴区康庄路北，兴丰大街东侧的康庄路9号院		
建设单位	中铁第五勘察设计院集团有限公司		
设计单位	中铁第五勘察设计院集团有限公司		
施工单位	中铁城建集团有限公司		
监理单位	北京铁研建设监理有限责任公司		
建筑垃圾就地循环利用单位	北京神州蓝天环保科技有限公司		
建筑业态	商业建筑	建筑面积	96341.16m²
装修形式	传统装饰装修	装饰装修垃圾减量措施	施工减量 分类回收 资源化利用

3.5.7.1 工程简介

中铁第五勘察设计院集团有限公司研发实验中心项目为三个标准塔楼布局，地上20～22层，1～3层设置裙房相互连通，地下3层。A栋为南侧塔楼，功能上1～3层为会议空间，4～20层为实验办公用房；B栋为中间塔楼，功能上1～3层为展示空间，4～22层为研发室；C栋为北侧塔楼，功能上1～3层为展示空间，4～22层为附属用房；地下车库及设备用房设置在地下1～3层，为五/六级人防地下室，战时作为一等人员掩蔽，平时作为机动车库。建筑面积为96341.16m²，地下：23169.68m²，地上：73171.48m²，建筑高度为76.65m。本工程结构形式为框架剪力墙。工程建筑效果如图3-102所示。

图3-102　工程建筑效果

3.5.7.2 项目特点

1）工程占地面积小，且场地四周空间多为住宅楼办公楼，给现场布置、安全文明标准化施工带来了一定的难度，现场扬尘控制、噪声控制要求高。

2）工程工序多，交叉作业多。涉及建筑、结构、强电、弱电、精装修、消防、电梯、幕墙、空调、通风工程等众多专业，施工过程中存在大量的专业交叉，采用 BIM 技术解决交叉打架的问题。

3）工作管理任务重，实体材料用量大，提前做好深化设计、计算材料合用量；周转材料用量大，做到周转材料的合理使用，防止浪费，是本工程时实施要点。

3.5.7.3 施工阶段垃圾来源分析及处置预案

工程建筑面积 96341.16m²，施工阶段垃圾来源、产生量及处置预案如表 3-32 所示。

施工垃圾来源、产生量及处置预案   表 3-32

序号	分类	涉及施工内容	预估量	处置方法
1	无机非金属	混凝土余料、剔凿，二次砌筑边角料、砂浆、粘结剂、石材瓷砖边角料	按照建筑面积，每 10000m² 产生 300t 计算，96341.16×300/10000＝2890t	粉碎后进行再利用
2	金属类	钢筋、预埋管、电缆、电线线头、铁丝、角钢、钢管、涂料等金属容器、金属支架、不锈钢边角料、水管、风管废料、废锯片、废钻头、焊条头、废钉子、破损的临时围栏	钢筋 8500t，按照定额 3%，预估废料约 255t	外运回收再利用
3	木材类	模板、方木剩余的边角料及无法周转的废旧木板、方木	模板用量 28985m²，约 1756 张，每张 13.5kg，暂估 237t	粉碎后进行再利用，做成品保护
4	塑料类	编织袋、PVC 或 PPR 管、塑料包装、岩棉板、塑料薄膜等废料	约 10t	外运回收
5	其他类	石膏板、涂料等精装材料，有害材料（油漆桶等）	约 100t	外运，有害材料做无害化处理
	合计		约 3492t	

3.5.7.4 施工垃圾减量措施

（1）施工减量管理策划

减量策划管理目标如表 3-33 所示。

减量策划管理目标   表 3-33

序号	建筑垃圾分类	垃圾预估量/t	减量目标/t	减量率/%
1	无机非金属	2890	1280	44.3
2	金属类	255	104	40.8
3	木材类	237	105	44.3
4	塑料类	10	3	33.0
5	其他类	100	40	40.0
	合计	3492	1532	43.6

（2）减量思路

本项目无机非金属类、金属类、木材类一般为项目的主要材料，主要用于主体结构，对于主体结构减量的思路主要通过以下方式进行。

① 从源头进行节约，优化使用量，降低损耗率。

② 方案及技术优化，采用科学合理的施工方案，减少周转材料的使用量。

③ 造成的垃圾进行回收再利用。

④ 对于临时建筑做到可周转多次使用。

⑤ 对于塑料类及其他类垃圾，主要为项目主材的相关包装垃圾。将此类垃圾分为无害垃圾及有害垃圾，将无害垃圾进行捆绑、装箱处理，对有害垃圾进行包封处理，运输至垃圾堆放场地进行统一消纳。

（3）施工减量实施措施及效果

1）统筹规划，减少损耗

① 利用 BIM 软件进行三维技术交底，严格控制钢筋翻样，确保翻样的准确性及节约性，消除钢筋翻样错误造成的材料浪费（图 3-103、图 3-104）。

图 3-103　钢筋实体

图 3-104　BIM 模型

φ16 以上钢筋采用直螺纹机械连接，节省绑扎搭接长度；做好钢筋计算工作，确保钢筋翻样的钢筋定额损失率小于 1.8%（图 3-105）。

② 混凝土浇筑时方量核算精确，保留 1m³ 左右的机动余量。

③ 使用 BIM 技术进行机电三维布置、虚拟施工、碰撞检查，输出三维施工图及配件清单，减少返工和材料损耗；规范操作工艺，使用合理的切割工具，减少加工过程对原材料的损耗做到一次成型（图 3-106～图 3-108）。

④ 通过 BIM 技术对砌体进行总体排布，指导施工，避免了砌体切割造成的材料的浪费（图 3-109）。

2）方案、技术措施优化

① 木材节约。核心筒部位剪力墙采用大钢模提高周转率。顶板采用方钢次龙骨体系，不仅大大提高了材料周转率，节约了木材，而且利于堆放，增大施工现场利用率（图 3-110、图 3-111）。

图 3-105　直螺纹机械连接

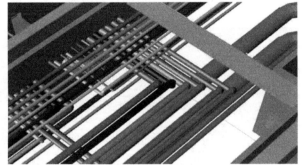

图 3-106　管线综合排布

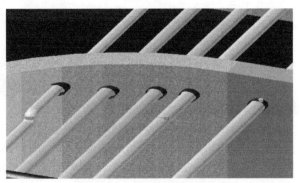

图 3-107　漫游　　　　　　　　　　　　　图 3-108　预留洞口精确定位

②模板加固材料节约。混凝土浇筑过程中安排质量人员及木工对模板支撑系统进行仔细检查，梁采用梁夹加固，避免或减少爆模、胀模造成的浪费，框柱采用型钢加固，节约了对拉螺杆的使用，提高了加固材料的周转率，使建筑构件外形美观（图 3-112、图 3-113）。

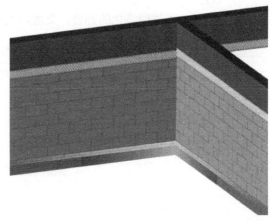

图 3-109　砌体总体排布

图 3-110　多次周转模板体系　　　　　　　　图 3-111　方钢次龙骨体系

图 3-112　梁采用梁夹加固　　　　　　　　　图 3-113　框柱采用型钢加固

③ 信息化平台。通过公司OA平台实现审批文件及内部文件的流转，建立工程项目综合管理信息系统，通过网络化的办公、交流，大力提倡无纸化，节省了办公用纸（图3-114）。

图 3-114　OA平台

3）回收再利用

① 施工现场设置封闭垃圾站，单独设置钢筋废料池，将建筑垃圾分类集中堆放（图3-115、图3-116）。

图 3-115　封闭垃圾站

图 3-116　钢筋废料池

② 将废弃的混凝土或落地灰块经过破碎，一方面投入回填土施工，一方面再经过制砖机等设备将其加工成二次结构砌块，变废为宝，不仅做到了环境保护，实现了建筑垃圾回收达60％以上（图3-117、图3-118）。

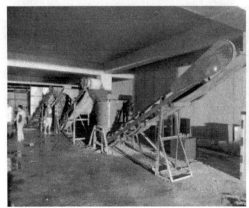

图 3-117　制砖机设备

图 3-118　二次结构砌块

③ 对于板材、块材等边角料进行在加工制成成品护角等（图 3-119）。

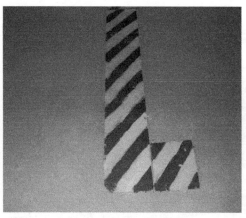

图 3-119　成品护角

④ 充分利用短、废钢筋，增加钢筋利用率。对现场废弃钢筋进行再次加工，制成马凳筋、墙柱定位筋及模板撑模棍等（图 3-120～图 3-123）。

图 3-120　短钢筋加工成墙柱定位筋

143

图 3-121　自制山形卡

图 3-122　试块钢筋笼

图 3-123　废钢筋加工成通丝螺杆

⑤ 木方进行合理下料，拆除后按规格分类堆放；对于长度小于 2m 的木方进行接长，用于竖向部位的檩条；现场大量废旧模板统一堆放，加工成大芯板或通过四面锯加工成窄木条，变废为宝，节约材料。现场短木方通过专门机械加长，重复利用（图 3-124）。

对现场加工成窄木条及粉碎木方产生的锯末，通过机械加工，制成木棒、木炭，变废为宝，保护环境（图 3-125、图 3-126）。

⑥ 现场铁屑、铁渣回收，办公区纸张回收利用，以节约材料（图 3-127）。

4）临时建筑做到可周转多次使用

① 施工现场的道路、材料加工区采取可周转预制硬化路面，根据现场道路尺寸，分为 1000×2000×150、2000×3000×200 两种混凝土预制板，多次重复利用，实现了地材的周转使用，免除了混凝土破碎消纳的费用，并且减少了碳排放（图 3-128）。

② 可周转临建及可周转模块化设施。采用模块式临建，如宿舍和办公建筑、标准化围栏、加工棚等，待本项目使用完毕后直接转运到其他项目继续使用（图 3-129）。

144

图 3-124　多层板、木方处理设备及制作出成品

图 3-125　制木棒设备　　　　　　　图 3-126　木炭成品

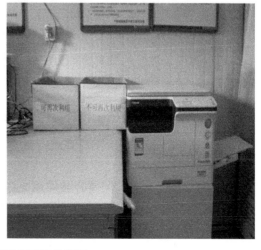

图 3-127　铁屑、铁渣及纸张回收利用

图 3-128 预制混凝土路面

图 3-129 现场标准化围栏及加工棚

3.5.7.5 有害垃圾专项处置技术

（1）有害垃圾种类

目前本项目涉及的有害垃圾为油漆类、胶类垃圾，而该类垃圾一般与油漆桶、胶桶共同处理。

（2）现场处置技术

1）本施工现场油漆类有害垃圾，要求开盖后保留原有桶盖，待油漆使用完后，将原有桶盖盖回原桶。并使用塑料膜进行批量包封，运送至垃圾集中堆放区，进行垃圾集中处理。

2）对于胶类垃圾，坚持开装即用完的标准，保证每个胶管内的存胶量为零。如存在部分胶未用完的情况，采用保鲜膜进行封存，便于下次使用。最终将胶管集中装箱运输至垃圾堆放场地进行统一消纳。

3.5.7.6　建筑垃圾减量及综合利用经济评价

（1）实际垃圾产生量与预估量偏差

经计算，实际垃圾产生量与预估量有一定偏差，实际产生量如表 3-34 所示。

施工垃圾实际产生量　　　　　　　　　　　　　　　　　表 3-34

序号	分类	涉及施工内容	实际产生量	处置方法
1	无机非金属	混凝土余料、剔凿、二次砌筑边角料、砂浆、粘结剂、石材瓷砖边角料	共计约 1608t	粉碎后进行再利用
2	金属类	钢筋、预埋管、电缆、电线线头、铁丝、角钢、钢管、涂料等金属容器、金属支架、不锈钢边角料、水管、风管废料、废锯片、废钻头、焊条头、废钉子、破损的临时围栏	钢筋废料 151t	外运回收再利用
3	木材类	模板、方木剩余的边角料及无法周转的废旧木板、方木	模板废料约 127t	粉碎后进行再利用，做成品保护
4	塑料类	编织袋、PVC 或 PPR 管、塑料包装、岩棉板、塑料薄膜等废料	7t	外运回收
5	其他类	石膏板、涂料等精装材料，有害材料（油漆桶等）	60t	外运，有害材料做无害化处理
合计			约 1953t	

（2）综合利用经济效益评价

① 施工过程中节材措施。节约成本：约 350 万元。社会效益：提高材料利用率，节约社会资源，就地取材减少能源损耗，保护环境，在一定程度上加快了现场施工进度，保证了施工质量，受到行业主管部门、业主、监理及社会各界的好评。

② 施工过程中节地措施。节约成本：约 25 万元。社会效益：通过临时绿化、铺设碎石子、铺镂空转等方法，减少硬化面积，不仅为项目控制扬尘及水土流失起到了关键作用，而且减少了大量建筑垃圾的产生。

③ 方案优化。施工过程中项目班组成员积极与业主、设计沟通，将部分施工方案优化，创造经济效益约 255 万元。方案优化在保证工程质量、工程进度的前提下大大减少了建筑材料的投入使用量，降低了人工成本，且施工效果受到了建筑主管部门、业主、监理及社会各界的好评。

第4章 装饰装修垃圾综合利用工厂及案例

4.1 概述

装饰装修垃圾因其产生源特性，导致硬质组分（混凝土、砖块、加气块、瓷砖等）、轻质杂物（木材类、塑料类、编织袋类、海绵类、泡沫类等）以及废金属（钢筋、有色金属等）等组分高度混杂，综合利用困难。但经成分分析可知，在质量比上，无机硬质物料仍占大部分，在实现轻质杂物和废金属等的精细化去除后，仍可变"垃圾"为"再生骨料"，部分代替天然砂石，回用于工程建设中。

由于相关技术匮乏，目前专用于装饰装修垃圾的处置设施极少，普遍采取的方式为：直接用常规建筑垃圾处置系统强行处置；或仅通过简单的人工分拣后再进入两破一筛的简单工艺线处理，由于存在大量细碎杂物，人工几乎无能为力，破碎后的再生骨料含杂率过高无法资源化利用，以上两种措施均存在较大问题。

常规建筑垃圾处置系统多针对成分较为单一、杂物含量低的拆除垃圾设计，面对大体量的砖瓦、混凝土块等无机非金属组分，少量木材、塑料等对各个处置工艺环节的影响较为有限，其综合利用工艺多为"二级/三级破碎＋多级筛分＋人工分拣＋一级机械分选＋多级磁选"。除核心机械分选单元外，传统砂石行业工艺与设备做针对性改造后就可适应该类情况。而装饰装修垃圾与之相比存在显著差异。一方面有的小区产生装修垃圾采用编织袋盛装直接入场，也有经中转场倒运混杂入场，管理不到位的还有各种其他垃圾混杂，呈现缠绕、包裹等复杂状态；另一方面，为赶时间、降成本，部分装修公司对低值可回收垃圾不分类，同时拆除过程中多采用手持工具使装修垃圾破碎成小尺寸物料，导致柔韧杂物组分占比高，其与硬质组分存在极大的物理性状差异。上述高混杂特性使得常规建筑垃圾处置系统在接纳装饰装修垃圾时，极易发生卡堵、缠绕等故障，难以胜任装饰装修垃圾综合利用工作。

而简单的人工分拣只能挑选出其中少量大尺寸的可回收物，大量混杂垃圾需占用宝贵的卫生填埋场库容。高额的填埋处置费用使得非法倾倒、遗弃、堆置等违法行为屡禁不止。同时人工分拣方式不仅员工劳动强度大、生产效率低、占用场地大、工作效果不稳定，还难以实现垃圾的"物尽其用"，不符合国家循环经济与污染防治政策。

综上，随着我国经济高速发展、城市化进程提速，城镇装饰装修垃圾产量激增，处置需求迫切，亟需更具针对性的处理技术。

目前，国内多家设备制造企业都在研究装修垃圾处置工艺和设备，包括北京建工资源循环利用有限公司、苏州嘉诺环境科技股份有限公司、万宸环境科技有限公司、上海山美环保设备股份有限公司、福建南方路面机械股份有限公司、合肥欣畅源光电科技有限公司等，有代表性的设备包括轻物质水浮选机、轻物质风选机、专用破碎、筛分及输送等设备，已被国内多个项目所采用。

因装饰装修垃圾产生源特点，在不同地区、不同建成年代甚至不同作业方式下其成分组成存在巨大差异。另外由于装饰装修垃圾的高混杂特性，传统矿山行业分选、破碎等设备难以实现对其高效处置，需进行针对性的设备开发与研制。

4.2　装饰装修垃圾处理技术

4.2.1　工艺流程

装饰装修垃圾在不同地区、不同建成年代、甚至不同作业方式下，其成分组成均存在巨大差异，资源化处置企业的相关技术也各具特色，典型装饰装修垃圾处理工艺流程如图4-1、图 4-2 所示。

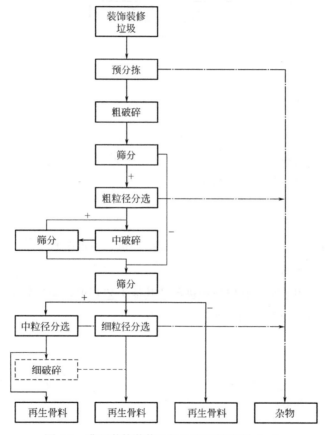

图 4-1　典型装饰装修垃圾处理工艺流程（一）

图 4-1 设置了粗破碎、多级筛分、分粒径分选等环节，针对混杂程度更高、完全未经分拣的装饰装修垃圾。图 4-2 针对混杂程度较低或经中转站分拣后的装饰装修垃圾。除此之外，基于各厂商核心分选装备的性能，面向特定的应用场景，还有更多定制式的处理工艺。

虽然处理工艺流程多样，但基本的环节设置差异性不大，多由给料环节、破碎环节、

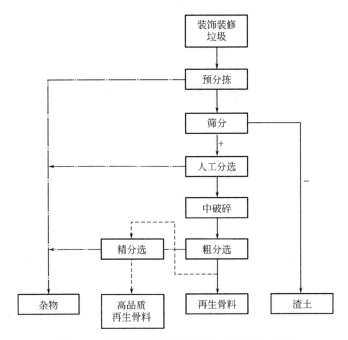

图 4-2 典型装饰装修垃圾处理工艺流程（二）

筛分环节、分选环节、输送环节等组成，仅在工艺指标要求方面存在差别。另外，由于装饰装修垃圾的高混杂特性，传统矿山行业分选、破碎、输送等设备难以实现对其高效处置，需进行针对性的设备开发与研制。

4.2.2 给料环节

通常采用的给料设备有振动给料机、链板给料机、步进给料机等。

4.2.2.1 振动给料机

振动给料机主要用于装饰装修垃圾进料及其他工艺要求均匀给料的环节，根据工艺设计，包括吊挂式和座式两种类型，如图 4-3 所示。

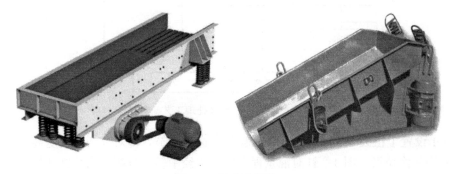

图 4-3 振动给料机

振动给料机利用振动器中的偏心块旋转产生离心力，使筛箱、振动器等可动部分作强制的连续的圆或近似圆的运动。该设备由给料槽体、激振器、弹簧支座、传动装置等组成，其振动源是激振器，激振器是由两根偏心轴（主、被动）和齿轮副组成，由电动机通过三角带驱动主动轴，再由主动轴上齿轮啮合被动轴转动，主、被动轴同时反向旋转，使槽体振动，使物料连续不断流动，达到输送物料的目的[66]。

该设备可连续均匀地喂料，并对物料进行粗筛分，体积小、质量小、结构简单，安装、维修方便，运行费用低，效率高，给料能力大，噪声低，有利于改善工作环境，耗电少，功率因数高，在远超共振状态下工作，振幅稳定，运行可靠，对各种物料适应性较强，调整偏心块即可方便地无级调节给料量，采用封闭式机身可防止粉尘污染振动平稳、工作可靠、寿命长[67]。

4.2.2.2　链板给料机

链板给料机也叫链板式喂料机，是矿山、冶金、建材、港口、煤炭和化工工矿企业中广泛使用的一种连续运输机械。主要作为由贮料仓或转料漏斗向破碎机、配料装置或运输设备连续均匀地供给和转运各种大块重物与磨蚀性的散状物料之用[68]，如图4-4所示。

图4-4　链板给料机

链板给料机通常由头部装置、运行部分、机架、驱动装置、尾部装置组成。当控制电路启动后，电机通电，电机内部在电磁场作用下将电能转化为动能，电机主轴开始转动。然后主轴通过减速器装置再将动力传输给头尾部齿轮，当齿轮转动后，牵引链便开始跟随齿轮一起转动，同时带动承载链工作，料斗里的物料便开始传输。

该设备具有以下特点：①牵引链条强度高，适合较长距离的物料输送，可沿水平方向输送物料，也可以沿倾斜角度输送物料，也可以下坡形式卸料；②强度高、产量高，易损件采用锰钢合金材质，不仅提高了输送力，还提高了使用寿命，更长久地为用户工程提供输送力；③承载能力强，在生产过程中，轴承起支撑作业，支撑整个链板部件进行运转，链板机轴承规格大，承载能力强，运行更加平稳；④操作便利，人工投入少，该设备结构简单，自动化程度高，操作简便，无须过多人力投入，减少了一定的人工成本[69]。

4.2.2.3　步进给料机

步进给料机用于各类垃圾暂存和均匀卸料，如图4-5所示。

该设备通过液压驱动料仓底部活动底板，使料仓内物料均匀地单方向移动。在料仓出料末端设有同向旋转计量筒，以控制出料速度。步进底板采用金属片覆盖的钢管，坚固可靠、行程可调、频率可调，设备长度可达40m。

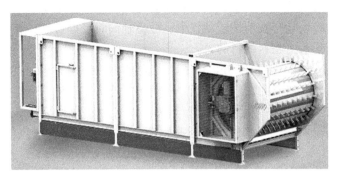

图 4-5　步进给料机

4.2.3　破碎环节

4.2.3.1　破碎机理

强度是固体的重要性质之一，它表现在抵抗外力的能力，而决定于固体内部质点间的结合情况。破碎作业时，要遭受装饰装修垃圾机械强度所引起的阻力，这种阻力与被破碎的难易程度密切相关。

任何破碎设备都不仅用一种力破碎，通常是以某种力为主，配合其他种类力的作用。根据破碎机械的施力情况，可以分为压碎、劈开、折断、磨剥和冲击等，如图 4-6 所示。机械的施力情形因垃圾的强度、种类不同也有所区别。对于压碎，应当考虑抗压强度；对于劈开，应当考虑抗拉强度；对于折断，应当考虑抗弯强度；对于磨剥，应当考虑抗剪切强度；对于冲击，应当考虑抗冲击强度[70]。

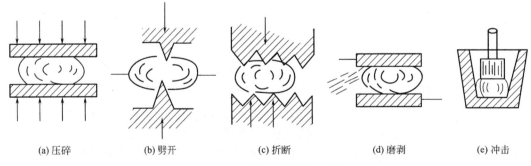

| (a) 压碎 | (b) 劈开 | (c) 折断 | (d) 磨剥 | (e) 冲击 |

图 4-6　破碎设备施力情况分类

针对装饰装修垃圾处理的过程，通常采用的破碎设备有颚式破碎机、反击式破碎机、圆锥破碎机、专用锤式破碎机、齿辊式破碎机、冲击式破碎机等。

4.2.3.2　颚式破碎机

颚式破碎机在矿山、建材、基建等部门主要用作粗碎机和中碎机，如图 4-7 所示。

颚式破碎机的工作部分是两块颚板，一是固定颚板（定颚），垂直（或上端略外倾）固定在机体前壁上，另一是活动颚板（动颚），位置倾斜，与固定颚板形成上大下小的破碎腔（工作腔）。活动颚板对着固定颚板做周期性的往复运动，时而分开，时而靠近。分

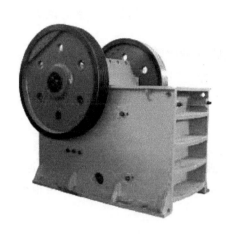
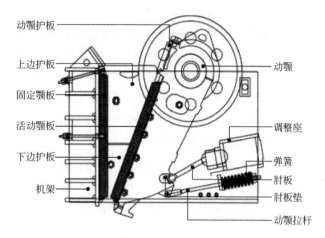

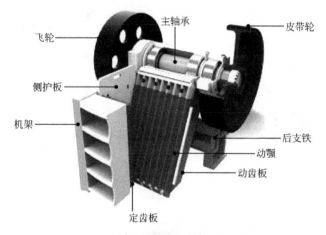

图 4-7 颚式破碎机

开时，物料进入破碎腔，成品从下部卸出；靠近时，使装在两块颚板之间的物料受到挤压、弯折和劈裂作用而破碎[71]。

颚式破碎机结构简单、制造容易、工作可靠。按照进料口宽度可分为大、中、小型 3 种类型，进料口宽度大于 600mm 的为大型机，进料口宽度在 300～600mm 的为中型机，进料口宽度小于 300mm 的为小型机。按照活动颚板的摆动方式不同，可分为简单摆动式颚式破碎机（简摆颚式破碎机）、复杂摆动式颚式破碎机（复摆颚式破碎机）和综合摆动式颚式破碎机。

该设备有效解决了因产量低导致的运转率高、无检修时间的问题，最大破碎粒径为 1000～1200mm，出料粒径小，破碎效率高，能耗低。

影响颚式破碎机生产能力的因素如下。

1）物料的硬度。越硬的物料破碎起来越困难，对设备的磨损也越严重，破碎的速度慢、能力低。

2）物料的组成。颚式破碎机的物料中细粉含量越高破碎效果越差，因为这些细粉容易因粘附而影响输送。因此，细粉含量多的物料应提前过筛，以免影响颚式破碎机的正常工作。

3）破碎后物料的细度。细度要求高，即要求破碎机出来的物料越细，则破碎能力越小。如无特殊要求，一般将物料的细度设置为中细。

4）物料黏度。黏度大的物料在颚式破碎机内会粘附在破碎腔内壁，如不及时清理，将影响工作效率，严重时还可能影响颚式破碎机的正常工作。

5）物料的湿度。物料含水量较大时，物料在颚式破碎机内容易粘附，也容易在输送过程中造成堵塞，使破碎能力减小[72]。

4.2.3.3 反击式破碎机

反击式破碎机又叫反击破，广泛应用于建材、矿石破碎，在铁路、高速公路、交通、能源、水泥、矿山、化工等行业中用来中细碎物料。包括两腔、三腔等多个型号，可根据破碎粒径需要进行选型，如图 4-8 所示。

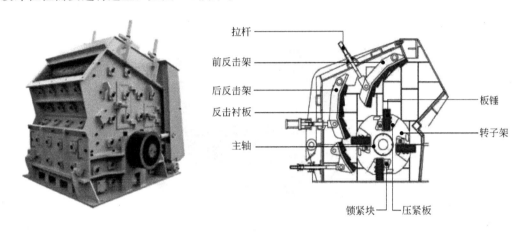

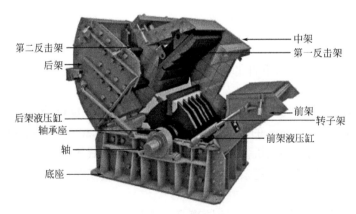

图 4-8　反击式破碎机

反击式破碎机是一种主要利用冲击能来破碎物料的机械设备。工作时，在电动机的带动下，设备转子高速旋转，物料进入板锤作用区时，与转子上的板锤撞击破碎，后又被抛向反击装置上再次破碎，然后又从反击衬板上弹回到板锤作用区重新破碎。此过程重复进行，物料由大到小进入一、二、三反击腔重复进行破碎，直到物料被破碎至所需粒度，由出料口排出。

反击式破碎机主要零部件有弹簧、拉杆、前反击架、后反击架、反击衬板、方钢、反击衬板螺栓、翻盖装置、主轴、板锤、转子架、衬板、锁紧块、压紧板等。可处理边长 100～500mm 的物料，抗压强度最高可达 350MPa，具有破碎比大、破碎后物料呈立方体颗粒等优点。

该设备具有以下特点：①使用范围广，可处理湿度较大的物料，有效防止物料的粘结，无须配备底部筛板，可有效防止堵塞现象；②采用高强度耐磨的组合锤头，使用寿命长，提高了锤头使用寿命和安全性；③备件更换简便，维护费用少；④轴承处润滑直接由液压站供应，无需人工供给，降低工人劳动强度；⑤进料口大，破碎腔高，适应物料硬度高、块度大、产品粉料少；⑥功能全、生产效率高、机件磨耗小、综合效率高。

4.2.3.4　圆锥破碎机

圆锥破碎机适用于冶金、建筑、筑路、化学及硅酸盐行业，根据破碎原理的产品颗粒大小，又分为很多型号。应用于装饰装修垃圾细碎领域时，做专用高腔型设计，如图 4-9 所示。

图 4-9　圆锥破碎机

1—传动轴；2—传动轴套；3—大、小齿轮；4—主轴；5—平衡圈；6—蓄能器；7—动锥上衬套；8—球面瓦；
9—球面轴承；10—主机架；11—调整套；12—支撑套；13—锁紧缸；14—锁紧螺钉；15—压帽；16—切割块；
17—给料斗；18—液压调整马达；19—锥体；20—轧臼壁；21—主轴衬套；22—破碎壁；
23—偏心套；24—动锥下衬套

圆锥破碎机破碎比大、效率高、能耗低，产品粒度均匀，适合中碎和细碎。全机由传动装置、主轴、筒体、上盖及底座等部分组成，电动机经梯形三角带带动主轴旋转，主轴上装有锤头，物料从上部给料口进入机内，并靠重力下落，物料连续受到高速旋转的锤头的一系列冲击而被破碎，然后从下部排料口卸出[73]。

物料自上口加入，落入破碎腔，受到高速旋转板锤的打击，而迅速抛向反击板，撞击后被反弹到锤板上，再次受到打击。如此高频次的打击与反击，使物料由大到小逐渐被破碎，较小的物料落到下层破碎腔，受到高速旋转密集锤头的打击，重复上层破碎过程。由于型腔较小，锤头与反击板齿刃之间对部分物料施加剪切应力，进行铣削，加速物料的细碎。同时，锤头带动物料产生流动，相互间产生很大的研磨作用，使物料进一步细碎，直至破碎成所要求的粒度[74][75]。

该设备具有以下特点：①破碎比大，进料最大粒度 100～220mm，出料粒度≤10mm 的颗粒占 70％以上；②产量高，其破碎过程为通过式破碎，高效、节能；③易损件采用高硬度、高韧性多元合金耐磨材料，磨损少，寿命长；④锤头与反击板间距可实现微调，确保产品粒度均匀；⑤锤头可反转使用，锤头的利用率大大提高；⑥多级连续破碎腔，使能量和空间得到充分利用，从而提高机器的性能；运转平稳、噪声低、振动小、密封性好、操作方便[76]。

影响圆锥破碎机生产能力的因素主要有：①圆锥破碎机腔形是由破碎壁（动锥）和轧臼壁（定锥）所形成的工作空间。腔形设计的好坏，对破碎机的经济技术指标（生产率、能耗、破碎产品粒度和粒形及破碎壁和轧臼壁磨损等）有重大影响。②破碎机工作参数对破碎腔内散体物料运动特性有直接影响，主要表现为破碎机主轴旋摆速度对散体物料运动状态的影响，进而对破碎机工作性能（生产率和破碎产品粒度分布等）产生重要影响。③圆锥破碎机破碎腔摆动行程对破碎机工作性能有重要影响，当增加摆动行程时，破碎腔各破碎层实际进给压缩比增大，破碎产品质量改善，标定排料粒度提高，当减小摆动行程时，破碎腔各破碎层实际进给压缩比减小，破碎产品质量降低，标定排料粒度减小。

4.2.3.5 专用锤式破碎机

装饰装修垃圾不同于普通砂石料，其组成中既有混凝土、砖瓦、钢筋等硬质性组分，又有塑料、木材、织物等柔韧性组分，需要两者兼顾的中破设备。而专用锤式破碎机设计了特殊的固定刀、锤头，可形成冲击和剪切双重作用柔韧性与硬脆性高度混杂物料的高适应性破碎，如图 4-10 所示。

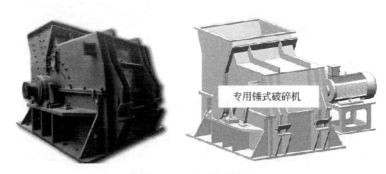

图 4-10 专用锤式破碎机

该设备由壳体、弧形篦板、锤组等部件组成。锤组绕一预定中心作弧线运动，并与弧形篦板形成第一预定间隙。弧形篦板的一端处设置有齿板，当锤组运动至与齿板相对位置时，齿板与锤体形成第二预定间隙。由于设置了齿板，当建筑垃圾中混有的塑料、木块、细钢筋等杂物经过齿板后，该齿板与锤体配合实现对塑料、木块、细钢筋进行多个方向的剪切和拉扯，从而使塑料、木块、细钢筋破碎或撕裂。第一预定间隙保证了破碎机出料粒径，而第二预定间隙使得较大的建筑垃圾块不会卡死在齿板处。破碎机工作时，电机带动转子作高速旋转，物料均匀的进入破碎机腔中，高速回转的锤头冲击、剪切撕裂物料致物料被破碎，同时，物料自身的重力作用使物料从高速旋转的锤头冲向架体内挡板、筛条，大于筛孔尺寸的物料阻留在筛板上继续受到锤子的打击和研磨，直到破碎至所需出料粒度最后通过筛板排出机外[77]。

通过上述针对性设计，专用锤式破碎机具有以下特点：适合脆性物料与韧性物料混合的装修垃圾的破碎，生产率高、破碎比大、能耗低、产品粒度均匀、过粉碎现象少、结构紧凑、维修和更换易损件简单容易。

4.2.3.6　齿辊式破碎机

齿辊式破碎机主要由辊轮组成、辊轮支撑轴承、压紧和调节装置以及驱动装置等部分组成。物料由上部给入，破碎在两个辊间形成的空隙中进行，破碎后的物料借重力自行排出，如图 4-11 所示。

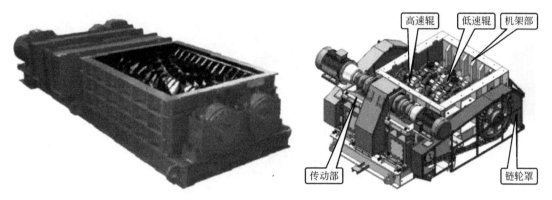

图 4-11　齿辊式破碎机

齿辊式破碎机主要采用耐磨齿辊高速旋转对物料进行劈裂破碎（或采用低速挤压破碎），分为双齿辊式和四齿辊式两大系列，双齿辊式破碎机为机械弹簧式（2PCM），该齿辊式破碎机可根据破碎物料特性和要求分别配用粗齿辊或中齿辊，四齿辊式破碎机实际由两台双齿辊式破碎机组合而成。

该设备具有以下特点：①液压站液压马达驱动；②齿形优化设计，拉剪力选择破碎，高效低耗，出粒均匀；③过粉碎量少、噪声小、振动小、维修简单方便；④配有液压自动退让装置，能有效防止铁块对齿辊的破坏和木块及柔性物体对齿辊正常工作的危害；⑤主副齿结构转速不同，均可变频调速，卡料时可反转，有剪切撕裂功能，机架底座安装减振垫，齿辊间隙可调整；⑥电动机与减速器之间用限矩型液力偶合器连接，防止动力过载，具有传感器过载保护，安全可靠[78]。

4.2.3.7　冲击式破碎机

冲击式破碎机又称冲击破，俗称制砂机，是一种高能低耗设备，广泛用于水泥、建筑骨料、人工造砂、河卵石、山石、矿石尾矿的人工制砂作业，特别对中硬、特硬及磨蚀性物料更具有优越性，如图 4-12 所示。

冲击式破碎机工作原理为"石打石"。物料由机器上部直接落入高速旋转的转盘，在高速离心力的作用下，与另一部分以伞形分流在转盘四周的靶石产生高速度的撞击与高密度的粉碎。被加速甩出的物料与自然下落的物料冲撞时又形成涡流运动，返回过程中又进行多次互相打击、摩擦、粉碎，破碎后物料从下部直通排出。因此，在冲击式破碎机运行

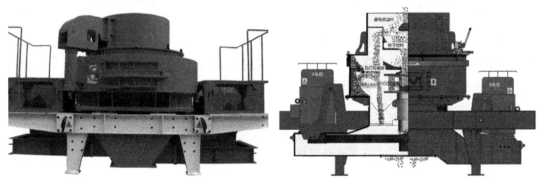

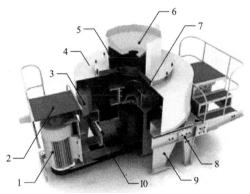

图 4-12 冲击式破碎机

1—主电机；2—平台；3—衬管；4—机壳；5—控制装置；6—进料口；
7—转子；8—机架；9—排料口；10—皮带轮

过程中对机器反击板的磨损很小[79]。

该设备具有以下特点：①破碎效率高，具有细碎、粗磨功能；结构简单、安装维修方便、运行成本低；②通过非破碎物料能力强，受物料水分含量影响小，含水分可达 8%；③产品粒形优异，呈立方体，针片状含量极低，适宜骨料整形、人工制砂及高等级公路骨料生产。

4.2.4 筛分环节

4.2.4.1 筛分机理

筛分就是将颗粒大小不等的混合物料，通过单层或多层筛子分成若干个不同粒度级别的过程。装饰装修垃圾经过破碎后，常以各种粒度不等的物料混合存在，有的物料甚至还含有水分、黏土或其他杂质，须通过筛分以满足生产工艺及操作过程要求。筛分可分为干法和湿法两种，干法应用较广泛，但对于潮湿物料，特别是潮湿并夹杂泥质的物料进行干法筛分会很困难，就需要在筛面上喷水，以将细粒级及泥质冲洗掉。

松散物料的筛分过程可分为两个阶段：①易于穿过筛孔的颗粒通过不能穿过筛孔的颗粒所组成的物料层到达筛面；②易于穿过筛孔的颗粒透过筛孔[77]。

实践表明，物料粒度小于 3/4 筛孔孔径的颗粒，很容易通过粗粒物料形成的间隙到达筛面，并在到达筛面后很快透过筛孔，这种颗粒称为"易筛粒"。物料粒度小于筛孔孔径但大于 3/4 筛孔孔径的颗粒，通过粗粒物料的间隙会比较困难，粒径越接近筛孔尺寸，透过筛孔的困难程度就越大，因此，这种颗粒称为"难筛粒"。装饰装修垃圾通过筛孔易受到以下因素影响：筛孔大小；颗粒与筛孔的相对大小；筛面的有效面积；颗粒运动方向与筛面所成的角度；颗粒的含水量和含泥量等。

针对装饰装修垃圾处理过程，通常采用的筛分设备有滚筒筛、振动筛、棒条筛、弛张筛等。

4.2.4.2　滚筒筛

滚筒筛是装饰装修垃圾分选中应用非常广泛的一种设备，其筒体一般分几段，筛孔由小到大排列，每一段上的筛孔孔径相同。物料在滚筒内翻转、滚动，使卡在筛孔中的物料可被弹出，防止筛孔堵塞[80]，如图 4-13 所示。

图 4-13　滚筒筛

滚筒筛的滚筒装置倾斜安装于机架上，电动机经减速机与滚筒装置通过联轴器连接在一起，驱动滚筒装置绕其轴线转动。当物料进入滚筒装置后，由于滚筒装置的倾斜与转动，使筛面上的物料翻转、滚动，合格物料（筛下产品）经滚筒后端底部的出料口排出，不合格物料（筛上产品）经滚筒尾部的排料口排出。由于物料在滚筒内翻转、滚动，使卡在筛孔中的物料可被弹出，防止筛孔堵塞。

为提高分选精度，避免小颗粒物料在大孔径筛分段被筛分出来的情况，垃圾在滚筒筛中必须经过充分的翻转。通常在滚筒内壁安装有上挠板提升垃圾颗粒，使不同粒径的垃圾颗粒都有机会接触到筛孔，如果符合孔径要求，颗粒就能透筛，达到滚筒筛分选目的。为提高筛分效率，垃圾在滚筒筛内移动的速度不能过快，否则将造成筛分不充分、不彻底，因此滚筒筛一般都有比较严格规定的安装倾角，一般为 5°，可根据实际情况需要进行调整。

该设备具有以下特点：①采用分体式结构，滚圈分别设置轴向和径向骨架，耐冲击；②筒体和滚圈法兰连接，方便拆卸和检修；③多电机双侧驱动，系统平衡性较好，运行稳定；④筛板耐磨、抗冲击；⑤可根据物料层厚度，转速可调；⑥带双侧走道，从出料口有检修通道；⑦罩体两侧布置可开启观察窗。

4.2.4.3　振动筛

按振动频率是否接近或远离共振频率，振动筛可分为共振筛和惯性振动筛。在生产实践中，共振筛暴露出结构复杂、调整困难、故障较多等缺点较少应用。惯性振动筛按振动器的形式可分为单轴振动筛和双轴振动筛，均靠固定在其中部的带偏心块的惯性振动器驱动而使筛箱产生振动；由于其激振器结构简单、工作可靠、便于维修等优点得到广泛应用。

振动筛分类方法较多，例如，按支撑弹簧的结构不同，可分为线性弹簧振动筛和非线性弹簧振动筛；按支承装置安装位置不同，可分为坐式振动筛和吊式振动筛；按筛箱与水平面是否呈一定角度安装，可分为水平筛和倾斜筛；按工作频率可分为高频振动筛和低频振动筛等。实际最常用分类方法是按照筛箱运动轨迹分为圆振动筛和直线振动筛，由于制造与安装偏差，圆振动筛实际筛箱运动轨迹一般为椭圆；直线振动筛筛箱的运动轨迹也只是接近直线。由于圆振动筛激振器是一根轴又称单轴振动筛，直线振动筛的激振器由两根轴组成，也称双轴振动筛。

（1）圆振动筛

圆振动筛是一种高精度细粉筛分设备，适用于粒、粉、黏液等物料的筛分过滤。如无特殊要求，YA 和 2YA 型为纺织筛面，YAH 型为冲孔筛面。圆形振动筛主要由筛箱、筛网、振动器、减振弹簧装置、底架、悬挂（或支承）装置及电动机等组成，如图 4-14 所示。

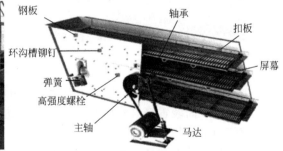

图 4-14　圆振动筛

圆振动筛具有如下特点：①效率高、快速换网；②噪声低；③全封闭结构，上密封罩与筛机本体使用软连接，上密封罩吊挂，加装收尘风管，无粉尘泄漏[81]。

（2）直线振动筛

直线振动筛利用振动电机激振作为振动源，使物料在筛网上被抛起，同时向前作直线运动，物料从给料机均匀地进入筛分机的进料口，通过多层筛网产生数种规格的筛上物、筛下物、分别从各自的出口排出。具有耗能低、产量高、结构简单、易维修、全封闭结构，无粉尘溢散，自动排料，更适合于流水线作业。该设备主要用于对粉状、颗粒状物料的筛选和分级，广泛应用于煤炭、矿山、建材、化工等行业，如图 4-15 所示。

直线振动筛工作时，两台振动电机做同步、反复旋转时，其偏心块所产生的激振力在平行于电机轴线的方向相互抵消，在垂直于电机轴的方向叠为一个合力，因此筛机的运动轨迹为一直线。两电机轴相对筛面有一倾角，在激振力和物料自重力的合力作用下，物料

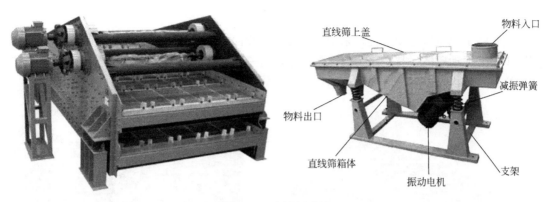

图 4-15 直线振动筛

在筛面上被抛起跳跃式向前作直线运动，从而达到对物料进行筛选和分级的目的。

直线振动筛具有以下特点：①密封性好、极少粉尘溢散；②耗能少、噪声低、筛网使用寿命长；③筛分精度高、处理量大、结构简单；④全封闭结构、自动排料、更适合于流水线作业；⑤筛体各部分均采用扎制钢板及型材焊接而成（部分组体间为螺栓连接）整体刚度好，牢固可靠。

4.2.4.4 棒条筛

棒条筛是一种具有特殊筛面的通用筛分设备，其最大特点在于其筛分效率高，相对处理量大且不易堵孔，尤其适于对水分高、黏性大物料的筛分，广泛用于煤矿、化工、冶金、电力、建材等行业对块状及中小颗粒物料的分级处理，如图 4-16 所示。

图 4-16 棒条筛

棒条筛由许多棒条组成，筛面与水平呈一角度，筛分矿石时倾角为 40°～45°，筛分潮湿物料时倾角增大 5°～10°。棒条筛工作时，由激振器产生的激振力通过筛箱传递给筛面，因激振器产生激振力为纵向力，迫使筛箱带动筛网面做纵向前后位移。在一定条件下，筛网面上的物料受激振力的作用而被向前抛起，落下时小于筛孔的物料则透筛而落到下层，棒条式振动筛物料在筛网面上的运动轨迹为抛物运动，从而完成筛分作业。

该设备具有以下特点：①采用盲板加棒条形式的给料面，适用于破碎机前大块物料的均匀给料，特别适用于粗碎或中碎前的给料用；②棒条缝隙可调，能在给料的同时将泥土和细碎物料分离出去，有效地发挥了后面的破碎机功能；③结构简单、维护方便、强度高、耐冲击、耐磨损、低噪声[82]。

161

4.2.4.5 弛张筛

弛张筛是双质体振动系统，采用聚氨酚橡胶筛面，支承筛面的任意两根相邻横梁都分别属于两个振动质体，其中一个质体是筛箱，另一个质体是配重。在工作时，筛网交替拉紧和松弛，使物料产生前进弹跳运动，可避免物料黏附筛网并堵塞筛孔，如图 4-17 所示。

图 4-17　弛张筛

弛张筛是一种用于对细、粘、湿（如黏性较大的高水分原料的中、细粒度的分级）等难筛分性物料进行筛分的设备，尤其是在所处理的物料易于堵塞筛网的情况下，弛张筛能够以相对较小的筛网面积达到非常高的筛分效率，并保证筛网不堵塞[83]。

4.2.5　分选环节

装饰装修垃圾中杂物高度混杂且占比较大，核心分选工艺和分选设备的选取决定最终再生骨料产品品质和整套工艺技术的成败。

4.2.5.1 分选工艺

在目前的资源化处置工艺中，通常做法为"机械分选为主，人工分拣为辅"。即通过机械进行中细粒径杂物的分选，而对于大粒径物料，为提高处理效率，避免"大垃圾变小垃圾"，应尽量在破碎前人工将杂物分离。

在目前装饰装修垃圾产生源场景下，人工分拣仍为不可或缺的工艺环节。而人工分拣也存在诸多问题：①物料粗重、作业连续、间隔时间短，劳动强度大；②不可避免存在粉尘和噪声、振动等影响，分拣环境差；③随着社会经济发展，此类型岗位招聘困难，且人工成本高；④长时间、高强度、高专注度工作环境下，分拣质量不易保证。因此，以智能分拣代替人工成为行业内诸多公司研发的热点。随着人工智能技术的不断发展并与建筑垃圾处置行业的融合，智能分拣技术已取得了部分研究成果，但在国内尚无成功运行案例。

目前装饰装修垃圾机械分选技术主要有湿法水浮选、传统干法风选及新型干法风选。

（1）湿法水浮选

采用水浮选处置装饰装修垃圾的常规工艺为：垃圾经预分拣、破碎、除土后，进入浮选机进行分选，分选出来的轻质物和骨料经脱水后进入下一环节。

（2）传统干法风选

传统干法风选是一种以空气为分选介质，在气流作用下使轻质物料从重物料中分离出来的工艺，具有设备投资低、通过量大等优点。

（3）新型干法风选

该工艺有别于传统干法之处在于增加了对物料的振动作用，可有效打散料层，使气流与轻质杂物充分接触，实现高含杂物料中轻、重物质的分离，是目前较为主流的分选技术。

适用于装饰装修垃圾机械分拣的三类工艺对比如表 4-1 所示。

装饰装修垃圾机械分拣的三类工艺对比　　　　　　　　　　表 4-1

	湿法水浮选	传统干法风选	新型干法风选
技术原理	利用水的浮力将轻物料和重物料分开	以空气为分选介质，在气流作用下使轻物料从重物料中分离出来	以振动和风力的联合作用，实现高含杂物料中轻、重物料的高效分离
优点	①分选环节产尘量小； ②再生骨料产品泥块、微粉含量低	①设备投资低、处理能力大； ②无需水源，无污水排放	①分选精度高、生产运营成本低； ②无粉尘外溢、无污水排放，操作环境好
缺点	①占地面积大、需配套污水处理系统、生产运营成本高； ②进料含泥量过大会导致污水处理系统难以正常运行； ③某些杂物的含水量和物理特性易受改变，造成分选精度下降	①对高含杂进料分选能力有限，分选精度低； ②废气难以收集，易形成粉尘外溢	需配置废气净化系统

4.2.5.2　正压风选机

正压风选机按气流吹入方向可分为卧式、立式等，如图 4-18 所示。

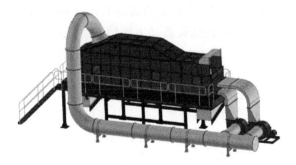

　　　　(a)卧式正压风选机　　　　　　　　　　　　(b)立式正压风选机

图 4-18　正压风选机

卧式正压风选机采用干法风选工艺，其基本原理是在可控正压气流的作用下，将较轻的物料向上带走或在水平方向带向较远的地方，而重物料则由于向上气流不能支承它而沉降，或是由于重物料的足够惯性而不被剧烈改变方向穿过气流沉降。被气流带走的轻物料再进一步从气流中分离出来，一般用旋流器分离。

立式正压风选机基本原理是物料下落过程中，会落到内部的台阶上，进行多次的打散，在重物料下降的过程中，反向的气流可以带走轻物料。

4.2.5.3 负压风选机

负压风选机主要功能就是利用吸风（负压）的作用，将垃圾筛上物中的轻物（薄塑料、干燥的纸张、干树叶等）分选出来，用于分选空间较紧凑、分选效率要求不太高的垃圾处理线中，如图 4-19 所示。

图 4-19　负压风选机

负压风选机采用干法风选工艺，其运行过程无灰尘产生，是集分选、除尘功能为一体的综合性设备。通过调整风机的风速及风量，使物料在较佳的流速和流量下有效分离，分选出的轻物料进入物料分离器，废气和轻物料得到分离，废气粉尘进入除尘系统处理后排出。

4.2.5.4 振动风选设备

装饰装修垃圾中可用于再生利用的混凝土、砖瓦等硬质组分与粘渣土的木材、硬塑料等轻质杂物比重差异小，且成分复杂、均质性差，造成单纯依靠正压或负压进行风选难以实现轻物质的有效分离，重物料中杂物混杂严重，且处理能力小，适用对象窄，难以大范围推广。

北京建工资源循环利用投资有限公司率先提出了有别于传统干法的新型精细化风选技术，构建了颗粒在复合力场下的运动模型，采用了 EDEM 离散元仿真与 Fluent 流体仿真耦合分析、多体动力学软件 MSC. ADAMS 及振动理论优化设备动力学特性等先进技术，研发了系列基于全密封微负压环境的精细化分选设备，实现了高混杂建筑垃圾中轻质杂物分选效率达 97.5%，如图 4-20 所示。

振动风选机用于大粒径物料的粗分选或含杂率低的骨料的精分选，根据不同重量物料在相同风力作用下产生的差异化运动轨迹，实现轻、重物料分离。复合分选机用于中粒径物料的精分选，通过多锯齿筛板振动与可控整流筛板下送风耦合作用实现物料分层和轻物质上浮，沉到筛底的重物质受到振动力作用向多锯齿筛板高处加快运动，上浮到上层的轻物质受到风力作用向筛板低处运动，轻重物质反向运动实现分离。高精度分选机用于小粒径物料的精分选，利用细粒径物料在高速均布气流作用下发生的流化和运动分层，经负压吸引达到分离除杂目的。

4.2.5.5 浮选机

装饰装修垃圾浮选机通过水循环装置使箱体内的水循环流动，破布、纸片、塑料、木屑等轻物质浮出水面，重物质下沉，从而实现杂物分选分离，如图 4-21 所示。

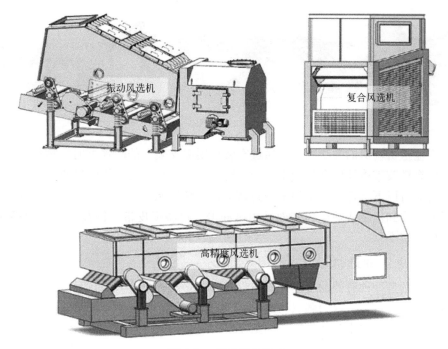

图 4-20　振动风选设备

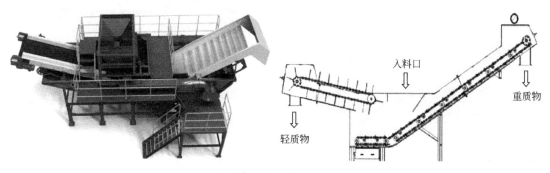

图 4-21　浮选机

装饰装修垃圾浮选机采用湿法水浮选，主要利用流体力学和阿基米德原理，使通过料仓进入箱体内的物料随循环水浮起，物料中的重质物料下沉到重物质输送皮带机上，轻物质随循环水进入回转格栅，使重质物料和轻质物料分别输出，实现不同密度固体物料的分选。同时箱体中的循环水可以起到清洗物料表面的附着物和粉尘的作用，从而减少粉尘排放，保护环境。

4.2.5.6　除铁器

除铁器主要用于装饰装修垃圾再生骨料中铁类金属的分离，防止含铁金属进入下一工艺，引起物料堵塞和设备损坏，可实现连续不断的吸、弃铁。按磁源分为电磁、永磁除铁器两大类。按卸铁方式分为自动除铁和手工除铁。按安装方式分为悬挂式除铁器、磁滚筒、管道式除铁器、平板除铁器。按冷却方式分为自冷式、油冷式、强迫风冷式，如图 4-22所示。

图 4-22　除铁器

被皮带输送机输送的散状物料，通过安装在尾部支架上的除铁器时，物料中的铁磁杂物被吸，由弃铁胶带将铁磁杂物拽至电动滚筒卸下，达到自动除铁的目的。

该设备具有以下特点：①采用全密封结构，防潮性能好；②结构合理、自重轻、吸力大、能耗低；③卸铁带式输送机带面采用抗冲击、耐磨损皮带（铠装），皮带两侧设置防止跑偏挡住边辊[84]。

4.2.5.7　涡电流分选机

涡电流分选是一种有效的有色金属回收方法。它具有分选效果优良，适应性强，机械结构可靠，结构质量轻、斥力强（可调节）、分选效率高以及处理量大等优点，可使一些有色金属从电子废弃物中分离出来，如图 4-23 所示。

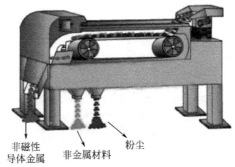

非磁性导体金属　　非金属材料　　粉尘

图 4-23　涡电流分选机

当含有非磁性导体金属的物料以一定的速度通过一个交变磁场时，这些非磁性导体金属中会产生感应涡流。由于物料流与磁场有一个相对运动的速度，从而对产生涡流的金属片、块有一个推力。利用此原理可使一些有色金属从混合物料流中分离出来。作用于金属上的推力取决于金属片块的尺寸、形状和不规整的程度。分离推力的方向与磁场方向及物料流的方向均呈 90°。

4.2.6　输送环节

针对装饰装修垃圾处理过程，通常采用的输送设备有带式输送机、大倾角带式输送机、刮板输送机、斗式提升机、螺旋输送机、轻物质自动打包机等。

4.2.6.1　带式输送机

带式输送机适用于输送粉状、粒状、小块状的物料及袋装物料，具有输送能力强、输送距离远、结构简单、易于维护、能方便地实行程序化控制和自动化操作等特点。它可以将物料在一定的输送线上，从最初的供料点到最终的卸料点间形成一种物料的输送流程；既可以进行碎散物料的输送，也可以进行成件物品的输送。除进行纯粹的物料输送外，还可以与各工业企业生产流程中的工艺过程的要求相配合，形成有节奏的流水作业运输线[85]，如图4-24所示。

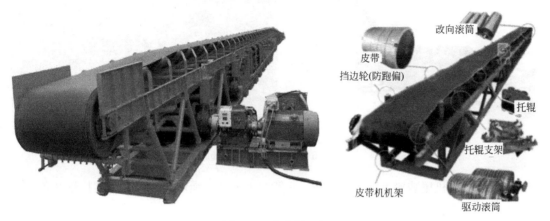

图4-24　带式输送机

带式输送机主要由两个端点滚筒及紧套其上的闭合输送带组成。带动输送带转动的滚筒称为驱动滚筒（传动滚筒）；另一个仅在于改变输送带运动方向的滚筒称为改向滚筒。驱动滚筒由电动机通过减速器驱动，输送带依靠驱动滚筒与输送带之间的摩擦力拖动。驱动滚筒一般都装在卸料端，以增大牵引力，有利于拖动。物料由喂料端喂入，落在转动的输送带上，依靠输送带摩擦带动运送到卸料端卸出。

在带式输送机沿线，靠近架空乘人器一侧架设安全网，防止物料飞出发生伤害事故；带式输送机传动滚筒、改向滚筒设安全罩；张紧装置周围设安全栏杆；其他回转或移动部位设安全栏杆或安全罩。防止人员触及，发生伤害事故。

该设备具有以下特点：①运行可靠。适用于需要连续运行的重要的生产单位。②动力消耗低。由于物料与输送带几乎无相对移动，不仅使运行阻力小（约为刮板输送机的1/3～1/5)，而且对物料的磨损和破碎均小，生产率高。③输送线路适应性强又灵活。线路长度根据需要而定，可以安装在有限空间内，也可以架设在地面和上空。④受卸料灵活。根据工艺流程要求，带式输送机能非常灵活地从一点或多点受料，也可以向多点或几个区段卸料。⑤物料可简单地从输送机头部卸出，也可通过犁式卸料器或移动卸料车在输送带长度方向的任一点卸料。

4.2.6.2　大倾角带式输送机

大倾角带式输送机主要用于散装物料的大倾角连续输送，采用具有波状挡边和横隔板的输送带，输送倾角为0°～90°（70°以下最好）。广泛用于煤炭、粮食、建材、化工、水电、农业、港口和冶金等行业部门。具有通用带式输送机水平或小倾角输送可靠性高，节能和提升物料可靠经济等优点，如图4-25所示。

大倾角带式输送机主要分为花纹输送带式或深槽型带式输送机、波状挡边带式输送机、压带式输送机等。除卸载部、传动部、驱动部、制动器、逆止器、张紧装置、机身、

图 4-25　大倾角带式输送机

深槽托辊装置及机尾装置等常规部件外，一般要求采用钢绳芯输送带、深槽托辊装置、软启动及功率平衡系统。

　　该设备具有以下特点：①使用花纹输送带或深槽型带式输送机，可以实现提升角度 $16°\sim32°$ 的物料输送，与其他形式的大倾角带式输送机相比，结构简单，运行可靠；使用特制的波状挡边输送带，专为大倾角输送物料所设计，提升角度可达 $90°$，运行平稳、可靠，噪声小，能耗小。②波状挡边输送带是在通用的输送带（织物芯带或钢绳芯带）两侧粘上不同高度的可弯曲、可伸缩的 S 形或 W 形橡胶波状挡边，同时在两条挡边之间的基带上依一定间距粘上横隔板，以便装运物料。③横隔板的截面可为 T 形、C 形或 TC 形。④输送机的倾角可在 $0°\sim90°$ 变动，输送线路通常布置成 Z 形、L 形、C 形或直线形。⑤输送机的满载托辊和空载托辊均为平行托辊。⑥利用反压轮压住输送带的两个侧边，可使输送线路迅速地由水平变成倾斜（或相反）。⑦一般用振打轮或振打装置使输送带上下振动清除粘料。⑧与斗式提升机相比，大倾角带式输送机输送能力大、能耗小、便于维修[86]。

4.2.6.3　刮板输送机

　　刮板输送机主要用于再生骨料配料、卸料和除尘器反吹灰分输送，如图 4-26 所示。

　　刮板输送机是用刮板链牵引，在槽内运送散料的机械，根据输送物料性状的不同分为多个型号。刮板输送机的工作原理是，将敞开的溜槽作为物料的承受件，将刮板固定在链条上（组成刮板链）作为牵引构件。当机头传动部启动后，带动机头轴上的链轮旋转，使刮板链循环运行带动物料沿着溜槽移动，直至到机头部卸载。刮板链绕过链轮作无级闭合循环运行，完成物料的输送。

　　刮板输送机设备具有以下特点：①结构坚实。能经受住物料的冲、撞、砸、压等外力作用；②可以承受垂直或水平方向的弯曲；③机身矮，便于安装；④可反向运行，便于处理底链事故；⑤结构简单，在输送长度上可任意点进料或卸料；⑥机壳密闭，可以防止输送物料时粉尘飞扬而污染环境；⑦当其尾部不设置机壳，并将刮板插入料堆时，可自行取料输送。

　　针对粉状物料，可选用 FU 刮板输送机，可用于水平或倾斜（≤15°）输送，广泛用于建材、建筑、化工、火电、矿山等行业。FU 刮板输送机设备具有以下特点：①输送能力

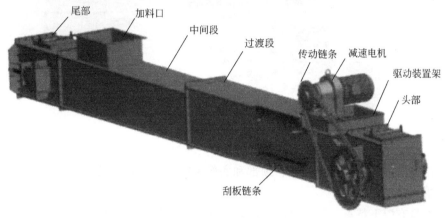

图 4-26　刮板输送机

大，允许在较小空间内输送大量物料，输送量达 6~600m³/h；②输送能耗低，与螺旋输送机相比节电 50%；③密封性能好，全密封的机壳对环境污染小；④使用寿命长，输送链用合金钢材经先进热处理手段加工而成，正常寿命＞5 年，链上的滚子寿命≥2~3 年；⑤节省费用，节电且耐用，维修少，降低消耗，提高效益；⑥工艺布置灵活，可水平或爬坡（≤15°）。

4.2.6.4　斗式提升机

斗式提升机是利用均匀固接于无端牵引构件上的一系列料斗，竖向提升物料的连续输送机械。斗式提升机利用一系列固接在牵引链或胶带上的料斗在竖直或接近竖直方向内向上运送散料，分为环链、板链和皮带 3 种，如图 4-27 所示。

斗式提升机适用于低处往高处提升，供应物料通过振动台投入料斗后机器自动连续运转向上运送。根据传送量可调节传送速度，并随需选择提升高度。斗式提升机使用广泛，所有尺寸均按照实际需要设计制造，可通过包装机的信号识别控制机器的自动启停。

将物料从下面料斗中舀起，随着输送带或链提升到顶部，绕过顶轮后向下翻转，将物料倾入接收槽内。带传动的斗式提升机的传动带一般采用橡胶带，装在下或上面的传动滚筒和上下面的改向滚筒上。链传动的斗式提升机一般装有两条平行的传动链，上或下面有一对传动链轮，下或上面是一对改向链轮。斗式提升机一般都装有机壳，以防止粉尘飞扬。

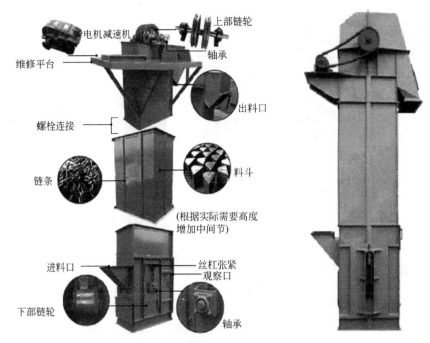

图 4-27　斗式提升机

斗式提升机由料斗、驱动装置、顶部和底部滚筒（或链轮）、胶带（或牵引链条）、张紧装置和机壳等组成。

该设备具有以下特点：①驱动功率小，采用流入式喂料、诱导式卸料、大容量的料斗密集型布置，在物料提升时几乎无回料和挖料现象，因此无效功率少；②提升范围广，这类提升机对物料的种类、特性要求少，不但能提升一般粉状、小颗粒状物料，而且可提升磨琢性较大的物料，密封性好，环境污染少；③运行可靠性好，采用先进的设计原理和加工方法，保证了整机运行的可靠性，无故障时间超过 2 万 h，提升高度高，提升机运行平稳；④使用寿命长，提升机的喂料采取流入式，无需用斗挖料，材料之间很少发生挤压和碰撞现象，在设计时保证物料在喂料、卸料时少有撒落，减少了机械磨损[87]。

4.2.6.5　螺旋输送机

螺旋输送机是一种利用电机带动螺旋回转，推移物料以实现输送目的的机械。它能水平、倾斜或垂直输送，具有结构简单、横截面积小、密封性好、操作方便、维修容易、便于封闭运输等优点，如图 4-28 所示。

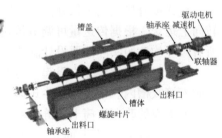

图 4-28　螺旋输送机

螺旋输送机按输送形式分为有轴螺旋输送机和无轴螺旋输送机，在外形上分为U形螺旋输送机和管式螺旋输送机，可进行双螺旋布置或单螺旋布置。有轴螺旋输送机适用于无黏性的干粉物料和小颗粒物料（如水泥、粉煤灰、石灰等）而无轴螺旋输送机适合输送具有黏性的和易缠绕的物料（如污泥、生物质、垃圾等）。螺旋输送机配套料仓可实现定量均匀给料。

螺旋输送机的工作原理是，旋转的螺旋叶片将物料推移而进行螺旋输送机输送，使物料不与螺旋输送机叶片一起旋转的力是物料自身重量和螺旋输送机机壳对物料的摩擦阻力。螺旋输送机旋转轴上焊的螺旋叶片，叶片的面型根据输送物料的不同有实体面型、带式面型、叶片面型等形式。螺旋输送机的螺旋轴在物料运动方向的终端有止推轴承以随物料给螺旋的轴向反力，在机长较长时，应加中间吊挂轴承。

双螺旋定量给料机是一种不带挠性牵引的连续输送设备。它利用两个旋转的螺旋叶片将物料沿固定的机壳内推移而进行输送，可以将物料连续均匀地输送到后续分选设备中，入料量的稳定保证分选设备能够在最佳工况下运行，提高分选效率，减少设备维护工作量。单螺旋输送机用于布袋除尘器粉尘收料及输送、风选设备细粒径骨料收料及输送。

该设备具有以下特点：①结构简单，成本低；②工作可靠，维护管理简便；③尺寸紧凑，断面尺寸小，占地面积小；④能实现密封输送，有利于输送易飞扬的、炽热的及气味强烈的物料，可减小对环境的污染，改善工人的作业条件；⑤受料卸料方便，螺旋输送机可在其输送线路上的任一点受料和卸载；⑥能逆向输送，也可使一台输送机同时向两个方向输送物料，即集向中心或远离中心；⑦单位能耗较大；⑧物料在输送过程中易于研碎及磨损，螺旋叶片和料槽的磨损也较为严重[88]。

4.2.6.6 轻物质自动打包机

轻物质自动打包机主要用于将选出的轻物料打包，减少轻物料的占地空间，利于轻物料的存放和运输。包括机架、电器柜、进料口以及主液压系统，机架内水平同轴设置有物料通道，物料通道一端上部安装进料口，进料口一侧的机架外侧同轴安装用于打包的主液压系统，电气控制系统控制液压动力系统工作，带动油缸使其对设备压板进行压缩工作。三面包板、单边进料，可有效避免误操作，方便回收多种废料并快速压实、噪声低、效率高、体积小、移动方便、操作简单安全、结实耐用，如图4-29所示。

图4-29 轻物质自动打包机

4.2.7 除尘环节

装饰装修垃圾卸料、上料、分选、破碎及输送等生产环节会产生粉尘，不但对周围环境造成不良影响，而且严重损害作业人员的身体健康，须采取相应的治理措施。

4.2.7.1 起尘源分析

装饰装修垃圾的堆放、倾倒、输送、破碎、筛分、装载等工序，以及再生产品制备过程的输送、搅拌等工序中均会产生不同影响程度的粉尘，主要为尘土和石料微细颗粒。根据工艺流程，主要的起尘点及其产生情况如下。

1）在垃圾卸料堆放区，垃圾从运输车卸料至垃圾堆放区的过程中因高度落差易产生扬尘，特点是工作区域完全敞开，空间大，倾倒瞬时粉尘浓度高，粉尘浓度变化剧烈，粉尘易于沉降。粉尘漂浮量与倾倒方式、物料性质、卸料高度、卸料速度、横向风速等因素有很大关系。此处粉尘多为大颗粒，易于沉降。车辆本身及泄漏至地面的物料也是产生扬尘的原因。

2）上料环节。铲车或挖机上料过程中因高度差易产生扬尘，具有集中、瞬时、高浓度及不易密封的特点。

3）皮带输送机转接处。此处产生粉尘的特点是粉尘浓度高、集中、不易密封、物料转运速度快、物料转运高度落差大等。

破碎机的扬尘特点为：当垂直进料口与出料口高度差 $H>2000\mathrm{mm}$ 时，上部产生的粉尘主要是物料动诱导的空气流动、剪切气流作用引起的，在处理过程中要使粉尘与物料之间的结合力大于下降过程中剪切气流的剪切力；下部产生的粉尘主要是经过破碎机的冲击而产生新的干燥面与细小颗粒物料，在下降过程中由于剪切气流作用和下降到皮带机冲击震荡扬起的粉尘，在处理过程中要使粉尘不外溢或使粉尘与物料之间的结合力大于下降过程中剪切气流的剪切力和冲击皮带产生的振动力。

筛分机产尘原因主要为前序工艺物料自身携带的粉尘，通过物料在筛面上的低幅高频振动以及物料间的碰撞所产生的飘散。另外，还有筛下物到输送带由于落差所产生的冲击而造成的扬尘。在处理时需注意对前序生产工艺中所产生的粉尘进行捕捉，最大限度减少物料进入筛分机时的粉尘携带。同时，在不影响生产的情况下进行封闭，使粉尘不外溢。

骨料堆放区、辅料堆放区、成品堆放区等的物料扬点高、堆积容积大。由于扬点高，所以受到气流剪切力比较明显，如果是细微颗粒物料，在此处的粉尘漂浮量将大大增加；堆积大面积的物料在高温风化作用下使物料表面积产生细微粉尘，微风或振动作用引起大面积无序、不规则粉尘漂浮。

4.2.7.2 除尘工艺

装饰装修垃圾综合利用工程一般既有机械设备、输送带等点状和线状起尘源，又有卸料、料坑等面源起尘源，据此特点，需采用综合的技术工艺。

1）针对卸料及料坑区域，可采用"远程雾化"的方式，即采用远程雾化设备，将水雾覆盖整个料坑面源，抑制扬尘产生。而针对分选、破碎和筛分生产线，由于设备和输送带都采用了密闭形式，可选择"负压收集＋布袋除尘"方式，结合"微米干雾除尘"方式进行处理。

2）带式输送机采用上下独立封闭的全封闭系统，有效抑制粉尘溢出。

3）车间通过布袋除尘、旋风除尘、干雾抑尘、设置封闭房间等措施有效控制粉尘排放。

4）全封闭系统设计结合重点产尘部位的抑尘间设计，最大限度减少粉尘外溢，降低除尘负荷，提高生产线环保标准。

5）风选吸入口合理设置，兼做环境除尘，减少了整体收尘负荷，提升了厂房内环境舒适性。

6）在易产生粉尘部位合理设置收尘口，合理规划管道路径，控制粉尘溢出。

4.2.7.3　干法除尘系统设计

干法除尘系统由集气吸尘罩、进气管道、除尘器、排灰装置、风机、电机、消声器和排气烟囱等组成。可根据需要布置为就地、分散、集中等多种形式。

（1）集气吸尘罩

1）位置要求

对破碎、筛分、运输设备，应避开含尘气流中心，以防吸出大量粉料；对胶带机受料点，吸尘罩与卸料溜槽相邻两边之间的距离应为溜槽边长的 0.75～1.5 倍，但不小于 300～500mm；罩口离胶带机表面高度不小于胶带机宽度的 0.6 倍；当卸料溜槽与胶带机倾斜交料时，应在溜槽前方布置吸尘罩；当卸料溜槽与胶带机垂直交料时，宜在溜槽的前、后方均设吸尘罩；吸尘罩不宜靠近敞开的孔洞（如观察孔、出料口等），以免吸入罩外空气。

2）吸尘罩形式

风管可直接接在大容积密闭罩和料仓上，只要不会吸出粉料即可；一般为密闭罩和伞形罩。

3）罩口风速

局部密闭时，罩口平均风速不宜大于下列数值：细粉料的筛分 0.6m/s；物料的粉碎 2.0m/s；粗颗粒物料破碎 3.0m/s。用敞开罩控制粉尘时，罩口风速应按侧吸罩要求确定。

（2）枝状管网

1）管路连接复杂，各支管的阻力平衡较难。

2）占地少，无管道的粉尘输送设备，比较简单。

3）含尘气体管道风速一般采取 15～25m/s。

4）三通、弯管等易积尘的异形管件附近，以及水平或小坡度管段的侧面和端部应设风管检查孔。

5）为解决较长水平管道的粉尘沉积，可在水平管道上每隔一定距离设置压缩空气吹刷喷头，必要时吹起管道底部沉积的粉尘。

6）支管宜从主管的上面或侧面连接。

7）连接用三通的夹角宜采用 15°～45°，为平衡支管阻力，也可采用 45°～90°。

8）宜采用圆形钢制风管，其接头和接缝应严密，焊接加工的管道应用煤油检漏。

（3）风机

通风机露天布置时，设备应考虑防雨设施，电动机和电控设备的防护等级最低要求为 IP55。除尘系统通风机应设消声器。在除尘系统的风量呈周期性变化或排风点不同时工作引起风量变化较大的场合，应设置调速装置，如液力耦合器、变频调速装置等，以便节约能源。

（4）排风管和烟囱

集中除尘系统的烟囱高度应按大气扩散落地浓度计算，并符合相关标准中排放浓度和排放速率的要求。除尘系统的排风口设置风帽影响气体顺利向高空扩散时，可不设风帽，采用防雨排风管。穿出屋面的排风管，应与屋面孔上部固定，屋面孔直径比风管直径大40～100mm，并采取防雨措施。两个或多个邻近的除尘系统允许用一个排气烟囱排放。排风管和烟囱应设防雷措施。

（5）阀门和调节装置

对多排风点除尘系统，应在各支管便于操作的位置装设调节阀门、节流板和调节瓣等风量、风压调节装置。

（6）测定和监控

对多排风点除尘系统，应在各支管、除尘器和通风机入、出口管的直管段和排气烟囱的气流平稳处，设置风量、风压测定孔。在除尘器入、出口管以及需要测量粉尘浓度的支管、直管段气流平稳处，应设置直径不小于80mm的粉尘取样孔。凡设粉尘取样孔的地方，不再重复设置风量、风压测定孔[89]。

4.2.7.4 干法除尘设备

干法除尘设备（旋风除尘器、袋式除尘器、滤筒除尘器）主要用于装饰装修垃圾处置线上振动筛分设备、风选设备、破碎设备扬尘收集，有组织排放，如图4-30所示。

图4-30　干法除尘设备

（1）旋风除尘器

旋风除尘器的除尘机理是使含尘气流作旋转运动，借助于离心力将尘粒从气流中分离并捕集于器壁，再借助重力作用使尘粒落入灰斗。旋风除尘器的各个部件都有一定的尺寸比例，每一个比例关系的变动，都能影响旋风除尘器的效率和压力损失，其中除尘器直径、进气口尺寸、排气管直径为主要影响因素。在使用时应注意，当超过某一界限时，有利因素也能转化为不利因素。另外，有的因素对于提高除尘效率有利，但却会增加压力损失，因而对各因素的调整必须兼顾。

旋风除尘器是由进气管、排气管、圆筒体、圆锥体和灰斗组成。旋风除尘器结构简单，易于制造、安装和维护管理，设备投资和操作费用都较低，已广泛用于从气流中分离固体和液体粒子，或从液体中分离固体粒子。在普通操作条件下，作用于粒子上的离心力是重力的5～2500倍，所以旋风除尘器的效率显著高于重力沉降室。

在机械式除尘器中，旋风式除尘器是效率最高的一种。它适用于非黏性及非纤维性粉尘的去除，大多用来去除5μm以上的粒子，并联的多管旋风除尘器装置对3μm的粒子也具有80%～85%的除尘效率。从技术、经济诸方面考虑旋风除尘器压力损失控制范围一般为500～2000Pa。因此，它属于中效除尘器，多应用于多级除尘及预除尘。主要缺点是对细小尘粒（<5μm）的去除效率较低。

（2）袋式除尘器

袋式除尘器本体结构主要由上部箱体、中部箱体、下部箱体（灰斗）、清灰系统和排灰机构等部分组成，是一种干式滤尘装置。它适用于捕集细小、干燥、非纤维性粉尘。滤袋采用纺织的滤布或非纺织的毡制成，利用纤维织物的过滤作用对含尘气体进行过滤，当含尘气体进入袋式除尘器后，颗粒大、比重大的粉尘由于重力作用沉降下来，落入灰斗，含有较细小粉尘的气体在通过滤料时，粉尘被阻留，使气体得到净化。

含尘气体由除尘器下部进气管道，经导流板进入灰斗时，由于导流板的碰撞和气体速度的降低等作用，粗粒粉尘将落入灰斗中，其余细小颗粒粉尘随气体进入滤袋室，由于滤料纤维及织物的惯性、扩散、阻隔、钩挂、静电等作用，粉尘被阻留在滤袋内，净化后的气体逸出袋外，经排气管排出。滤袋上的积灰用气体逆洗法去除，清除下来的粉尘下到灰斗，经双层卸灰阀排到输灰装置。滤袋上的积灰也可以采用喷吹脉冲气流的方法去除，从而达到清灰的目的，清除下来的粉尘由排灰装置排走。袋式除尘器的除尘效率高也是与滤料分不开的，滤料性能和质量的好坏，直接关系到袋式除尘器性能的好坏和使用寿命的长短。

该设备具有以下特点：①除尘效率高，一般在99%以上，除尘器出口气体含尘浓度数量级在10mg/m³之内，对亚微米粒径的细尘有较高的分级效率；②处理风量的范围广；③结构简单，维护操作方便；在保证同样高除尘效率的前提下，造价低于电除尘器；④采用玻璃纤维、聚四氟乙烯、P84等耐高温滤料时，可在200℃以上的高温条件下运行；⑤对粉尘的特性不敏感，不受粉尘及电阻的影响。

（3）滤筒除尘器

滤筒除尘器由进风管、排风管、箱体、灰斗、清灰装置、导流装置、气流分布板、滤筒及电控装置组成，类似气箱脉冲袋除尘结构。

含尘气体进入除尘器灰斗后，由于气流断面突然扩大及气流分布板作用，气流中一部分粗大颗粒在动力和惯性力作用下沉降在灰斗中；粒度细、密度小的尘粒进入滤尘室后，通过布朗扩散和筛滤等组合效应，使粉尘沉积在滤料表面上，净化后的气体进入净气室由排气管经风机排出。

滤筒除尘器的阻力随滤料表面粉尘层厚度的增加而增大。阻力达到某一规定值时进行清灰。此时PLC程序控制脉冲阀的启闭，首先一分室提升阀关闭，将过滤气流截断，然后电磁脉冲阀开启，压缩空气以极短的时间在上箱体内迅速膨胀，涌入滤筒，使滤筒膨胀变形产生振动，并在逆向气流冲刷作用下，附着在滤袋外表面的粉尘被剥离落入灰斗中。清灰完毕后，电磁脉冲阀关闭，提升阀打开，该室又恢复过滤状态。清灰各室依次进行，从第一室清灰开始至下一次清灰开始为一个清灰周期。脱落的粉尘掉入灰斗内通过卸灰阀排出。

该设备具有以下特点：①由于滤料折褶成筒状使用，使滤料布置密度大，所以除尘器结构紧凑，体积小；②滤筒高度小，安装方便，使用维修工作量小；③同体积除尘器过滤面积相对较大，过滤风速较小，阻力不大；④滤料折褶要求两端密封严格，不能有漏气，否则会降低效果。

4.2.7.5 湿法除尘设备

（1）雾炮机

雾炮机是针对粉尘污染治理的常用设备，依靠大功率风机把水雾化成 $50\sim200\mu m$ 的水雾气喷洒到粉尘中，使其和粉尘结合，增加粉尘的湿度，从而达到喷雾除尘的效果。一般可将雾炮机分为塔式、移动式和固定式等，如图 4-31 所示。

(a) 塔式　　　　　　(b) 移动式　　　　　　(c) 固定式

图 4-31　雾炮机

塔式雾炮机是依靠大功率风机作为水雾动力源，通过高压将水雾化，雾化效果极好，在风机作用下，将水雾吹射到远方，射程高远，覆盖面广。塔式雾炮机是堆场除尘设备中的重要设备，喷射的水雾能很好地与堆场粉尘凝聚，粉尘在重力作用下降尘，除尘抑尘效果显著。

移动式雾炮机机动性很强，可以不受地域的限制，能根据堆场除尘的要求进行各个位置的除尘工作。

图 4-32　喷雾抑尘设备

固定式雾炮机安装在平台上，根据自身射程，通过旋转来实现喷雾降尘，其水平旋转 $0°\sim360°$ 可调，垂直方向 $-10°\sim60°$ 可调，可以保证场地内各处均能喷洒到位，从而起到降尘的效果。

（2）喷雾抑尘设备

喷雾抑尘设备（图 4-32）由主机、水泵组、水箱、管路、喷头等组成。该设备可产生悬浮在空气中的水雾颗粒，对悬浮在空气中的粉尘进行有效的吸附，使粉尘受重力作用沉降，从而达到抑尘作用。喷雾抑尘设备工艺流程如图 4-33 所示。

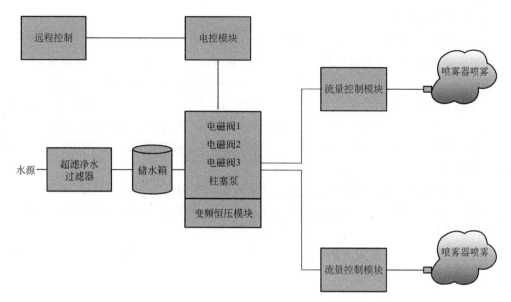

图 4-33 喷雾抑尘设备工艺流程

喷雾抑尘设备具有以下特点：①雾粒直径小，只有 3～10μm 的水雾颗粒，在捕捉约 5μm 以下的可吸入浮尘方面具有极佳的效果；②喷出的水雾角度可有锥形、扇形等；③出雾量大，耗水量极低，适合于对含水率要求低的治理现场。

4.2.8 自控环节

4.2.8.1 设计原则

基于"集中管理，分散控制"的模式和数字化、信息化环保工程的思想，着眼于工程建设，旨在建立一个先进、可靠、高效、安全且便于扩充的集过程控制、监视和计算机管理于一体的计算机监控系统，实现厂内管控一体化运营，完成对工艺过程及生产设备的远程监测与自动化控制，达到节约运行成本的目的。

设计中采用或参照的有关技术标准和规范有：《工业自动化仪表盘、柜、台、箱》GB/T 7353—1999、《电站电气部分集中控制设备及系统通用技术条件》GB/T 11920—2008、《工业系统、装置与设备以及工业产品结构原则与参照代号 第 3 部分：应用指南》GB/T 5094.3—2005、《人机界面标志标识的基本和安全规则 设备端子、导体终端和导体的标识》GB/T 4026—2019、《外壳防护等级（IP 代码）》GB/T 4208—2017、《人机界面标志标识的基本和安全规则 操作规则》GB/T 4205—2010、《自动化仪表选型设计规范》HG/T 20507—2014、《自动化仪表工程施工及质量验收规范》GB 50093—2013、《建筑机电工程抗震设计规范》GB 50981—2014、《电站仪表和控制设备接地导则》ANSI/IEEE 1050—2012、《危险区域（分等级）本安系统的安装》ANSI/IEEE RP12.6、《热电偶换算表》ISA IPTS 90、《非易燃电气设备，用于等级Ⅰ/Ⅱ、区域 2 和等级Ⅲ区域 1/2 的危险（分等级）场所》ANSI/ISA S12.12、《工业过程电子仪表模拟量信号的兼容性》ANSI/ISA S50.1、《电气和电子设备、测量和控制机相关设备的一般要求》ANSI/ISA S82.01。

4.2.8.2 系统架构

根据系统的生产管理、工艺流程和构筑物位置分布特点，设置管理、监视及控制站点。实现处理系统设备的自动控制、远程启停、状态显示、顺控、联锁、故障报警、系统工艺参数显示等监控功能。为了保证安全性，就地箱的操作优先级最高，在设备由就地箱控制的状态下，其他就地自控系统对该设备的控制必须皆不起作用。处理系统的破碎机、皮带机、风选机、除尘等设备的联锁、保护和顺序控制等控制逻辑在 PLC 系统中完成，并提供完整的控制逻辑图及保护定值、联锁定值及条件、报警值及工艺参数量程等所有相关仪控资料及软硬件。

1）手动控制方式：即就地控制，通过就地箱或 MCC 上的按钮实现对设备的启停操作。

2）软手动控制方式：即远程手动控制方式，操作人员通过工作站的监控画面用鼠标或键盘控制现场设备。

3）自动控制方式：即设备的运行完全由各 PLC 根据工况及工艺参数完成对设备的启停控制，而不需要人工干预。

3 种方式的控制级别由高到低依次为手动控制、软手动控制、自动控制。

4.2.8.3 系统功能

中央控制站的功能是对全厂的生产运行进行监控，通过中央控制室操作站计算机可对全厂的生产运行进行管理。运行人员可以在中央监控计算机上查看全厂实时工艺流程图、实时数据；遥控设备、调整工艺运行参数；处理报表、查看实时曲线和历史曲线。

（1）用户登录

运行人员必须输入正确的用户名和操作密码进行登录后才能进入系统。系统对不同的用户赋予了不同的操作权限，分为操作人员权限和管理人员权限。操作人员只能进行设备操作和数据浏览。管理人员可进行设备操作、数据浏览、参数设定、用户和密码维护。

（2）实时工艺流程图显示

实时动态地显示工艺流程图，流程图上包含各种设备实时运行状况和实时工艺参数。由于计算机屏幕大小限制，不能在一幅画面显示项目工艺流程图、所有设备状况、工艺参数，采用多幅画面进行流程图显示，通过鼠标点击菜单或按钮，进行流程图显示切换。大区域的实时动态画面采用纵断流程和平面流程相结合的流程图显示方式，局部实时动态画面采用立体流程图显示方式。

流程图中由 PLC 控制的设备设置遥控/自动转换按钮，只有当设备手动/自动转换开关处于自动时，遥控/自动转换按钮才可用，当遥控/自动转换按钮处于自动时，禁止人工遥控设备。当设备出现故障信号时，停止运行或禁止启动设备。

（3）报警显示

当出现报警时，提示运行人员报警点、报警类型、报警时间等多种信息，由运行人员进行确认，同时可通过报警汇总表浏览历史报警，历史报警的内容包括各种报警信息、报警是否经过确认、确认报警的用户、确认报警的时间等。报警出现时，报警打印机立即打印报警信息。

（4）实时趋势、历史趋势

运行人员可通过菜单或按钮进入实时趋势画面或历史趋势画面，可选择需要的工艺参数查看实时趋势或历史趋势，可同时显示多条实时趋势，可对曲线进行放大或缩小，可任意选择需要查看的时间段。

（5）参数设置

运行人员可通过菜单或按钮进入参数设置画面，对各种设定值进行修改，以适应当前的运行条件，保证系统稳定运行。为了保证运行安全，具有权限的工程师才能对各种工艺参数设定值进行设定和修改。所有可以进行调整的参数均具备在线调整功能。

（6）报表处理

系统自动记录各种工艺运行数据，将所有数据归纳汇总形成报表，报表可定时打印或召唤打印。运行人员也可通过菜单或按钮进入报表画面查看历史报表。

4.2.8.4 现场控制站功能

按控制程序对所管辖工段内的工艺流程、仪器仪表、电气设备进行自动控制，同时采集工艺参数、电气参数及电气设备运行状态。通过通信网络与中央控制室的监控管理系统进行通信，向监控管理系统传送数据，并接受监控管理系统发出的开停机命令。现场控制站提供方便的自动控制、临界报警和连续的回路控制。在任何时候，如果现场设备对控制站 PLC 的输出无响应。控制站 PLC 要发出一个错误信号。

4.2.8.5 PLC 控制柜及工业机柜

PLC 控制柜用于放置 PLC 模块、直流电源、中间继电器和接线端子等，柜内走线经过线槽，线槽填充度留有 20% 的空间，以便远期修改和增加元件，屏的结构和所有内部连线符合 IEC 标准的具体要求。

PLC 控制柜内部接线采用铜芯聚氯乙烯导线，通过汇线槽布线。PLC 控制柜内中间继电器用于开关量输出隔离。控制柜设内照明灯和维护插座，柜顶装冷却风扇强制通风。电源 220V AC，50Hz，电源进线装电源防雷器。

4.2.8.6 组态软件

可选用主流、高端的 SCADA 产品，它具有集成化管理、模块式开发、可视化操作、智能化诊断及控制，使用简单方便，运行安全可靠等特点。应用全新的数据块采集理念，极大地提高了采集效率。在强大的图形开发工具、绚丽的图形对象、丰富的属性设置及动画连接支持下，将数据在图形上的展示发挥得淋漓尽致。

SCADA 具有良好的开放性，支持控件、OPC、DDE、API。通过标准的协议规范，第三方软件可以轻松实现和 SCADA 的数据交互。另外，该产品构建了一个开放性数据平台，能够最大限度地帮助企业搭建智能监控管理平台。

1）产品亮点

①易学易用的开发环境，缩短培训周期，并快速掌握开发技巧，创造完美的工程；②先进的模型开发技术，减少工作量，缩短开发周期，积累企业财富；③轻松完成故障监控，减少调试成本；④极高的可扩展性，与最新技术的产品保持同步更新；可靠性高，易于维护，降低维护成本；⑤广泛的外部接口，融入整个企业信息系统中，连通更多领域的桥梁。

2）主要功能

①完美的图形、丰富的图库，再现真实的生产场景；②模型复用，更轻松高效地进行

组态；③智能诊断，系统故障在线展示；④数据块采集，高速精准获取数据；⑤完善的冗余方案，保证系统安全稳健；⑥柔性网络架构，只需进行灵活的网络部署；⑦良好的开放性能，轻松与第三方软件进行数据交换；⑧完善的报警功能，便于故障监控和决策；⑨功能强大的历史服务与展示功能，方便查询实时数据和历史数据。

4.2.9 工厂设计

装饰装修垃圾资源化处置属于环保领域的新兴板块，有别于建筑行业，其设计重点在于处置工艺，以实现料流的通畅、设备设施的集约化布置、生产的稳定持续为主要目标，其他公用、辅助工程设计均需围绕这一目标进行。因此，装饰装修垃圾资源化工厂设计需要以专业的工艺设计团队、成熟的技术应用案例、丰富的运营经验作为支撑，才能实现既定的规划目标，解决区域装饰装修垃圾处置难题。

4.2.9.1 总体设计

（1）建设规模

装饰装修垃圾资源化工厂设置应符合所在地区城市发展规划、土地利用规划和建筑垃圾专项规划，可以服务区域内人口增长数据确定建设规模，参照行业标准《建筑垃圾处理技术标准》CJJ/T 134—2019。

（2）项目选址

厂址选择应符合城市总体规划、其他相关规划、国家现行有关标准的规定，同时应远离机关、学校、医院、居民住宅、人畜饮用水源地等环境敏感区域。厂址选择还应结合服务区域、交通、建筑垃圾及再生产品运输距离、土地利用现状、市政配套设施、环境保护等因素进行综合技术、经济比较后确定。总占地面积应按远期规模确定，各项用地指标应符合国家工程项目建设用地指标的有关规定及当地土地、规划等行政主管部门的要求，宜根据处理规模、处理工艺和建设条件进行分期和分区建设的总体设计。

（3）工厂主体设施

装饰装修垃圾资源化工厂主体设施一般包括：储存、预处理、上料、除土、破碎、筛分、分选、输送系统等与拟接收垃圾匹配的资源化处置系统，再生利用系统等。

（4）工厂辅助设施

装饰装修垃圾资源化工厂辅助设施一般包括：厂内道路，计量系统，进厂道路，供配电、给水排水设施，通信、信息化与监控，冲洗车辆设施，机电维修，采样与化验设施，生活和行政办公管理设施，消防和安全卫生设施，库房，停车场，扬尘监控与围挡、应急设施等。

（5）基本原则

① 充分考虑装饰装修垃圾成分的复杂性，处置工艺及设施设计中充分考虑除杂环节的能力和效果，做到"不挑食"。

② 结合工艺路线与装备，实现装饰装修垃圾的高资源化率。

③ 生产的再生骨料含杂率满足再生产品制备需求。

④ 工艺线采用全封闭系统、重点产尘部位采取局部收尘措施、投料及落料区采用喷雾抑尘措施，杜绝粉尘无组织排放。

⑤ 选用低噪声设备、重点部位采用封闭式房间、充分考虑设备基础隔振，降低噪声

对环境的影响。

⑥ 生产系统通过中控室集中控制、统一调度、一键启停、故障停机保护。物料进出厂计量数据实时采集、实时监管，自动形成电子报表和联单。

⑦ 结合场地的实际状况合理布局，划分功能区，有效分流交通负荷。

⑧ 充分考虑项目处置线生产运营连续性，丰富再生骨料产品品类，增大应用方向和销售途径，同时在满足生产运营的同时最大限度提高产品堆存区域。

4.2.9.2 工艺设计

（1）一般要求

工艺设计应做到技术先进、运行可靠、维修方便、保护环境、安全卫生、资源利用、经济合理、管理科学；确保项目建设质量与项目运行的安全、可靠，满足国家有关装饰装修垃圾处理技术标准和规范的各项要求。

1）工艺技术成熟可靠，资源化程度高、安全可靠，符合减量化、资源化、无害化处理要求。

2）全程机械化作业，自动化程度高。

3）采用节能产品，设备选型合理。

4）资源化程度高、能耗小，符合处理要求。

5）场内物料输送方式合理，输送流畅，密封性好，确保无泄漏。

6）采用完善环保措施，使粉尘、臭气、污水等排放满足标准要求，不对周边环境产生不利影响，并设置相应的在线监测系统。

7）全系统设备采用先进成熟产品设施和设备，且具有耐负荷冲击、性能稳定等特点。

（2）主要设备选型建议

1）破碎机应选用装饰装修垃圾专用破碎设备，保证扭矩大、破碎比大，满足原料组分特性，不卡堵，生产连续、稳定，出料粒度均匀可调，材质优良，结构形式合理，耐磨。

2）一级筛分可选用专用滚筒筛，采用分体式结构，滚圈分别设置轴向和径向骨架，耐冲击；筒体和滚圈法兰连接，方便拆卸和检修；多电机双侧驱动，系统平衡性较好，运行稳定；筛板厚度不小于 12mm 冲孔，材质为 16Mn，耐磨、耐冲击，提升使用寿命，降低运营维护成本。

3）物料分级选用圆振筛，可采用传统的成熟技术和先进的多质体设备，节能、地基载荷小、高筛分效率、可有效防止物料堵孔等技术问题。

4）细粒径物料筛分可选用弛张筛，其选用聚氨酯筛板，耐磨性强，筛面弹性高。整个设备采用三质体结构，筛面加速度可达 50g（普通筛 3.5g），能实现物料快速分层和高效分离。关键外购件选用国际一线品牌专用件，设备可靠、耐用。

5）前端物料输送可选用链板输送机，选用中型整体结构、重型关键结构原件，既可防止原料对链板机的冲击，也确保链板机重载运行的可靠性。

6）核心分选除杂设备，应能实现轻物质、木材和再生骨料高效分离，确保再生骨料纯净度。

7）配套除尘设备可选用封闭式负压除尘，布袋除尘器和旋风除尘器相结合，同时重点区域喷雾抑尘，实现场区低扬尘。

8）带式输送机可采用分段式标准节结构、易于安装，全密封，确保骨料输送过程中扬尘量最小。

（3）工艺布置

1）产线布局应充分考虑到项目特点，合理排列工艺顺序，先粗分后细分，逐级分选除杂。

2）车间水平布局宜将存储区集中布置在厂房边缘，分别设置出料出口，保证功能分区清晰和交通组织顺畅。

3）设备竖向布局应充分利用空间资源，保证生产线紧凑，减少占地，同时留有必要检修空间，设置竖向贯通检修吊装通道，满足维护保养需求。

4）设备转载尽可能考虑重力输送，非冲击溜槽内衬高分子量聚乙烯耐磨衬板，减小输送阻力和部件磨损，减小运维次数和运维重量。

5）对设备的进料尽量采用顺料流方向布置，不偏料，确保设备处理能力充分发挥。

6）风选吸入口合理设置，兼做环境除尘，减少整体收尘负荷，提升厂房内环境舒适性。

7）全封闭系统设计结合重点产尘部位抑尘间设计，最大限度减少粉尘外溢，降低除尘负荷，提高生产线环保标准。

4.2.9.3 环境保护

（1）降噪工程

装饰装修垃圾资源化工厂噪声源主要为破碎机、振动筛分机以及抽风机，噪声值为70~90dB（A），噪声防治应从声源上降低噪声和从噪声传播途径上降低噪声两个环节着手。

选用低噪声环保型设备，并维持设备处于良好的运转状态；对声源采用减振、隔声、吸声和消声措施，如对噪声大的设备增加消声器或隔声罩。

采用"闹静分开"和"合理布局"的设计原则，使高噪声设备尽可能远离噪声敏感区。预处理车间采用封闭式，可阻挡车间设备的噪声传播，将车间的噪声影响限制在车间范围内，降低噪声对外界的影响，确保厂界噪声符合标准要求。

在车间和厂区周围，种植绿化隔离带，林带应乔、灌木合理搭配，并选择分枝多、树冠大、枝叶茂盛的树种，选择吸声能力及吸收废气能力强的树种，以减少噪声和其他污染物对周围环境的影响，确保不发生噪声扰民事件。

（2）污水处理工程

装饰装修垃圾资源化工厂污水来源主要有生产废水（场地、设备冲洗等）和初期雨水。若选择水浮选工艺应单独配备规范的生产废水处理设施，生产废水经处理后循环使用。生产废水经絮凝沉淀等净化处理后达标排放。初期雨水可在初期雨水池内暂存，雨停后通过提升泵缓缓排入厂内废水处理设施，经处理达标后排放。

4.2.9.4 劳动安全与职业卫生

1）装饰装修资源化工厂应按《中华人民共和国安全生产法》《中华人民共和国职业病防治法》、国家标准《工业企业设计卫生标准》GBZ 1—2010 和《生产过程安全卫生要求总则》GB/T 12801—2008 的有关规定执行，建立健全安全生产和职业病防治责任制度，采取专业培训等措施确保安全生产和劳动者卫生保护。

2）应按规定配置作业机械，配备必要的劳动工具与职业病防护用品。

3）应按工程项目劳动安全卫生的原则，将各有害因素控制在规定范围之内，按文明生产要求组织生产，在系统调试安装过程中做好安全保护工作。

4）应建立防火防爆、防机械伤害等安全生产技术措施，并对上岗工人组织安全教育，制定安全生产操作规程。

5）应设置劳动防护用品贮存室，定期进行盘库和补充；应定期对使用过的劳动防护用品进行清洗和消毒；应及时更换有破损的劳动防护用品。

6）应设道路行车指示、安全标志及环境卫生设施标志。

7）应按消防安全规范设置安全疏散通道、安全门，在主要安全通道设置事故应急照明和安全疏散标志，车间内配备消火栓、消火箱、灭火器等消防设施。

8）所有电源、电线安装应由有资质的电力部门负责实施，车间低压动力线路及供电照明设施应有过热、过流保护，各用电设备应有可靠的接地或接零措施，特殊设备有防静电措施，确保操作安全。建筑物避雷、接地措施应符合有关规定。

9）特种设备管理应按相关管理规定进行。

4.3 综合利用工厂典型案例

4.3.1 全国首例高资源化率装修垃圾处置固定设施——上海市宝山区装饰装修垃圾资源化处置项目

4.3.1.1 项目概况

北京建工资源循环利用投资有限公司自主研发了"城镇装饰装修垃圾综合处置成套工艺"，目前已成功应用于北京、上海、江苏等地多个固定式项目，其中最早落地的上海市宝山区装饰装修垃圾资源化处置项目已稳定运营超 2 年，其建筑效果及生产线如图 4-34 所示。

图 4-34 上海市宝山区装饰装修垃圾资源化处置项目

该项目具有如下特点。

1）技术有保证。该项目为全国首例高资源化率装修垃圾处置固定设施，2018 年底投入运营。装饰装修垃圾资源化率高于 85%，再生骨料含杂率低于 3‰，达国际领先水平。

2）场地高利用。在既有厂房占地仅约 1600 m² 且高度受限的狭小空间，完成了立体式紧凑式的定制化工艺布局，项目生产区域仅约 14 亩。

3）运行高可靠。项目设计年处置装修垃圾 30 万 t，2021 年度处置量达 37 万 t，解决了宝山区装修垃圾资源化处置难题。

4）环境无污染。项目环境保护设施完备，且干法工艺无废水外排，厂界噪声≤65dB（A）、废气粉尘浓度≤20mg/m³，有效避免了对周边环境的影响。

4.3.1.2 应用技术

上海市宝山区装饰装修垃圾资源化处置项目位于上海市宝山区江杨北路的一处花园式厂区，设计年处置装饰装修垃圾规模达 30 万 t，运营期 10 年。

（1）"收""运""处"一揽子解决方案

随着城镇化进程的加快，装修垃圾产生量呈逐年递增态势，宝山区每年装饰装修垃圾的产生量达 28 万～30 万 t。如果采用传统方式填埋或者堆放处理，不仅需要大量的土地空间才能全部消纳，还会对空气和地下水造成一定的污染。为破解装修垃圾处置难题，让城市"秀"起来，上海宝山区政府、区绿化市容局积极探索装修垃圾资源化处理的解决方式，逐步形成了装修垃圾"收""运""处"一揽子解决方案。装修垃圾变为可循环利用的再生骨料，再次回归于城市建设之中，实现了装修垃圾的"减量化、资源化、再利用"，是全面贯彻、践行新发展理念，不断提高上海城市治理能力与治理水平的有益探索。

该项目正式运营后将使宝山区率先形成装修垃圾的产生、运输与资源化处置、再生产品循环利用的有效闭环。小区居民产生装修垃圾后，将统一投入附近设立的装修垃圾堆放点，定期集中至装修垃圾环卫所，对大件垃圾、危废等进行初步分选后，再进入装修垃圾资源化处置终端进行精细化处置，最终转化为高品质的再生骨料回归应用于城市建设。

上海宝山项目配备了自动称重计量管理系统，通过识别运输车辆、上磅定位、称重，并对信息进行采集、存储、分析和上传，实时回传至大数据云平台，实现与政府部门的信息共享、智能化管理。

该项目正式投产后，作为城市基础配套设施，满足宝山区装修垃圾的资源化处置需求，打通了装修垃圾资源化处置的闭环，实现区域内装修垃圾的"全生命周期管理"，成为提升城市精细化管理的创新之举。

（2）"叠起来"的生产线

上海宝山项目包括原料、产品存储区在内的生产区域仅有 14 亩，场地十分狭小。在制定处置工艺方案的过程中，根据项目处置需求及现场实地情况，在项目车间占地小、高度有限的条件下，经过反复调整改造工艺，打造出了"极有限空间立体化、紧凑式装修垃圾综合处置工艺系统"，将复杂的处置工艺"叠起来"，高度"浓缩"在一个全封闭的生产厂房中，就像"装"进了一个"盒子"里，确保在紧凑布局中完成资源化处置任务。这一工艺技术能够解决土地资源有限但处置需求紧迫的问题，为人地矛盾突出的一、二线城市实现装修垃圾资源化处置提供全新的解决方案。

（3）关键核心技术

装修垃圾是建筑废弃物中成分最复杂的一类，与一般的建筑垃圾相比，其杂质含量更高，对资源化处置工艺技术的要求也更高。

项目前期，连续 20 多次对上海的垃圾中转站、码头进行了装修垃圾成分调研，数据显示，装修垃圾中除了含有大量可资源化利用的混凝土、石材等硬质物类外，还含有金属、木材、塑料、纤维织物等杂质。将这些成分复杂的装修垃圾实现资源化，最关键在于除杂，除杂越精细，最后得到的再生骨料杂质含量越低，才能够替代天然砂石应用于工程建设之中，真正实现资源的循环利用。

该项目在国内首次采用的环锤式破碎机、高精度分选机等多种专利设备及装修垃圾处置应用工艺，已达到国际先进水平。通过对装修垃圾进行多级的破碎—筛分—分选等一系列复杂的工艺流程，实现精细化分选除杂。混凝土等硬质类被转化为杂质含量低于 3‰ 的粒径为 0~7mm、0~15mm 等多种再生骨料，用于生产再生多孔砖、再生连锁砌块、再生灰砂砖、再生回填材料及再生道路材料等多种再生产品，最终可以达到 85% 的高资源化率。

4.3.2　江苏省首例高资源化率的装饰装修垃圾处置项目——江苏省无锡胡埭装饰装修垃圾资源化处置项目

4.3.2.1　项目概况

江苏省首例装修垃圾高资源化率处置项目采用 BOO 模式，由北京建工资源循环利用投资有限公司负责设计、施工、运营，如图 4-35 所示。

图 4-35　江苏省无锡胡埭装饰装修垃圾资源化处置项目

4.3.2.2　应用技术

该项目自 2020 年投产后稳定运营，其设计处置能力 30 万 t/年，可满足无锡市滨湖区及周边区域装修垃圾处置需求，资源化率达到 85% 以上，在江苏省所有已投产运营的装修垃圾处置项目中是资源化率最高的一个。

到该项目采用全封闭式厂房结构，配备有高效除尘降噪、太阳能绿色能源、雨水收集等智能环保系统，打造天蓝、地净、草绿、物洁的花园式现代化科技园区，具有超低污染、超低排放和高利用率的优点，最大程度降低对周边环境影响。身处园区内，既没有刺耳的噪声、刺鼻的臭味，也没有粉尘，是个"不像做垃圾处置业务的园区"。

运输车辆首先通过自动称重计量管理系统，识别运输车辆、上磅定位、称重，并对信息进行采集、储存、分析和上传，回传至大数据云平台，实现与政府部门的信息共享、智能化管理。装修垃圾被送入处置设施封闭车间后，统一卸入原料储存区内，混有玻璃、陶瓷、木材、纤维织物等多种杂质的装修垃圾，停留片刻便被抓斗送进入料口，开启资源化之旅。由于装修垃圾成分复杂，除了含有可资源化利用的混凝土、石材等硬质物料外，日常生活中能看到的家居用品、装修材料，都可能混入到装修垃圾中，若要实现资源化利用，对处置过程中的精细化程度要求极高。

该项目采用装饰装修垃圾综合处置工艺，其中复合分选综合技术达到国际领先水平，也是国内首个达到国际领先水平的装修垃圾处置技术。该工艺为定制化设计，采用高低跨布局方式，将"三级破碎＋四级筛分＋阶梯精细化风选＋多级磁选"有机组合起来，同时选用振动风选机、高精度分选机、复合分选机，可将木材、塑料、纸、泡沫等杂质"吹走"，实现装修垃圾的高效、精细分选除杂。被分选出的木材等轻物质进行二次消纳，剩余硬质物则被转化为纯净的再生骨料，骨料杂质含量远远低于国内标准要求。再生骨料可直接用于道路铺筑、场地回填，也可作为原料生产再生道路材料、市政砖等再生产品，回归应用于城市建设之中，形成从装修垃圾产生到资源化处置到再生产品回归应用的有效闭环。

4.3.3 全国首例建筑垃圾领域多元化协同大型处置项目——上海市闵行区华漕再生资源化利用中心项目

4.3.3.1 项目概况

该项目为全国首例建筑垃圾领域多元化协同大型处置项目，是《上海市建筑垃圾消纳设施布局规划方案》中规划的 12 个市级拆除垃圾和装修垃圾资源化利用设施重点建设项目及 3 个工程泥浆干化厂建设项目之一，且目前为上海市唯一的河道底泥资源化处置固定设施，服务范围包括闵行区和部分中心城区，如图 4-36 所示。

图 4-36　上海市闵行区华漕再生资源化利用中心项目

4.3.3.2 应用技术

项目总占地约 70 亩，处置场区狭长，最窄处不到 60m，最宽处也仅有 130m。生产线包括 1 条拆除垃圾综合处置线，年处置规模 35 万 t；1 条装饰装修垃圾综合处置产线，年处置规模 35 万 t；1 条工程泥浆处置产线，年处置规模 20 万 t；1 条河道底泥处置线，年处置规模 6 万 m^3，项目还配备 1 条再生水泥制品生产线，年生产规模 50 万 m^2。为了能够在有限场地内布置 5 条生产线，工艺设计均采用紧凑化立体式布局，反复进行了水平和垂直布局优化,物料存储区设在厂房外围便于物料装卸进出厂、预留竖向贯通检修吊装通道便于日常维护和设备大修等技术手段的采用,得到了减少占地、功能分区清晰、场内交通组织顺畅、维护保养空间充足等效果,使场内空间、功能动线更加合理,打造高效的空间布局。

该项目突破性地将 BIM 技术应用于工艺设计与施工管理中,对施工人员进行三维可视化交底,对设备、平台进行模拟施工和碰撞检测,预先排除施工中的碰撞干涉问题,进行施工图优化,提高施工质量、加快施工速度、节约施工及管理成本。该项目采用了自主研发的装饰装修垃圾综合处置工艺,采用高低跨布局方式,将"三级破碎+四级筛分+梯级精细化风选+多级磁选"有机组合起来,同时采用具有自主知识产权的锤式破碎机、振动风力分选机、高精度分选机、复合分选机等核心专利设备,并在处置工艺中增加智能分选技术,将大尺寸轻质杂物的智能机器人分选与小颗粒轻质杂物的精细化分选设备结合,有效替代人工分拣,在实现高效、精细分选除杂的同时,也为城市固废处置插上了人工智能的翅膀。

该项目采用了装配式+被动式超低能耗绿色建筑技术,充分利用可再生能源,以更少的能源消耗提高整体环境舒适性、减少碳排放,采用前端微米级干雾抑尘+末端袋式除尘并辅以喷淋洒水结合的除尘工艺以及降噪措施,确保运营中不会对周围环境造成二次污染。同时,对一体化车间进行去工业化设计,通过美化立面、绿化造景、屋顶花园等方式获得环境友好性,绿色环保的理念贯穿项目设计、施工、运营的全寿命周期,与周边生态系统取得动态平衡,不断拓展项目及城市的绿色空间。

该项目可满足上海市闵行区和部分中心城区的拆除垃圾、装修垃圾、工程泥浆及河道底泥等建筑垃圾废弃物的资源化处置需求,装修垃圾资源化率可达85%以上,建筑垃圾资源化率可达95%以上,实现减量化、无害化、资源化的治理目标,为闵行区提升人居品质、全面建设生态人文现代化主城区及促进循环经济、实现"双碳"目标贡献力量。

4.3.4 "十三五"国家重点研发计划示范工程——常熟市建筑材料再生资源利用中心项目

4.3.4.1 项目概况

常熟市建筑材料再生资源利用中心项目位于江苏省常熟市,是科技部"十三五""固废资源化"重点专项《城市建筑垃圾智能精细分选与升级利用技术》示范项目,同时也是建筑垃圾处理领域首个挂牌的重点研发示范工程。

该示范工程采用苏州嘉诺环境科技股份有限公司自主研发的"建筑垃圾人工智能精细分选技术和成套装备"技术,实现建筑垃圾智能高效分选和资源化利用,项目占地 $27.75hm^2$,专门处理常熟市区和周边乡镇产生的装饰装修垃圾。装修垃圾来自房屋装修过程中产生的废弃物,产生源较为分散,包括新建商品房、二次装修的居民家庭、新开办的各类企业及个体经营户,年处理量 30 万 t。该项目有效解决了常熟市建筑装修垃圾的处理难题,实现建筑装修垃圾的资源化利用,如图 4-37 所示。

该项目具有如下特点。

(1)端到端模式

该项目在端到端模式上进行了试验,常熟市城市管理委员会发布《常熟市装修垃圾无

图 4-37　常熟市建筑材料再生资源利用中心项目

害化处理资源化利用实施方案》于 2022 年 1 月 1 日实施，该方案明确了对装修垃圾清运处置有偿服务收费、运输车辆准入、动态监管、终端处置等涵盖装修垃圾收集、运输、处置全过程的管理措施。基于此常熟项目率先使用了智能收集设备、智能运输系统，以达到收运处一体化、全流程监管的效果。

（2）高效率、低成本

本项目系统配备了阶梯筛、复合筛、高压密度风选机等分选设备，并进行合理布局，具有投资少、生产效率高、适应性强、稳定性高、可扩展性强、能耗低等优势，相比同规模的自动化生产线，投资可减少 30％左右，年处理量可达 30 万 t。装修垃圾通过系统处置有机/无机材料分选率达 98％。

（3）环境友好性

项目配置完善的环境保护设施，厂界噪声≤65dB（A）、废气粉尘浓度≤30mg/m³，无废水外排，项目实现污染物零排放。

4.3.4.2　应用技术

装修垃圾处置产线采用"先筛分后破碎"的设计思路，布设有阶梯筛、复合筛、磁选机、高压密度分选机、反击破、圆振筛等核心高效处置装备，经过"筛分—分选—破碎筛分"复杂工艺路线耦合关键装备形成固定式处置产线，最后将装修垃圾制备得到 0～3mm再生骨料、3～7mm 再生骨料、7～16mm 再生骨料，混合可燃物、金属、渣土、木材、塑料等用于后端资源化利用。

集中式的建筑垃圾处置中心，配备完整的厂房和工艺设备，处置地点远离城市生活区，产线拥有完善的环境保护措施，并有专业的管理团队运营项目，不会对周边环境及居民造成影响。并且可以增加当地居民就业，将建筑垃圾变废为宝，资源得到循环利用。

常熟市建筑材料再生资源利用中心正式挂牌成为"十三五"国家重点研发计划《建筑垃圾定向分类预处理技术和装备研究与工程》示范项目，代表了目前建筑装修垃圾高效分选技术的先进水平，是全国的行业示范标杆。本项目的建成投产，进一步解决了建筑垃圾围城的难题，实现了常熟市建筑垃圾的高效资源化回收利用，保护了地区生态环境和矿产资源，并创造了良好的经济效益，为常熟市打造资源节约型、环境友好型城市，为践行"碳中和""碳达峰"的政策方针作出积极贡献。

4.3.5　衢州市首个"绿色环保＋民生"项目——浙江省衢州市万川建筑装饰装修垃圾资源化处置中心项目

4.3.5.1　项目概况

万川建筑装修垃圾资源化处置中心项目是浙江省衢州市首个"绿色环保＋民生"项目，也是全市目前唯一一家同时具备建筑及装修垃圾处置的环保型生产线的垃圾处置中心，该项目为科技部"十三五""固废资源化"重点专项《城市建筑垃圾智能精细分选与升级利用技术》示范项目，采用苏州嘉诺环境科技股份有限公司自主研发的"建筑垃圾人工智能精细分选技术和成套装备"技术，实现建筑垃圾智能高效分选和资源化利用。该项目竣工于 2021 年 12 月，总用地 35298m²，总建筑面积 17683.06m²，是当地唯一同时具备建筑及装修垃圾环保型处理生产线的垃圾处置中心。年处理建筑垃圾 25 万 t、装饰装修垃圾 15 万 t，如图 4-38 所示。

图 4-38　浙江省衢州市万川建筑装饰装修垃圾资源化处置中心项目

该项目具有以下特点。

1）工艺独创性。该项目同时具有装修垃圾资源化处理线以及建筑垃圾资源化处理线，为最大化处理效率与效果，针对不同垃圾的特性有着不同的处理方式，装修垃圾产线采用"先筛后破"的工艺路线；建筑垃圾产线采用"先破后筛"的工艺路线。

2）设备先进性。为实现少人化、智能化，该项目采用了自主研发的 AI 分选机器人、光电分选机等设备，以及多种进口设备；系统采用模块化处置工艺，可实现建筑垃圾智能精细分选及砖、混凝土骨料的高效分离，丰富末端产品种类，提升再生产品附加值全力保障项目高效生产。

3）客制化需求。该项目有产物资源化及产物外售的需求，因此提出了砖、混凝土分离的需求。采用多种设备将低硬度的砖骨料与高硬度的混凝土骨料进行有效分离，保障了混凝土骨料的硬度以及高利用价值。

4）资源物市场化。目前该项目的资源化产物能够达到国家与行业标准，产物的外售能够补贴项目的收益，实现项目效益最大化。

5）环境友好性。项目配置了完善的环境保护设施，实现厂界噪声≤65dB（A）、废气粉尘浓度≤30mg/m³，无废水外排。

6）高效率、低成本。项目配备了阶梯筛、复合筛、高压密度风选机、重型机器人和智能光电分选机等分选设备，并进行合理布局，极大程度上降低了人工投入，生产线自动化程度高，设备利用率高，运行稳定，相较于同类型项目运营成本可降低30％。

4.3.5.2　应用技术

该项目装饰装修垃圾处置生产线采用"先筛分、后破碎"的设计思路，布设有装修垃圾专用破袋机、阶梯筛、复合筛、磁选机、高压密度分选机、智能分拣机器人、反击破、圆振筛等核心高效处置装备，经过"筛分—分选—破碎—筛分"复杂工艺路线耦合关键装备形成固定式处置产线，最后将装修垃圾制备得到0～5mm再生骨料、5～10mm再生骨料、混合可燃物、金属、渣土、木材、塑料等用于后端资源化利用。

集中式的建筑垃圾处置中心，配备完整的厂房和工艺设备，处置地点远离城市生活区，产线拥有完善的环境保护措施，并有专业的管理团队运营项目，不会对周边环境及居民造成影响。并且可以增加当地居民就业，将建筑垃圾变废为宝，资源得到循环利用。

项目的建成投产，填补了衢州市建筑垃圾处理能力的缺口，解决了建筑垃圾围城的难题，实现了衢州市建筑垃圾的高效资源化回收利用，保护了地区生态环境和矿产资源，并创造了良好的经济效益，为衢州市打造资源节约型、环境友好型城市，为践行"碳中和""碳达峰"的政策方针作出积极贡献。

第5章 装饰装修垃圾最终处置及案例

5.1 概述

5.1.1 研究背景与意义

"创新、协调、绿色、开放、共享"的新发展理念要求环保从业者准确把握经济社会发展阶段性特征。在资源环境承载力趋于饱和形势下，高投入、高消耗、高污染的传统发展方式已不可持续。高效的固废处置体系已成为城市发展刚性需求，终端处置场所是最基本的城市基础运行设施。

在国家"十四五"规划和"双碳"目标的历史背景下，"碳减排"目标从本质意义上讲，即是循环经济理念的延伸以及成果量化体现。社会生产过程的资源集约、节约、循环利用，将会为"双碳"目标实现作出实际贡献，而建筑垃圾的高效资源化利用是其重要分支目标。

相较于传统建筑拆除垃圾以及建筑工程渣土，作为建筑垃圾中更为难于处置的装饰装修垃圾，其自身成分复杂，且难于人为进行前端分类[90]，这也是目前国内装饰装修垃圾整体资源化处理率较低的原因。我国城市发展在从高速向高质量转变，装饰装修垃圾产量与城市化发展程度成正相关性，其处置需求也日渐迫切[91]。装饰装修垃圾最终处置技术的研究及应用将是实现建筑垃圾整体再生资源化利用率稳步提高的关键环节。

围绕2030年"碳达峰"、2060年"碳中和"的目标，装饰装修垃圾处理行业升级改造的核心必定是"可循环"。作为环保企业，不再是传统意义上的末端治理者。实际上，随着产业链条的延伸，首尾端的界限会越发淡化。通过环保的技术和商业模式，逐步渗透循环经济理念，可以实现能源结构的源头优化。可以毫不夸张地讲，"双碳"目标让装饰装修垃圾处理产业真正成为资源管理者。

5.1.2 相关基础研究

装饰装修垃圾作为建筑垃圾的重要组成部分，主要包含装饰装修房屋过程中产生的金属、混凝土、砖瓦、陶瓷、玻璃、木材、塑料、石膏、涂料等废弃物。鉴于装修垃圾自身成分复杂、可资源化组分含量高等特点，近年我国对于装修垃圾的处理思路已从简易堆放、填埋逐步向适度资源化处理方向发展[92]。

装饰装修垃圾根据其理化性状以及终端资源化方向可以进行不同分类，在金属类、无机非金属类、木材类、塑料类和其他类的"五分法"基础上，可以通过更加细化的分类，提高装饰装修垃圾终端处置的效率。

本章从终端资源化处置以及最终填埋处置两个方面进行研究，以资源化处置为优先路线、以填埋处置为装饰装修垃圾的兜底保障。

在资源化层面,重点研究以下组分的最终处置技术及相关案例。

1) 无机非金属类中的骨料组分。

2) 以木材、塑料、织物为主的高热值组分。

3) 金属、玻璃、砂浆粉及石膏粉等灰分质,以及其他可资源化利用组分。

5.2 装饰装修垃圾骨料组分资源化处置及案例

5.2.1 再生骨料的资源化处置及应用

(1) 再生骨料的定义和分类

再生骨料是指由装饰装修垃圾中的混凝土、砂浆、石块或砖瓦等经过分选、破碎等工艺加工而成,用于后续再生利用的颗粒。再生骨料制备是装饰装修垃圾再生利用的第一步,再生骨料可用于生产再生骨料混凝土、再生骨料砂浆、再生骨料砌块和再生骨料砖等。在我国,再生骨料主要用于取代天然骨料来配制普通混凝土或普通砂浆,或者作为原材料用于生产非烧结砌块或非烧结砖。一般情况下,再生骨料取代天然骨料的质量百分比不低于30%,甚至可以达到100%,目前国内的技术水平已经可以达到这样的再生利用能力。

通常根据骨料的来源、粒度、用途以及质量等级将再生骨料进行分类。

1) 按再生骨料的来源分类

再生骨料来源于建筑废物,主要由混凝土块、石块、砖瓦等组成,约占废物总量的50%~60%。因此,按其来源可将再生骨料分为废弃混凝土再生骨料、废弃碎砖再生骨料以及其他骨料。

2) 按再生骨料的粒径分类

根据粒径的大小,再生骨料分为再生粗骨料、再生细骨料和再生微粉。其中,再生粗骨料指粒径大于4.75mm的颗粒,再生细骨料指粒径在0.15~4.75mm的颗粒,再生微粉指粒径小于0.15mm的细粉。在配制混凝土和砂浆过程中,再生粗骨料用于取代天然粗骨料,再生细骨料用于取代天然细骨料和天然砂。

3) 按再生骨料的用途分类

按照再生骨料的用途可以将其分为制备混凝土再生骨料、制备砖和砌块等墙材再生骨料、制备水泥再生骨料等。废弃混凝土骨料是国内外研究比较早的、目前为止再生骨料应用研究最深入的方面。

(2) 再生骨料用途

再生骨料用途主要根据装饰装修垃圾主要成分来确定:如果装饰装修垃圾中以砖石为主(主要是早期建筑),则粉碎后的粒料主要作为无机混合料,用于修建公路时,作为路基垫层来使用;如果建筑废弃物主要是以钢筋混凝土为主(主要是20世纪80年代以后框架结构建筑等),则粉碎后的粒料分为4种粒径,分别为:0~5mm(细骨料)、5~10mm(中粗骨料)、10~20mm(粗骨料)、20~31.5mm(大粗骨料)。其中中粗骨料主要产品为混凝土砌块,其他粒径骨料主要资源化产品为无机料。

无机混合料的主要用途是用于道路垫层。建筑废弃物加以筛分、破碎后一定的粒径可以制成路基垫层原料，再进行进一步的筛分、破碎后可制成再生骨料。建筑废弃物以混凝土类建筑废弃物为主时，再生骨料可作为再生产的原料使用，用于生产再生骨料混凝土、再生骨料砂浆、再生骨料砌块和再生骨料砖等。

（3）再生骨料共有性能

1）颗粒级配

颗粒级配又称（粒度）级配，由不同粒度组成的散状物料中各级粒度所占的数量，常以占总量的百分数来表示。由不间断的各级粒度所组成称为连续粒级（连续级配）；只由某几级粒度所组成的称单粒级或间断级配。再生粗骨料颗粒级配的测试方法见《建设用卵石、碎石》GB/T 14685—2022 中第 6.3 节；再生细骨料颗粒级配的测试方法参见《建设用砂》GB/T 14684—2022 中第 6.3 节。混凝土用再生粗骨料按粒径尺寸分为连续粒级和单粒级，连续粒级分为 5～16mm、5～20mm、5～25mm 和 5～31.5mm 共 4 种规格，单粒级分为 5～10mm、10～20mm 和 16～31.5mm 共 3 种规格（表 5-1）。再生细骨料按600μm 孔筛的累计筛余分成 3 个级配区（表 5-2）。

混凝土用再生粗骨料颗粒级配　　　　　　　　　　表 5-1

公称直径/mm		累计筛余/%							
		方孔筛筛孔边长/mm							
		2.36	4.75	9.50	16.0	19.0	26.5	31.5	37.6
连续粒级	5～16	95～100	85～100	30～60	0～10	0	—	—	—
	5～20	95～100	90～100	40～80	—	0～10	0	—	—
	5～25	95～100	90～100	—	30～70	—	0～5	0	—
	5～31.5	95～100	90～100	70～90	—	15～45	—	0～5	0
单粒级	5～10	95～100	80～100	0～15	0	—	—	—	—
	10～20	—	95～100	85～100	—	0～15	0	—	—
	16～31.5	—	95～100	—	85～100	—	—	0～10	0

混凝土和砂浆用再生细骨料颗粒级配　　　　　　　　表 5-2

方孔筛筛孔边长	累计筛余/%		
	1 级配区	2 级配区	3 级配区
9.50mm	0	0	0
4.75mm	10～0	10～0	10～0
2.36mm	35～5	25～0	15～0
1.18mm	65～35	50～10	25～0
600μm	85～71	70～41	40～16
300μm	95～80	92～70	85～55
150μm	100～85	100～80	100～75

注：再生细骨料的实际颗粒级配与表中所列数字相比，除 4.75mm 和 600μm 筛档外，可以略有超出，但超出总量应小于 5%。

2）微粉含量和泥块含量

微粉含量指再生骨料中粒径小于 $75\mu m$ 的颗粒含量。再生粗骨料中泥块含量指粒径大于 4.75mm，经水浸洗、手捏后变成小于 2.36mm 的颗粒占再生骨料的质量百分比；再生细骨料中泥块含量指原粒径大于 1.18mm，经水浸洗、手捏后变成小于 $600\mu m$ 的颗粒占再生骨料的质量百分比。

3）压碎指标和坚固性

压碎指标反映了再生骨料抵抗压碎能力。坚固性指再生骨料在自然风化和其他物理化学因素作用下抵抗破裂的能力（再生粗骨料）；采用硫酸钠溶液法进行试验再生骨料经 5 次循环后的质量损失率（再生细骨料）。

4）表观密度和空隙率

表观密度指再生骨料颗粒单位体积（包括内封闭孔隙）的质量。空隙率指散状颗粒材料在堆积体积中空隙体积占的比例。

5）有害物质含量

再生粗骨料中有害物质指的是有机物、硫化物、硫酸盐和氯化物，硫化物及硫酸盐换算成 SO_3，氯化物以氯离子计。再生细骨料中有害物质指的是云母、轻物质、有机物、硫化物、硫酸盐和氯化物。

6）碱集料反应

碱集料反应是指再生骨料中某些活性矿物与微孔中的碱溶液产生的化学反应，主要包括碱-氧化硅反应、碱-碳酸盐反应、碱-硅酸反应三种。经碱集料反应试验后，由再生骨料制备的试件无裂缝、酥裂或胶体外溢等现象，膨胀率应小于 0.10%。

（4）再生粗骨料特有性能

1）针片状颗粒含量

再生粗骨料的长度大于该颗粒所属相应粒级的平均粒径 2.4 倍者为针状颗粒；厚度小于平均粒径 0.4 倍者为片状颗粒（平均粒径指该粒级上、下限粒径的平均值）。此类针片状颗粒占再生粗骨料的质量百分比为针片状颗粒含量。

2）吸水率

再生粗骨料饱和面干状态时所含水的质量占绝干状态质量的百分数。

3）杂物含量

杂物质含量指再生粗骨料中除混凝土、砂浆、砖瓦和石块之外的其他物质占再生骨料的质量百分比。

（5）再生细骨料特有性能

1）细度模数

细度模数（M_x）是衡量再生细骨料粗细程度的指标。其测试方法见《建设用砂》GB/T 14684—2022 中第 6.3 节，计算公式如下：

$$M_x = \frac{(A_2 + A_3 + A_4 + A_5 + A_6) - 5A_1}{100 - A_1} \tag{5-1}$$

式中：M_x 为细度模数；A_1，A_2，A_3，A_4，A_5，A_6 分别为 4.75mm、2.36mm、1.18mm、$600\mu m$、$300\mu m$、$150\mu m$ 筛的累计筛余百分率。

再生细骨料按细度模数分为粗、中、细 3 种规格，其细度模数 M_x 分别为：粗（M_x＝

3.7~3.1)、中（M_x=3.0~2.3）和细（M_x=2.2~1.6）。级配良好的粗细骨料应落在1级配区；级配良好的中细骨料应落在2级配区；细细骨料则在3级配区。

2）堆积密度

堆积密度指把细骨料自由填充于某一容器中，在刚填充完成后所测得的单位体积质量。

3）再生胶砂需水量比和强度比

再生胶砂指用再生细骨料、水泥和水制备的砂浆。再生胶砂需水量比指流动度为（130±5）mm的再生胶砂用水量与此条件下基准胶砂（用标准砂、水泥和水制备的砂浆）的需水量之比。再生胶砂强度比指再生胶砂与基准胶砂的抗压强度比。

（6）再生骨料质量等级

依据《混凝土用再生粗骨料》GB/T 25177—2010和《混凝土和砂浆用再生细骨料》GB/T 25176—2010，将再生粗骨料和再生骨料各划分为3个质量等级，如表5-3、表5-4所示。

混凝土用再生粗骨料质量等级 表 5-3

项目		Ⅰ类	Ⅱ类	Ⅲ类
微粉含量(按质量计)/%		<1.0	<2.0	<3.0
泥块含量(按质量计)/%		<0.5	<0.7	<1.0
吸水率(按质量计)/%		<3.0	<5.0	<8.0
针片状颗粒(按质量计)/%		<10		
有害物质含量	有机物	合格		
	硫化物及硫酸盐(折算成 SO_3，按质量计)/%	<2.0		
	氯化物(以氯离子质量计)/%	<0.06		
杂物质(按质量计)/%		<1.0		
坚固性指标/%		<5.0	<10.0	<15.0
压碎指标/%		<12	<20	<30
表观密度/(kg/m³)		>2450	>2350	>2250
空隙率/%		<47	<50	<53

混凝土和砂浆用再生细骨料质量等级 表 5-4

项目		Ⅰ类	Ⅱ类	Ⅲ类
微粉含量(按质量计)/%	MB 值<1.40 或合格	<5.0	<7.0	<10.0
	MB 值≥1.40 或不合格	<1.0	<3.0	<5.0
泥块含量(按质量计)/%		<1.0	<2.0	<3.0
云母含量(按质量计)/%		<2.0		
轻物质含量(按质量计)/%		<1.0		
有机物含量(比色法)		合格		
硫化物及硫酸盐含量(按 SO_3 质量计)/%		<2.0		
氯化物含量(以氯离子质量计)/%		<0.06		
坚固性指标/%		<8.0	<10.0	<12.0

续表

项目		Ⅰ类			Ⅱ类			Ⅲ类		
单级最大压碎指标值/%		<20			<25			<30		
再生胶砂	骨料粒度	细	中	粗	细	中	粗	细	中	粗
	需水量比	<1.35	<1.3	<1.2	<1.55	<1.45	<1.35	<1.8	<1.7	<1.5
	强度比	>0.8	>0.9	>1.0	>0.7	>0.85	>0.95	>0.6	>0.75	>0.9
表观密度/(kg/m³)		>2450			>2350			>2250		
堆积密度/(kg/m³)		>1350			>1300			>1200		
空隙率/%		<46			<48			<52		

注：MB 值指亚甲蓝值，为确定再生细骨料中粒径小于 75μm 的颗粒中高岭土含量的指标；其测定见《建设用砂》GB/T 14684—2022 中第 7.5.3.2 条亚甲蓝 MB 值的测定。

5.2.2 再生骨料资源化利用案例

5.2.2.1 再生无机混合料应用案例

北京市朝阳区建筑废弃物资源化利用中心项目年处理建筑垃圾 100 万 t，设置有再生无机混合料生产线，主要原料利用前端建筑废弃物预处理系统产生的再生骨料（图 5-1）。

图 5-1　北京市朝阳区建筑废弃物资源化利用中心

该项目再生无机混合料生产系统工艺流程如图 5-2 所示。

为物尽其用、最大限度地对建筑垃圾进行资源化利用，该项目可将品质较差再生骨料用于生产无机混合料产品。该生产系统年运行 300 天，每天按一班制进行生产，其拌合站生产规模为 40 万 t/年，设 1 条生产线。

预处理车间生产的各粒径范围再生骨料经带式输送机送至无机料生产车间，自动卸料至各个骨料储仓，使用装载机向骨料配料系统各料仓上料，各料仓按比例送料至集料皮带机，去往搅拌系统。原料水泥由水泥仓存储，经螺旋输送至粉料过渡仓，经螺旋秤称量后送往搅拌系统。车间设置生产储水池，配料用水由水泵经调定流量连续输送到强制搅拌机中，经强制混合搅拌并达到工艺要求的物料通过成品皮带机输送至成品储仓。成品料仓存放拌合好的成品混合料，仓的底部设有开启斗门，由电磁阀控制，当自卸车到达预定卸料口下方时，控制电磁阀开启斗门，开始卸料，装车满载后外送销售（图 5-3）。

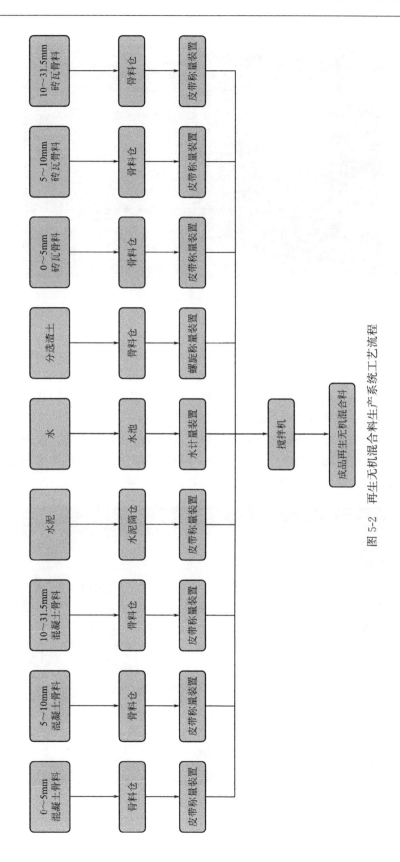

图 5-2　再生无机混合料生产系统工艺流程

图 5-3　再生骨料生产实景

5.2.2.2　再生压制砖应用案例

荆门市静脉产业园项目（一期）项目厂址位于荆门市中心城区东南方向，地处掇刀区迎春村、斗笠村和龙井村境内，包含建筑垃圾、有机垃圾（餐厨垃圾＋生活污泥），总投资约 5.6 亿元。建筑垃圾（含拆除、装修垃圾）设计处理量为 30 万吨/年，采用"破袋＋预筛分＋破碎分选＋制备再生压制砖"的处理工艺路线。

建筑垃圾预处理系统具备拆除垃圾、装修垃圾的资源化处置能力，投运至今，系统运行稳定，各项技术指标均达到设计要求。再生骨料产品应用于园区再生压制砖生产线，产品质量达到《混凝土路面砖》GB/T 28635—2012 标准要求（图 5-4）。

图 5-4　再生压制砖生产实景

该项目再生压制砖系统生产规模为 100 万 m^2/a，工艺流程如图 5-5 所示。

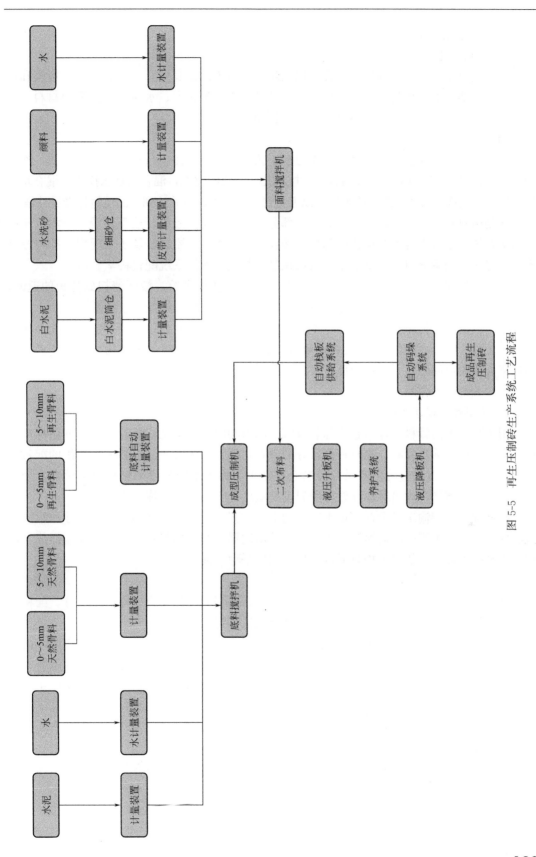

图 5-5　再生压制砖生产系统工艺流程

（1）工艺流程介绍

1）工艺简述

加气混凝土砌块是一种轻质多孔，保温隔热、防火性能良好，可钉、可锯、可刨和具有一定抗震能力的新型建筑材料。该工艺以处理后的再生骨料、水泥等为主要原材料，经过配料、搅拌、浇筑、发气、切割等工序制作而成。

2）工艺流程

该项目加气混凝土砌块采用翻转式切割工艺，600mm×1200mm×4000mm模具。通过加入水泥、粉煤灰、石灰和制成的骨料，控制几种原料的比例，混合料加水搅拌、混合均匀后压制成不同规格尺寸的路面透水砖。以上免烧砖经养护、检验达到产品质量标准后外销。

压制砖自动生产线成套设备共分3个部分。配料、搅拌系统、成型系统、码垛及压制砖转运系统。整机由若干个单机或部件、液压站、1个中央控制室及1个配料、搅拌控制室、子母车控制系统组成。全套生产线机械制作精良，液压系统配置科学合理。

从原料配比、压制砖成型、转运、养护、码垛、托板供给、板面清扫到托板的返回，整个过程自动完成，工作人员只需通过屏幕监控操作，便可轻松控制整个系统。

生产线适应多种原材料的生产，不仅适应砂石混凝土，而且适用多种工业废渣（如粉煤灰、炉渣、钢渣、煤矸石）、陶粒、建筑垃圾等为原料制作的建筑砌块。可生产多品种多规格的建筑压制砖块、彩色地面砖、园林挡土块、水工产品、多孔砖等。

（2）关键设备介绍

1）称量预混输送系统

用于存储不同骨料，骨料仓底部装有气动卸料阀门，可实现称量时的粗称和精称，并按不同配方精确称量骨料，同时将称量好的骨料输送到输送机上，整套配料系统的配料周期≤60s。计量装置通过传感器吊在骨料仓机架上，称重系统采用高精称重传感器，测量方式为剪应力测量，输出对称性好，受温度及湿度影响很小，其称量范围可达5t。

称量预混皮带输送机设在定量出料带的下方，其功能是将精确称量的骨料输送给搅拌机实现预混合，主要由电动滚筒、机架、内外清理器、两侧挡料护板、标准托辊组成。可调节皮带张紧装置，使皮带松紧适度，皮带运转平稳、灵活。

2）配料与搅拌系统

该配料系统是与压制砌块机生产配套设计的，具有结构强度高、称量精度好、配料速度快，搅拌的混凝土质量稳定，操作方便、能耗低等特点。

该项目控制系统是由可编程序逻辑控制器（PLC）及人工触摸屏等元器件组成，由中央控制室集中控制，显示配料系统设备的工作实况，实现自动配料功能、图形显示与人机对话功能。包括配料/搅拌作业的自动和手动控制，还有配料配方的运行选择（图5-6）。

3）水泥仓

水泥仓（容积为100t）设置为钢结构。立柱采用$\phi219×10$钢管材料，水泥仓体采用厚度≥5mm的钢板，整体结构形式可根据当地习惯做适当改变调整，4根支柱之间有加强支承，顶部配有防尘装置和围挡，侧面装有直梯直通仓顶，底部留有与螺旋输送器相连接的法兰盘，下部锥形部有破拱装置，保证水泥下落。

4）成型主机

机体采用空心矩形截面型钢，使用特殊抗振动疲劳焊条焊接而成。机体坚固、稳定。

图 5-6　搅拌装置

机体上固定有 4 根镀铬的导向柱用于引导上模箱及下模箱的运动。模箱上滑动接触部位采用了铜合金衬套。镀铬表面与铜合金衬套构成的摩擦副，配置持久润滑机构，保证了导向的精度和长久的使用寿命。上、下模箱沿导向柱的运动由油压缸驱动，保证了运动过程的柔性和平稳性以及在起、终点位置的平稳加、减速。模具在下模箱中的固定采用气动加紧，可以实现快速换模。更为重要的是，在每个工作周期，都可以自动进行合模矫正，始终保证上下模的合模间隙在规定的范围之内。夹紧机构通过采用橡胶元件夹紧模具，使得生产中的振动不能传到机身，以减少对机器的影响。

成型主机设备采用集成式液压系统。液压元件紧凑地集成在一起。可通过集中控制，减少不必要的液压管路。电液比例阀控制的液压缸可以方便地实现匀加速和减速，保证了系统工作的平稳性。液压油自动调温系统保证了在任何环境温度下都可以正常生产。双过滤器严格控制液压油的质量，延长了液压元件的使用寿命（图 5-7）。

成型主机用一个完全独立的振动台实现预振动和主振动。对于预振动和主振动，各有 2 台振动电动机，它们通过伺服器控制，分别用于预振动和主振动，使振动频率的调整变得非常方便。这些对于生产高质量的产品非常关键。振动台采用整体设计，振动能量实现了均匀分配，振动台的振动力可调整。通过调整位于振动台底部偏心块的角度，可以改变振动力大小。整个偏心块置于单独的机体上，既保证了振动能量的均匀分配，又有效防止了振动传递到主机机体上。

整个振动台通过橡胶缓冲垫和气囊悬挂在主机机体上，使所有的振动能量都集中在模具上而不会向机体和地基扩散。上模也采取相同的做法，通过气囊固定，有效地提高了产品质量，减少了对设备造成的损害。气囊的压力可调整，上模和底模配备有快速换模装置，不用任何工具就可以更换模具。振动台由实心厚金属板制成，其下部固定激振器，贝赛尔高频双轴同步振动器为机械同步振动器，两个转轴通过一个同步机构连接起来，使得两个偏心激振器同步工作，以达到最佳振动效果。

振动器的激振通过程序控制实现，4 个振动轴相应的 2 副振动器所形成的振动力叠加，

图 5-7　成型主机

抵消。在没有电机频繁启动的前提下进行工作，使电动机总保持高速巡航状态，振动台的静止是通过高转速振动器之间的动平衡形成的。变频器控制的振动电机可实现无级变速，根据不同产品所需振动力大小自动进行振动频率调整。

养护窑墙体采用砖混结构，墙体内部加保温层（图 5-8）。由蒸汽发生装置、蒸汽加热系统、强制循环风系统、排汽系统、冷凝水排放沟槽、自动控制系统等组成。

图 5-8　养护窑实景

（3）蒸汽养护

因原材料不同，蒸汽养护工艺也不尽相同。①升温阶段，砌块在养护窑中所需热量最多，养护窑墙体和砌块都要吸收大量热量，而且随着温度升高，温差加大，热散失增加。以此阶段所需的热量作为蒸汽供给的设计依据；②恒温阶段，窑内热传递基本达到热平衡，热损失主要是窑体对外的散热损失；③降温阶段，砌块养护后期停止保温加热，启动排汽设备，强制降温，使砌块达到出窑温度。

1）养护窑工艺

因养护室温度保持在 75～80℃，选用电磁蒸汽加热养护装置即可满足使用要求。

蒸汽加热系统是在窑内采用直径 60mm 穿孔钢管，安装在内墙下两侧。在钢管正下方钻孔，倒角处理，以防结垢堵塞，并便于排除凝结水。孔径 4mm、间距 300mm 左右，采用小阻力配气形式，每个穿孔布气均衡，流量相同。在窑内墙体侧安装蒸汽散热器，每隔 2.5m 安装 1 个，散热器采用并联方式。在养护室的端头外侧安装受动调节阀，通过现场采集的温度传感器信号，实时调节电动阀的开度，达到调节蒸汽供给量的目的。

在加热过程中，窑内存在温度梯度，为了保证各处温度均衡以利于产品受热均匀，需要增加强制循环系统，通过引风机使窑内的蒸汽形成上下环流。在养护窑的顶部每隔 5m 预留一小回风口，在养护窑的地面一侧预留风道，出风口每 5m 一个。当砌块在窑内养护时，定时启动循环风机，加速窑内的热循环，保证温度均衡。

在养护过程中，窑内的温度也是影响产品质量的一个重要因素。砌块中水泥的水化反应需要一定的温度、水分；养护时，饱和蒸汽会在墙壁及托板上产生凝结水，聚集多了会下滴或附壁流淌，影响砖的表面质量，腐蚀托板。因此在养护时要排除凝结水和部分饱和蒸汽，控制温度在一定范围内。可采用在窑体端头顶部的屋顶安装排风机。在温度过高时，启动排风机排湿，降低湿度。养护完成后，打开窑门，启动排风机，加速降温，提高效率。

在养护室地面开设排水暗沟一条，分段设栅条盖板。养护过程中产生的冷凝水通过暗沟汇集，经水封式排水管排出。

2）养护窑自动控制系统

① 温度控制系统。通过自动温度控制系统将窑内的温度检测信号反馈到 PID 控制器，再由 PID 控制器发出指令，适时调节电动比例阀控制蒸汽的供给量，保证遵循预计的升温曲线。PID 控制器具有监测、分析和发出指令的多种功能。

② 摆渡子母车控制系统（图 5-9）。根据要求不同，控制可分为简易手动，半自动，全

图 5-9 摆渡子母车实景

自动三种控制模式，即采用普通接触器继电器控制、简易逻辑控制器、数据运算 PLC 控制器。本项目采用全自动控制，具备自动识别窑位，自动装卸子车，设定窑位，自动换窑等功能。

③ 叉车。养护窑出来的产品码垛完成后，会自动通知叉车工作人员，将产品及时运到码垛现场，进行码垛，然后将分离出来的托板运到成型机附近，循环使用。

5.3 装饰装修垃圾高热值组分资源化处置及案例

5.3.1 高热值组分成分分析及理化特性

5.3.1.1 成分分析

在"五分法"基础上，结合细致分类数据，对装饰装修垃圾高热值组分比例进行统计，如表 5-5 所示。

装饰装修垃圾高热值组分比例　　　　　　　　　　　　表 5-5

编号	成分	含量 $w_t/\%$
1	竹木类	40
2	塑料类	30
3	纸张类	11
4	纤维织物类	12
5	其他成分(混入保温材料、石膏等)	2
6	渣土、灰分类	5
合计		100
软质物料比例		57.2
硬质物料比例		42.8

5.3.1.2 高热值组分理化特性调研

根据重庆师范大学对重庆环卫集团"重庆市黑石子固体废弃物衍生燃料处理"项目送检样品的检测结果，典型固体废弃物中的热值及氯元素分别如表 5-6、表 5-7 所示。

固体废弃物热值分析结果　　　　　　　　　　　　　　表 5-6

编号	固体废弃物	高位热值/(kcal/g)			
		第1次测量	第2次测量	第3次测量	平均值
1	化纤	4.19	4.26	4.22	约4.22
2	海绵	5.74	5.90	5.84	约5.83
3	丝爽尿不湿	6.38	6.21	6.30	6.30
4	服装人造皮	3.68	3.81	3.78	约3.76
5	服装(综)	5.40	5.37	5.25	5.34
6	中药渣	3.29	3.18	3.43	3.30

编号	固体废弃物	高位热值/(kcal/g)			
		第1次测量	第2次测量	第3次测量	平均值
7	汽车内饰(混)	6.67	6.49	6.33	6.40
8	车饰棉纱	5.18	5.32	5.09	约5.20
9	包装纸板	3.30	3.37	3.44	3.37
10	层板	4.11	4.14	4.16	4.14
11	塑料PP	6.00	6.12	6.10	6.07
12	皮革(鞋)	3.27	3.35	3.19	3.27
13	塑料(混)	10.74	10.61	10.69	10.68
14	轮胎橡胶	8.26	8.32	8.17	8.25
15	漆渣	4.74	4.89	4.79	4.81
16	废活性炭	1.89	1.97	1.92	1.93
17	废烟丝	3.94	3.96	3.89	3.93
18	餐厨残渣	2.88	2.94	2.82	2.88
19	小叶榕(湿)	1.87	1.96	1.93	1.92

固体废弃物中氯元素分析结果　　　　　　　　　　　表 5-7

编号	固体废弃物	实测值/(mg/kg)	占比/%
1	塑料PP	221.7	0.02
2	轮胎橡胶	677.1	0.07
3	塑料(混)	485.5	0.05
4	汽车内饰(混)	482	0.05
5	丝爽尿不湿	42.1	0.04

以上数据分析表明,送检的典型固体废弃物中具有以下特性。

1) 热值相对较高,送检样中仅废活性炭和小叶榕热值低于2kcal/g。

2) 氯元素含量较低,送检样中均小于1%。

5.3.2 高热值组分资源化利用研究

5.3.2.1 RDF制备技术介绍

（1）RDF定义及分类

RDF是Refuse Derived Fuel的英文缩写,是由废弃物制造出的燃料,是一种固形燃料,俗称燃料棒。

RDF的概念最早由英国于1980年提出并用于实践。后来美国、德国等西方发达国家迅速投资进行研发并将成果应用于实践。美国是世界上利用RDF发电最早的国家,已有发电站高达37座,占垃圾发电站的21.6%。日本政府于20世纪90年代开始支持该技术的引进和研发工作。目前日本兴起了建设RDF的热潮,近几年已有十几家大公司对RDF工艺投入大量资金进行RDF资源化研究和开发。如日本川崎重工业公司、三菱重工业公司、日立造船公司等，已取得很好的业绩。日本政府极其重视 RDF 利用技术，把它作为国家推广的垃圾处理方式。美国检查及材料协会（ASTM）按城市生活垃圾衍生燃料的加工程度、形状、用途等将 RDF 分成 7 类，如表 5-8 所示。

RDF 分类   表 5-8

分类	内容	备注
RDF-1	去除大件垃圾后的散状垃圾	散状 RDF
RDF-2	经破碎、分选和筛分，95% 的粒径小于 150mm 的散状垃圾	
RDF-3	经破碎、分选和筛分，95% 的粒径小于 50mm 的散状垃圾	
RDF-4	经破碎、分选和筛分，95% 的粒径小于 2mm 的粉状垃圾	粉状 RDF
RDF-5	经破碎、分选和筛分，并再干燥和压缩制成圆柱状、球状或块状的固状垃圾	固状 RDF
RDF-6	液体 RDF	—
RDF-7	气体 RDF	—

美国所讲的 RDF，一般指 RDF-2 和 RDF-3；欧洲大多数国家通常所讲的 RFD，一般是 RDF-3；亚洲的日本、韩国等国家通常所讲的 RDF，一般是 RDF-5。

（2）RDF 燃料的特点

RDF 衍生燃料的特点是粒度均匀，热值高，燃烧稳定，密度较原生垃圾大，且易于运输及储藏，在常温下可储存 6～12 个月而不会腐败。

RDF 衍生燃料较适用于流化床式焚烧炉以及回转窑焚烧炉。

5.3.2.2 国内外研究应用现状

（1）RDF 国外应用现状

RDF 在日本主要是 RDF-5，被广泛应用于焚烧发电、融雪、温水游泳池、水泥窑辅助燃料、蒸汽锅炉、污泥焚化辅助燃料、体育馆、医院、公共浴池、老人福利院等方面。

RDF 在韩国主要也是 RDF-5，因其技术与设备均来自日本，所以应用情况也与日本相类似。

RDF 在美国主要是 RDF-3，因其是散装，所以主要用于焚烧发电。

RDF 在欧洲作为矿物燃料的替代燃料，已得到证明，被应用于水泥窑、电站和工业锅炉的能源回收。欧洲的水泥窑使用 RDF 以符合垃圾焚烧指令的严格标准。生产和使用 RDF 衍生燃料的欧洲国家包括奥地利、意大利、德国、希腊、荷兰、英国。

（2）RDF 国内应用现状

我国对有关 RDF 技术研究起步较晚，但取得了一些进展，如中国科学院广州能源研究所固体废弃物利用实验室和太原理工大学煤科学与技术山西省重点实验室，1996 年两单位在国内率先开展一系列 RDF 成型、热解、气化、污染物控制等方面的研究，并联合培养了 RDF 技术领域方面的博士生。

中国矿业大学张宪生等[93] 以经预处理后的生活垃圾和少量煤为主要原料，在室温、无粘结剂条件下，采用不同的煤型压力等工艺参数，利用对辊成型机制备出了 RDF，在试验条件下，得到的较优工艺参数为煤配比 30%、成型压力 15MPa。

与发达国家相比，我国城市垃圾成分的特点是：有机可燃成分含量低、无机不可燃成分含量高、垃圾成分波动大；水分含量高、热值较低。另外我国经济还不十分发达，RDF技术在我国广泛的应用还有一定难度。因此在吸收、借鉴国外技术过程中应注意结合实际，开发适合我国国情的 RDF 制备技术，走国产化的道路。目前我国仅将各种城市废弃物制成 RDF-3，从而应用于垃圾焚烧及发电技术。农业废弃物如秸秆类制成 RDF-5，应用于各种中小公共场所及干燥、供热工程。

5.3.3　RDF 产品跨领域应用调研分析

5.3.3.1　"双碳"目标下替代燃料在水泥行业的发展机遇

（1）研究背景

水泥行业是国民经济重要基础行业，为国家建设提供了重要的原材料保障，在工业化、城镇化、现代化进程中发挥了重要作用。

水泥行业也是 CO_2 排放的重点行业之一，其直接碳排放量占全球工业碳排放总量的 1/4 左右[94]。我国是世界上生产水泥最多的国家，2020 年我国水泥产量为 24 亿 t，占全球水泥总产量的 50% 以上。研究表明，我国水泥行业 CO_2 直接排放占全国 CO_2 排放总量的 12% 左右[95]，其中工业过程排放占全国工业过程排放的 60% 以上。

近年来，我国水泥行业科技研发投入不断增加，企业向装备大型化、生产集约化、智能化、清洁化方向转变。但随着水泥熟料产量的增加，我国水泥行业 CO_2 排放量仍持续增长。目前，我国水泥熟料产能过剩局面仍未改变，西北、华北、东北地区产能利用率不足 50%；日产 2500 t 及以下的水泥熟料生产线产能占比约 30%，规模结构仍有提升空间；20% 左右的水泥熟料产能达不到《水泥单位产品能源消耗限额》GB 16780—2021 中可比熟料综合煤耗限定值，仍需挖潜改造；此外，水泥行业是主要的耗煤行业之一[96]，我国水泥行业采用的替代燃料种类较少，替代燃料应用不足。面对气候变化、环境风险挑战、能源资源约束等问题，水泥行业仍需持续推动清洁低碳发展。开展我国水泥行业"碳达峰"路径研究，对推动产业结构调整和行业绿色低碳高质量发展具有重要意义。

（2）水泥行业碳排放环节研究

水泥生产过程可分为原材料准备、熟料烧成和水泥粉磨生产 3 个主要阶段，在此过程中的能源消耗主要包括电能和热能。在以上 3 个生产环节中均需利用电能，熟料烧成阶段还要消耗大量的热能。水泥生产企业 90% CO_2 排放来自熟料生产（燃料燃烧和原材料之间的化学反应），其余的 10% 来自原材料制备和水泥产品生产阶段。

水泥生产过程中碳排放的来源主要包括如下环节：①水泥生料中碳酸钙分解产生 CO_2；②熟料生产过程中煤、油等燃料燃烧产生的 CO_2；③生料中钢渣、煤矸石、粉煤灰等含有的非燃料碳在高温煅烧过程中转化的 CO_2；④协同处置废弃物过程中，替代燃料以及废弃物中非生物质炭燃烧产生的 CO_2；⑤水泥厂净购入的电力、热力对应的 CO_2。

水泥生产中 CO_2 排放总量等于以上 5 个方面的排放量之和，即企业内所有的燃料燃烧排放量、工业生产过程排放量、企业净购入电力和热力对应的排放量之和。

5.3.3.2　水泥行业减排技术及成本研究

为降低水泥行业碳减排成本，确定最优碳减排技术路径，研究基于经济-能源模型，核算中国水泥行业最新碳减排技术的边际减排成本，国家自然科学基金课题《基于排放情景-空气质量模型的中国城市"双达"评估方法研究（72074154）》使用情景分析方法，研究了与未实施减排技术相比，2020 年 17 项技术的碳减排潜力，并将其作为基准情景，和 2025 年、2030 年、2035 年 3 个未来情景的碳减排潜力作比较，从而得出不同情景下的边际减排成本曲线，结果如下[97]。

1）2020 年我国水泥行业 17 项减排技术的平均减排成本为 124 元/t CO_2，2020 年实现总减排量 3043 万 t，总减排成本为 10.3 亿元；在保持技术水平和排放水平不变的情况下，2035 年 17 项减排技术可实现总减排量 21307 万 t，总减排成本为 103.4 亿元。

2）在各项减排技术中，集成模块化窑衬节能技术与水泥熟料烧成系统优化技术，具有较高减排潜力和较低减排成本，适合广泛推广；CO_2 捕集利用与封存（CCUS）技术虽具有较高减排成本，但是未来减排潜力较大，应给予重视。

随着技术发展，先进节能减排技术的平均减排成本远小于水泥行业平均减排成本 124 元/t CO_2 的水平。为提高水泥生产的能源效率，建议加大先进节能减排技术推广力度，将固体废弃物作为替代燃料，不仅可以实现节能减排，还可以安全、无害和稳定地处理垃圾。

3）技术普及率与熟料产量是决定减排潜力的重要因素，因此未来水泥行业应注重节能减排政策技术推广与产业结构调整，可进一步实现减排目标。

2021 年 7 月 16 日，全国碳交易市场上线，当天的碳配额最高价为 52.80 元/t CO_2，最低价为 48 元/t CO_2，且依据《2020 中国碳价调查》，未来 2025 年碳价将稳步上升至 71 元/t CO_2。对于水泥企业来说，将 71 元/t CO_2 设置为未来碳价标准，目前 17 项碳减排技术中有 5 项技术单位碳减排成本＞71 元/t CO_2，有 12 项技术成本＜71 元/t CO_2，未来企业减排技术的单位减排成本与碳交易市场碳价格比较会影响企业的减排行为抉择，政府应给予适当引导。

5.3.4　RDF 产品制备及应用案例

利用装饰装修垃圾高热值组分制备 RDF 产品案例

贵州正安生活垃圾处理厂 RDF 制备生产性试验研究主场地位于贵州省遵义市正安县凤仪镇山峰村联盟组（正安县生活垃圾填埋场旁）。利用垃圾分选车间，试验接收的装饰装修垃圾高热值组分来源于当地经前端人工分选回收可利用组分后剩余的高热值部分，原料存放利用厂区室外及分选车间上料区。

该项目设计装修垃圾高热值组分处理量 10t/h，采用"硬质物料粗破、软质物料链板上料＋磁选＋筛分＋筛下灰土外运＋筛上物摩擦清洗细碎＋混料＋RDF 制备"的资源化处理工艺。该生产线采用全封闭作业，选用先进的主体工艺设备、除尘设备，在噪声、粉尘和污水处置方面完全满足环保要求。

针对城镇装修垃圾预处理分选过程产生的竹木、织物、塑料等高热值轻质物，该项目资源化处理生产线可以接收"硬质""软质"两类物料，生产线前端采用分类进料方式，根据物料特性进行预处理后，后端将汇合进行资源化处理，制备 RDF 产品。该生产线物料适应性强、运营成本相对较低、工艺运行稳定。生产线工艺流程如图 5-10 所示。

（1）生产线工艺流程

运抵本处理厂的原料垃圾首先于厂区内的原料存储区域卸料，暂存区域室内部分约

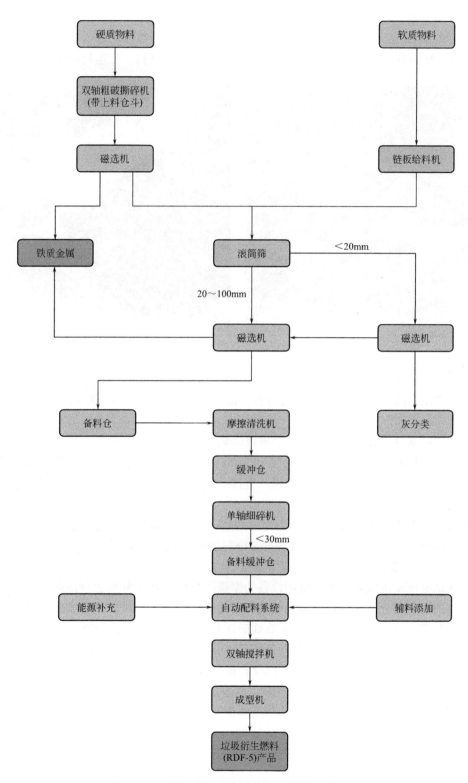

图 5-10 装饰装修垃圾高热值组分制备工艺流程

1000m²，室外露天区域约 2000m²，满足连续生产的储料需求。

根据实际生产经验及调研分析，来料垃圾大致可分为两类：①软质物料（如纤维编织物、墙纸、塑料等）（图 5-11）；②硬质物料（如竹木装饰材料、保温材料等）（图 5-12）。

图 5-11　软质物料　　　　　　　　　　图 5-12　硬质物料

通过调度指挥及人机协同作业，可将上述两类来料于原料存储区域的不同料库区分类存放。其中混入的生活垃圾归入软质物料，混入的大件垃圾归入硬质物料，分类进入生产线。

硬质物料通过装载机上料至双轴粗破撕碎机，撕碎机安装上料仓，具备约 2m³ 的缓冲容积。硬质物料经粗破后，尺寸一般在 100mm 以下，通过磁选机回收铁质金属，之后进入滚筒筛分单元。软质物料通过装载机，直接上料至链板给料机，会同经粗破和磁选后的硬质物料，进入滚筒筛分单元。

滚筒筛筛网孔径设置为 20mm，粒径＜20mm 的筛下物经磁选进一步回收金属后，作为灰分、渣土统一收集外运；20～100mm 物料经磁选回收金属后，进入中间料仓，容积为 10m³，为进入深度清洗单元做好备料缓冲。

本次试验深度清洗除杂单元选用设备为摩擦清洗机，旨在分离去除滚筒筛分单元无法完全分离的附着灰分杂质，以保障二级破碎单元运转顺畅，并可以提高成品 RDF 品质。

经过摩擦清洗单元后，物料进入单轴破碎机，对物料进行充分细碎，破碎机自带筛网，孔径为 30mm，满足后续 RDF 制备的尺寸要求，并于 10m³ 中间料仓缓冲备料。

根据产品需求类型不同，本次试验设置散料生产线和成型生产线，分别制备 RDF-3 产品和 RDF-5 产品。物料根据用途要求，可通过配料系统加入生石灰，从而达到控制混合物料热值和含水率的作用，以保障产品的质量。混合输送的物料进入双轴搅拌机搅拌后，含水率控制在 20% 以下（试验现场物料含水率一般在 10% 以内），经上料系统送入 RDF 成型机加热挤压成型，进行适当静置后，即可运往库区或就地包装。

本次试验预分拣区域以及铁磁性金属汇总出料区域均设置危险废弃物分拣工位，识别物料中的油漆桶、胶水桶、废灯泡等危险废弃物，分拣出的危废单独隔离收集运送至危废处理厂（图 5-13～图 5-16）。

图 5-13　原料暂存仓

图 5-14　分选后回收金属

图 5-15　分选后灰渣混合物

图 5-16　RDF 成品生产

　　装修垃圾高热值组分资源化处理线主产品为 RDF 产品（分为 RDF-3 和 RDF-5 两种规格），现场将 RDF-5 产品送至中国建材检验认证集团贵州有限公司，对产品主要指标进行检测。RDF 产品收到基低位发热量达到 21199J/g（约合 5064kcal）。通过调研，满足 2500kcal 的 RDF 产品即已具备销售价值，当达到 4000kcal 时，将成为水泥行业替代燃料需求的优质采购对象。

　　（2）RDF 产品在水泥行业应用前景

　　《高耗能行业重点领域节能降碳改造升级实施指南（2022 年版）》（发改产业〔2022〕200 号）——《水泥行业节能降碳改造升级实施指南》（后文简称：《指南》）提出，水泥熟料能效标杆水平为 100kg 标准煤/t，基准水平为 117kg 标准煤/t。按照电热当量计算法，截至 2020 年底，水泥行业能效优于标杆水平的产能仅为 5%，能效低于基准水平的产能约占 24%。

　　《指南》明确指出，水泥行业未来将积极开展节能低碳技术发展路线研究，加大技术攻关力度，加快先进适用节能低碳技术产业化应用。其中，包括推广大比例替代燃料技术，利用生活垃圾、固体废弃物和生物质燃料等替代煤炭，减少化石燃料的消耗量，提高水泥窑协同处置生产线比例。需要加强清洁能源原燃料替代，建立替代原燃材料供应支撑体系，加大清洁能源使用比例（图 5-17～图 5-19）。

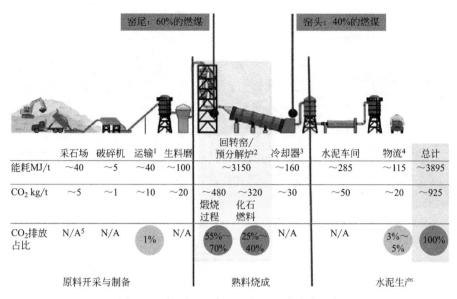

图 5-17　新型干法水泥生产工艺碳排放示意

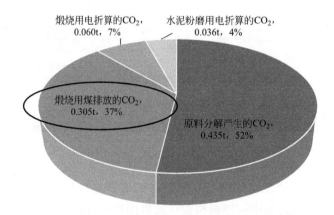

图 5-18　每吨水泥产生 CO_2 排放量

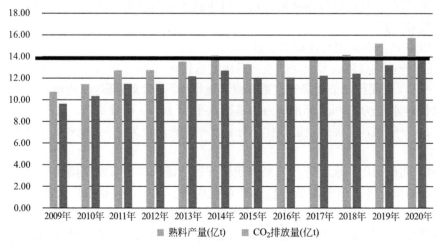

图 5-19　中国水泥行业熟料产量和 CO_2 排放量关系

综上所述，若水泥行业的燃料替代率达到 30%，可节约化石类燃料 30%，从而可以减少因化石类燃料燃烧产生的 CO_2 约 0.091t/t 水泥，约为水泥生产过程排放 CO_2 量的 10%。可见，替代燃料是更优先、更具成本效益的手段。

5.4 装饰装修垃圾其他组分资源化处置及案例

5.4.1 金属类资源化处置技术

装饰装修垃圾中分选出的金属类物质主要分为有色金属和黑色金属两种，需要经过集中分选处理才能得到有效应用。

黑色金属主要指铁、锰、铬及其合金，如钢、生铁、铁合金、铸铁等。黑色金属又称钢铁材料，包括含铁 90% 以上的工业纯铁，含碳 2%～4% 的铸铁，含碳小于 2% 的碳钢，以及各种用途的结构钢、不锈钢、耐热钢、高温合金不锈钢、精密合金等。

有色金属可分为四类：重金属、轻金属、贵金属、稀有金属。广义的有色金属还包括有色合金，是以一种有色金属为基体，加入一种或几种其他元素而构成的合金。狭义的有色金属又称非铁金属，是铁、锰、铬以外的所有金属的统称。有色合金的强度和硬度一般比纯金属高，并且电阻大、电阻温度系数小。其中有通过快速冷凝工艺获得的非晶态金属材料，以及准晶、微晶、纳米晶金属材料等，还有隐身、抗氢、超导、形状记忆、耐磨、减振阻尼等特殊功能合金以及金属基复合材料等。

以东北某项目为例，对分选废旧金属处置流程进行介绍。该项目建设规模为年回收加工 20 万 t 废钢、整合网络交易量 56.3 万 t；建设占地 60 亩，建设 1 条废金属破碎生产线、1 条废金属液压剪切生产线，同时配置抓钢机（WZY42-5）2 台、装载机（ZL50C）2 台、小型剪切机（HS-200）4 台、行吊（QC 型 10t）4 台、废旧钢铁打包机（HSB-200）1 台，配套建设厂房、仓库。

1）废钢铁拆解加工工艺流程

本项目废钢拆解加工工艺主要为两条生产线：剪切生产线，主要用于加工 5mm 厚度以上的废钢；破碎生产线，主要用于加工 5mm 厚度以下的废钢。

剪切生产线工艺流程：首先将进场废钢中不易破碎的超长、超厚、超粗料捡出，采用废金属液压剪切生产线加工成剪切料供应钢厂。工艺先进性在于改变过去电气焊切割造成的损耗、浪费以及空气污染，同时工作效率得到大幅度提高（图 5-20）。

图 5-20 废金属剪切生产线工艺流程

破碎生产线工艺流程：由抓钢机将分拣后的废钢送至履带式输送机上料至双辊筒碾压机，对物料进行碾压后进入破碎机，采用锤击方式进行，在破碎中可将废钢铁表面的铁锈、油漆等表面污物分离，再在磁力分选下将废钢铁与塑料和有色金属相分离，磁选后送至成品堆料场。破碎机产生的灰尘经袋式除尘器处理后达到排放标准；有色金属和废橡胶、塑料经人工分拣后回收利用（图 5-21）。

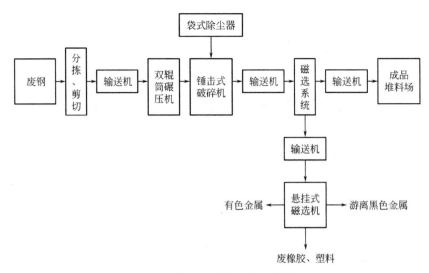

图 5-21　废金属破碎生产工艺流程

2）工艺优势

采用此工艺加工后的洁净废金属，在炼钢过程中具有以下优势：①洁净废钢堆集密度大，可达 1.2t/m³ 左右，是最理想的炼钢炉料；②炼钢收得率高，即炼出的钢水与投入废钢量比例高；③每炉钢水的化学成分稳定，钢水中磷、硫含量降低；④和其他废钢混合加料时，破碎钢可填充空隙，提高加料密度；⑤冶炼时加料次数少，电极破损少，降低炼钢成本；⑥空气污染减少，技术操作较容易；⑦炉内受热均匀，耐火材料的寿命延长；⑧每吨钢水的耗电量降低；⑨生产效率提高。

钢铁经磁选后分离出的废物可经人工挑选获得以下物质：①铜、铝、锌、锡及其他有色金属；②可回收利用的橡胶、塑料。这样既提高了企业的经济效益，又减少了废物的二次污染。

3）废金属最终利用方式

废金属主要通过火法富集、湿法溶解、微生物吸附等工艺实现资源化处置利用，既减少对自然环境的破坏，又降低金属冶炼成本，具体如图 5-22 所示。

5.4.2　玻璃类资源化处置技术

针对装饰装修垃圾中分选出的废玻璃，结合国内外废玻璃回收及资源化利用情况，将废玻璃定向加工为某种成品产品，例如玻璃骨料、玻璃污水管、玻璃贴面、玻璃沥青等，生产以上产品，回收应用技术仍存在众多问题，不同的应用对废玻璃原料的选择很苛刻，产品应用领域也不够广泛，很难产业化。而且其工艺流程链较长，产品单一，容易受市场需求波动影响。

考虑到国内建筑节能要求的不断提升，以及废玻璃在国内外再生为建筑保温板材的成功案例，加之目前国内的保温板材少有既保温隔热，又防火阻燃的量产线，而且价格昂贵等因素，废玻璃处置项目将产品方向定为建筑保温板材不失为理想选择。

以沈阳某项目为例，对分选废玻璃处置流程进行介绍。该项目废玻璃及其制品处置项目设计处理规模为 50t/天（1.5 万 t/年），生产部门实行三班制，单班 8h。该项目工艺流

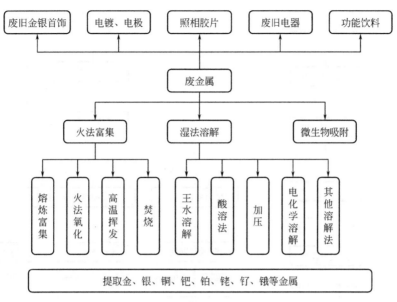

图 5-22 废金属资源化处置利用工艺流程

程如图 5-23 所示。

废弃玻璃再生资源化生产线即泡沫玻璃生产线是一条全自动化成套生产线。该项目以回收的废玻璃和外购平板玻璃为原料进行泡沫玻璃建筑板材的生产，其中回收的废玻璃需经过预处理线进行颜色分离（通过人工检查工位辅助分离深色系玻璃、浅色系玻璃和无色玻璃），然后通过前后两级破碎将原料废玻璃破碎至 7mm 以下，其间通过磁选回收掺杂的金属物质，而后通过螺旋分级机对废玻璃进行清洗，去除纸类、砂土等轻质物，经振动筛沥水、过滤杂质后，进入烘干滚筒去除废玻璃水分，之后便可进入球磨机将原料废玻璃研磨成粉（粒径一般在 30μm 以下），与发泡剂混合搅拌后进入烧结系统，制备成品泡沫玻璃板材。

对于外购平板玻璃，因其原料纯正，无需进行分选除杂处理，只需进行破碎、研磨即可进入烧结系统，制备成品泡沫玻璃板材。

1）给料及破碎

堆放的废玻璃原料经由装载机运输，进入废玻璃处理主厂房，送至板式给料机上料，原料废玻璃通过运输皮带送至人工检查工位。

该工程设置的人工检查工位为辅助分选设施，当批量板材产品对原料玻璃颜色差异要求较高时，可在此工段将废玻璃分离为深色系原料、浅色系原料和无色玻璃原料，分选后的不同色系废玻璃各自进入后续预处理生产线。如该批量产品板材对原料要求不高或来料玻璃本身属同色系玻璃时，则无需对其进行人工选择。同样，当来料玻璃为外购平板玻璃时，原料可直接进入后续破碎环节。

该工程废玻璃预处理线共设置两道破碎环节，均采用锤式破碎机。第一道初步破碎可将来料玻璃破碎为 50mm 以下的粗料，其后设置磁选环节，回收原料玻璃中掺杂的金属物质，再经清洗、沥水、筛选、烘干后，进入第 2 道细破碎环节，可将废玻璃粒径控制在 7mm 以下。

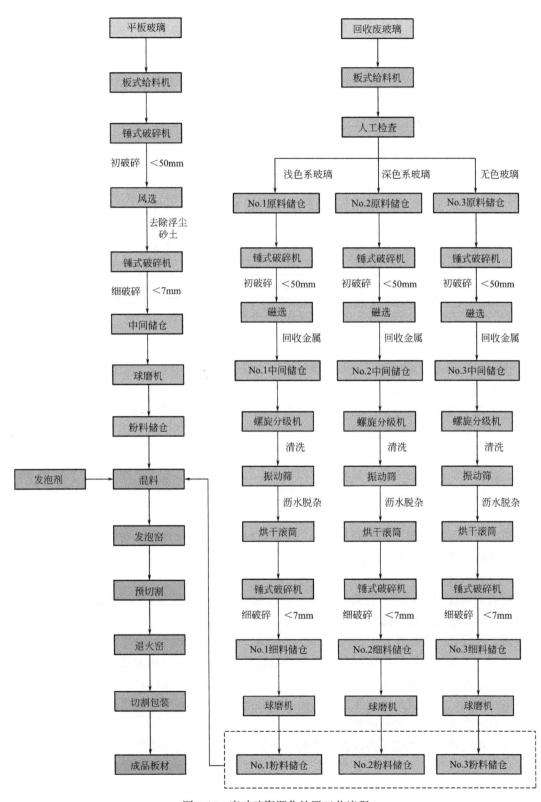

图 5-23 废玻璃资源化处置工艺流程

采用锤式破碎机进行物料破碎，锤式破碎机工作时，电机带动转子作高速旋转，物料均匀进入破碎机腔中，高速回转的锤头冲击、剪切撕裂物料致物料被破碎，同时，物料自身的重力作用使物料从高速旋转的锤头冲向架体内挡板、筛条，大于筛孔尺寸的物料阻留在筛板上继续受到锤子的打击和研磨，直到破碎至所需出料粒度，最后通过筛板排出机外。

2）清洗及烘干

原料废玻璃经初步破碎、回收金属后，需对混杂的砂土、纸张、塑料等轻质物和玻璃瓶残留液体、有机质等杂质进行清洗和去除。

本工程选用的清洗设备为螺旋分级机，其借助固体颗粒由于比重不同而在液体中沉淀速度不同的原理，进行清洗过程的同时实现机械分级。螺旋分级机能将磨机内磨出的料粉过滤，然后将粗料利用螺旋片旋入磨机进料口，把过滤出的细料（轻质杂质、砂土等）从溢流管排出。

螺旋分级机主要由传动装置、螺旋体、槽体、升降机构、下部支座（轴瓦）和排矿阀组成。螺旋分级机底座采用槽钢，机体采用钢板焊接而成。螺旋轴的入水头和轴头采用生铁套，耐磨耐用。物料经螺旋分级机清洗、初步除杂后，进入直线振动筛进行沥水、深度过滤，进一步去除细砂等杂质。

废玻璃物料经清洗、沥水、除杂后，可根据产品要求进入烘干系统，将原料水分调整至要求范围。本工程烘干设备选用烘干滚筒，其热源可来自后续烧结系统发泡炉产生的工作余热。经滚筒烘干后，原料废玻璃可进入后续细破碎环节，之后进入细料储仓。

3）研磨系统

经细破碎处理后的7mm以下玻璃原料进入研磨环节。该工程选用陶瓷球磨机对细料进行研磨处理，制成粒径30μm以下的玻璃粉末。

陶瓷球磨机通体均由陶瓷制成，是国内选矿机械专家结合国内最新型的球磨技术研制开发的又一新型节能球磨设备，不但提高了生产能力和破碎效率，还扩大了应用范围，从石灰石到玄武岩，从石料生产到各种矿石破碎，都可以在各种中碎、细碎、超细碎作业中提供无与伦比的破碎、研磨性能，完全适用于本工程的物料要求。

陶瓷球磨机的结构可以分为整体式和独立式。陶瓷球磨机与其他球磨机相比省电省时、容易操作，性能更加稳定可靠。陶瓷球磨机主要用于物料的混合、研磨，产品的细度均匀，节省动力，既可干磨，也可湿磨。该机可以根据生产需要采用不同的衬板类型。

研磨作业的细度依靠研磨时间自行控制。电动机自减压启动，降低启动电流，其结构分为整体式、独立式。本设备具有投资少、较同类产品节能省电、结构新颖、操作简便、使用安全、性能稳定可靠等特点。适用于普通和特殊材料的混合及研磨作业。生产过程可依据物料比重，硬度，并根据产量等因素综合考虑选择合适的型号和衬板、介质类型。

废玻璃经研磨处理后，根据颜色、来料种类不同，分别存储于不同粉料储仓中，作为烧结系统的原料，随时可通过中转设备送至烧结生产车间。

4）混合搅拌

经过前端预处理系统的玻璃粉末由粉末输送装置送进混合搅拌机，把玻璃粉和发泡剂混合搅拌，形成混合粉末体。

玻璃粉末是在真空的环境下输送到混合搅拌机里的。由于粉末输送装置为真空状态，降低了静电的发生率，制造了一个无粉尘的清洁安全作业环境。

5）烧结系统

玻璃和添加发泡剂的混合粉末分批进入烧结系统入口。该工程烧结系统由发泡窑、退火窑和切割包装系统组成（图5-24）。

图5-24　发泡窑及退火窑装置设备

烧结系统可以连续进行冷却和切割过程，从而不必进行费时费力的装模和卸模以及对单独块的切割。一切都在一个连续的过程中完成，工作效率得到最大实现。而且，对于发泡玻璃坯，只在长度或输送方向上调节温度梯度，但该温度在发泡玻璃带的宽度和厚度上是恒定的，因此横向不会出现应力并且通过输送方向上的缓慢冷却，可保证一个相对的应力补偿。

根据烧结工艺流程，混合玻璃粉末在发泡窑反应区控制温度可达600℃以上，经预退火至540℃左右后，进行发泡玻璃带的预切割操作，为后续退火及成型环节提供基础。经预切割后的泡沫玻璃带进入退火窑，经历退火、后退火区后，温度由480℃降至60℃以下。中间产品板材在退火窑的出口可转至自动切割和打包系统，根据销售订单的尺寸，进行泡沫玻璃板材最终的切割和打磨，并包装成成品，由叉车送至成品仓库区储存（图5-25）。

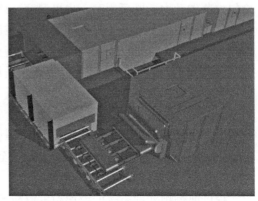

图5-25　预切割及板材成型原料示意

5.5 装饰装修垃圾最终填埋处置及案例

5.5.1 装饰装修垃圾最终填埋处置

装修垃圾是装饰装修房屋过程中产生的废弃物,主要包括粉剂、塑料、纺织物、竹木、砖及混凝土块、油漆桶等。根据《建筑垃圾处理技术标准》CJJ/T 134—2019 要求,装饰装修垃圾的处理方式为资源化利用和填埋处置两种方式。因此对于暂时无法利用的装饰装修垃圾应进行填埋处置。

《建筑垃圾处理技术标准》CJJ/T 134—2019 规定的填埋处置,指的是采取防渗、铺平、压实、覆盖等对建筑垃圾进行处理和对污水等进行治理的处理方法。

填埋处置场应配置垃圾坝、防渗系统、地下水与地表水收集导排系统、渗沥液收集导排系统、填埋作业、封场覆盖及生态、修复系统、填埋气导排处理与利用系统、安全与环境监测、污水处理系统、臭气控制与处理系统等。

5.5.1.1 装饰装修垃圾填埋场选址

装饰装修垃圾填埋场一般利用城镇近郊低洼地或山谷等进行建设,装饰装修垃圾资源化技术条件成熟后,可将此部分建筑垃圾进行资源化利用。建筑垃圾填埋场选址宜在交通方便、距离建筑垃圾产生源较近,近期不会规划使用、库容量满足填埋要求的地区;禁止设置在地下水集中供水水源地及补给区、活动的坍塌地带、风景游览区和文物古迹区。

装饰装修垃圾填埋场可以市、县为单位集中设置。宜选择在自然低洼地势的山谷(坳)、采石场废坑等交通方便、运距合理、土地利用价值低、地下水贫乏的地区。建筑垃圾填埋场应配备计量、防渗、防洪、排水、道路等设施和推铺、洒水降尘等设备。

5.5.1.2 入场填埋要求

装饰装修垃圾入场时应进行预处理,处理后抗剪强度指标应满足堆填体边坡稳定安全控制要求。填埋作业应控制堆填速率,当堆填速率超过 1m/月时,应对堆体和地基稳定性进行监测。

进场物料粒径宜小于 0.3m,大粒径物料宜先进行破碎预处理且级配合理方可填埋处置,尖锐物宜进行打磨后填埋处置。

物料粒径应结合铺填厚度及碾压方式进行选择,一般要求回填物料最大粒径不得超过每层铺填厚度的 2/3,当使用振动碾压时,不得超过每层铺填厚度的 3/4,铺填时,大块物料不应集中,且不得填在分段接头处或填方与山坡连接处。

5.5.1.3 地基处理与场地平整

填埋库区地基应是具有承载填埋体负荷的自然土层或经过地基处理的稳定土层。对不能满足承载力、沉降限制及稳定性等工程建设要求的地基,应进行相应的处理。填埋库区地基及其他建(构)筑物地基的设计应按《建筑地基基础设计规范》GB 50007—2011 及《建筑地基处理技术规范》JGJ 79—2012 的有关规定执行。

在选择地基处理方案时,应经过实地考察和岩土工程勘察,结合填埋堆体结构、基础和地基的共同作用,经过技术经济比较确定。应防止地基沉降造成防渗衬里材料和污水收集管的拉伸破坏，应对填埋库区地基进行地基沉降及不均匀沉降计算。填埋库区地基边坡设计应按《建筑边坡工程技术规范》GB 50330—2013、《水利水电工程边坡设计规范》SL 386—2007、《生活垃圾卫生填埋场岩土工程技术规范》CJJ 176—2012 有关规定执行。

经稳定性初步判别有可能失稳的地基边坡以及初步判别难以确定稳定性状的边坡，应进行稳定计算。对可能失稳的边坡，宜进行边坡支护等处理。边坡支护结构形式可根据场地地质和环境条件、边坡高度以及边坡工程安全等级等因素选定。场地平整应满足填埋库容、边坡稳定、防渗系统铺设及场地压实度等方面的要求。

场地平整宜与填埋库区膜的分期铺设同步进行，并应设置堆土区，用于临时堆放开挖的土方。场地平整应结合填埋场地形资料和竖向设计方案，选择合理的方法进行土方量计算。填挖土方相差较大时，应调整库区设计高程。

5.5.1.4 垃圾坝与坝体稳定性

垃圾坝分类应符合下列规定：①根据坝体材料不同，坝型可分为（黏）土坝、碾压式土石坝、浆砌石坝及混凝土坝四类。采用一种筑坝材料的应为均质坝，采用二种及以上筑坝材料的应为非均质坝。②根据坝体高度不同，坝高可分为低坝（低于5m）、中坝（5～15m）及高坝（高于15m）。③根据坝体所处位置及主要作用不同，坝体位置类型分类宜符合表5-9的要求。④根据垃圾坝下游情况、失事后果、坝体类型、坝型（材料）及坝体高度不同，坝体位置类型分类见表5-9，坝体建筑级别分类宜符合表5-10的要求。

坝体位置类型分类　　　　　　　　　　　　　　　　　　表5-9

坝体类型	习惯名称	坝体位置	坝体主要作用
A	围堤	平原型库区周围	形成初始库容、防洪
B	截洪坝	山谷型库区上游	拦截库区外地表径流并形成库容
C	下游坝	山谷型库区与调节池之间	形成库容的同时形成调节池
D	分区坝	填埋库区内	分隔填埋库区

垃圾坝体建筑级别分类　　　　　　　　　　　　　　　　表5-10

建筑级别	坝下游存在的建（构）筑物及环境	失事后果	坝体类型	坝型（材料）	坝高
I	生产设备、生活管理区	对生产设备造成严重破坏，对生活管理区带来严重损失	C	混凝土坝、浆砌石坝	≥20m
				碾压式土石坝、（黏）土坝	≥15m
II	生产设备	仅对生产设备造成一定破坏或影响	A、B、C	混凝土坝、浆砌石坝	≥10m
				碾压式土石坝、（黏）土坝	≥5m
III	农田、水利或水环境	影响不大，破坏较小，易修复	A、D	混凝土坝、浆砌石坝	<10m
				碾压式土石坝、（黏）土坝	<5m

注：当坝体根据表中指标分属于不同级别时，其级别应按最高级别确定。

坝址、坝高、坝型及筑坝材料选择应符合下列规定：①坝址选择应根据填埋场岩土工程勘察及地形地貌等方面的资料，结合坝体类型、筑坝材料来源、气候条件、施工交通情况等因素，经技术经济比较确定；②坝高选择应综合考虑填埋堆体坡脚稳定、填埋库容及投资等因素，经过技术经济比较确定；③坝型选择应综合考虑地质条件、筑坝材料来源、施工条件、坝高、坝基防渗要求等因素，经技术经济比较确定；④筑坝材料的调查和土工试验应按《水利水电工程天然建筑材料勘察规程》SL 251—2015 的规定执行。土石坝的坝体填筑材料应以压实度作为设计控制指标。

坝基处理及坝体结构设计应符合下列规定：①垃圾坝地基处理应符合现行国家及行业标准《建筑地基基础设计规范》GB 50007、《建筑地基处理技术规范》JGJ 79、《碾压式土石坝设计规范》SL 274、《混凝土重力坝设计规范》SL 319 及《碾压式土石坝施工规范》DL/T 5129 的相关规定；②坝基处理应满足渗流控制、静力和动力稳定、允许总沉降量和不均匀沉降量等方面要求，保证垃圾坝的安全运行；③坝坡设计方案应根据坝型、坝高、坝的建筑级别、坝体和坝基的材料性质、坝体所承受的荷载以及施工和运用条件等因素，经技术经济比较确定；④坝顶宽度及护面材料应根据坝高、施工方式、作业车辆行驶要求、安全及抗震等因素确定；⑤坝坡马道的设置应根据坝面排水、施工要求、坝坡要求和坝基稳定等因素确定；⑥垃圾坝护坡方式应根据坝型（材料）和坝体位置等因素确定。

坝体稳定性分析应符合下列规定：①垃圾坝体建筑级别为Ⅰ、Ⅱ类的，在初步设计阶段应进行坝体安全稳定性分析计算；②坝体稳定性分析的抗剪强度计算，宜按现行行业标准《碾压式土石坝设计规范》SL 274 的有关规定执行。

5.5.1.5 地下水收集与导排

根据填埋场场址水文地质情况，当可能发生地下水对基础层稳定或对防渗系统破坏时，应设置地下水收集导排系统。地下水水量的计算宜根据填埋场址的地下水水力特征和不同埋藏条件分不同情况计算。

根据地下水水量、水位及其他水文地质情况，可选择采用碎石导流层、导排盲沟、土工复合排水网导流层等方法进行地下水导排或阻断。地下水收集导排系统应具有长期的导排性能。地下水收集导排系统可参照污水收集导排系统进行设计。地下水收集管管径可根据地下水水量进行计算确定，干管外径不应小于 250mm，支管外径不宜小于 200mm。

当填埋库区所处地质为不透水层时，可采用垂直防渗帷幕配合抽水系统进行地下水导排。垂直防渗帷幕的渗透系数不应大于 1.0×10^{-5} cm/s。

5.5.1.6 防渗系统

防渗系统应根据填埋场工程地质与水文地质条件进行选择。当天然基础层饱和渗透系数小于 1.0×10^{-7} cm/s，且场底及四壁衬里厚度不小于 2m 时，可采用天然黏土类衬里结构。当天然黏土基础层进行人工改性压实后达到天然黏土衬里结构的等效防渗性能要求时，可采用改性压实黏土类衬里作为防渗结构。

人工合成衬里的防渗系统宜采用复合衬里防渗结构，位于地下水贫乏地区的防渗系统可采用单层衬里防渗结构。

（1）库区底部复合衬里结构

库区底部复合衬里结构如图 5-26 所示，宜符合下列规定。

1）基础层的土压实度不应小于 93%。

2）反滤层（可选择层）宜采用土工滤网，规格不宜小于 $200g/m^2$。

3）地下水导流层（可选择层）宜采用卵（砾）石等石料，厚度不应小于 30cm，石料上应铺设非织造土工布，规格不宜小于 $200g/m^2$。

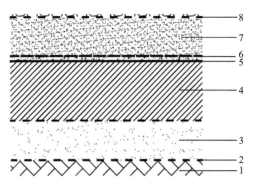

图 5-26 库区底部复合衬里结构

1—基础层；2—反滤层（可选择层）；3—地下水导流层
（可选择层）；4—防渗及膜下保护层；5—膜防渗层；
6—膜上保护层；7—污水导排层；8—缓冲层

4）复合防渗兼膜下保护层当采用黏土时，黏土渗透系数应≤$1.0×10^{-5}$cm/s，厚度宜≥75cm，且不含砾石、金属、树枝等尖锐物；当采用 GCL 膨润土垫时，渗透系数应≤$5.0×10^{-9}$cm/s，规格应≥4800g/m^2。

5）膜防渗层应采用 HDPE 土工膜，厚度不应小于 1.5mm。

6）膜上保护层宜采用非织造土工布，规格不宜小于 800g/m^2。

7）污水导排层宜采用卵（砾）石等石料，厚度不应小于 30cm，粒径宜为 20～60mm，$CaCO_3$ 含量不应大于 10%，石料下可增设土工复合排水网，规格不小于 5mm；石料上应设反滤层，反滤层宜采用土工滤网，规格不宜小于 200g/m^2。

8）缓冲层宜采用袋装土，厚度不小于 500mm。

（2）库区边坡复合衬里结构

1）基础层的土压实度不应小于 90%。

2）复合防渗兼膜下保护层当采用黏土时，黏土渗透系数应≤$1.0×10^{-5}$cm/s，厚度宜≥20cm，且不含砾石、金属、树枝等尖锐物；当采用 GCL 膨润土垫时，渗透系数应≤$5.0×10^{-9}$cm/s，规格应≥4800g/m^2。

3）防渗层应采用 HDPE 土工膜，厚度应≥1.5mm。

4）膜上保护层宜采用非织造土工布，规格宜≥800g/m^2。

5）缓冲层宜采用袋装土，厚度不小于 500mm。

（3）单层衬里结构

1）库区底部单层衬里结构如图 5-27 所示，宜符合以下规定。

2）基础层的土压实度不应小于 93%。

3）反滤层（可选择层）宜采用土工滤网，规格不宜小于 200g/m^2。

4）地下水导流层（可选择层）宜采用卵（砾）石等石料，厚度不应小于 30cm，石料上应铺设非织造土工布，规格不宜小于 200g/m^2。

5）膜下保护层当采用土层时，土层厚度不宜小于 75cm，且不含砾石、金属、树枝等尖锐物；当采用非织造土工布时，规格不宜小于 600g/m^2。

6）膜防渗层应采用 HDPE 土工膜，厚度不应小于 1.5mm。

7）膜上保护层宜采用非织造土工布，

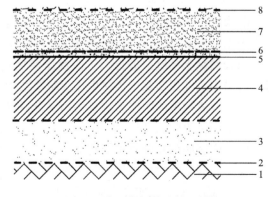

图 5-27 库区底部单层衬里结构

1—基础层；2—反滤层（可选择层）；3—地下水导流层（可选择层）；4—膜下保护层；5—膜防渗层；

6—膜上保护层；7—污水导排层；8—缓冲层

规格不宜小于 $800g/m^2$。

8）污水导排层宜采用卵（砾）石等石料，厚度不应小于 30cm，粒径宜为 20～60mm，$CaCO_3$ 含量不应大于 10%，石料下可增设土工复合排水网，规格不小于 5mm；石料上应设反滤层，反滤层宜采用土工滤网，规格不宜小于 $200g/m^2$。

9）缓冲层宜采用袋装土，厚度不小于 500mm。

（4）库区边坡单层衬里结构

1）基础层的土压实度不应小于 90%。

2）膜下保护层当采用土层时，土层厚度不宜小于 20cm，且不含砾石、金属、树枝等尖锐物；当采用非织造土工布时，规格不宜小于 $600g/m^2$。

3）防渗层应采用 HDPE 土工膜，厚度不应小于 1.5mm。

4）膜上保护层宜采用非织造土工布，规格不宜小于 $800g/m^2$。

5）缓冲层直采用袋装土，厚度不小于 500mm。

5.5.1.7　污水导排与处理

（1）污水水质与水量计算

1）污水水质参数宜通过取样测试确定，也可参考国内同类地区同类型的填埋场实际情况合理选取。

2）污水产生量宜采用经验公式法进行计算，计算时应充分考虑填埋场所处气候区域，建筑垃圾渗出水量可忽略不计。

3）污水产生量计算取值应符合下列规定：①指标应包括最大日产生量、日平均产生量及逐月平均产生量的计算；②当设计计算污水处理规模时应采用日平均产生量；③当设计计算污水导排系统时应采用最大日产生量；④当设计计算调节池容量时应采用逐月平均产生量。

（2）污水收集系统

填埋库区污水收集系统应包括盲沟、集液井（池）、泵房、调节池及污水水位监测井。

盲沟设计应符合下列规定：①宜采用砾石、卵石或碎石（$CaCO_3$ 含量不应大于 10%）铺设，石料的渗透系数不应小于 1.0×10^{-3}cm/s。主盲沟石料厚度不宜小于 40cm，粒径从上到下依次为 20～30mm、30～40mm、40～60mm；②盲沟内应设置高密度聚乙烯（HDPE）收集管，管径应根据所收集面积的渗沥液最大日流量、设计坡度等条件计算，HDPE 收集干管公称外径（DN）不应小于 315mm，支管外径（DN）不应小于 200mm；③HDPE 收集管的开孔率应保证环刚度要求。HDPE 收集管的布置宜呈直线；④主盲沟坡度应保证渗沥液能快速通过渗沥液 HDPE 干管进入调节池，纵、横向坡度不宜小于 2%；⑤盲沟系统宜采用鱼刺状和网状布置形式，也可根据不同地形采用特殊布置形式（反锅底型等）；⑥盲沟断面形式可采用菱形或梯形，断面尺寸应根据渗沥液汇流面积、HDPE 管管径及数量确定；⑦中间覆盖层的盲沟应与竖向收集井相连接，其坡度应能保证渗沥液快速进入收集井。

调节池宜按库区分区情况设置，并宜设在填埋库区外侧。调节池设计应符合以下规定：①调节池容积不应小于 3 个月的渗沥液处理量；②调节池可采用 HDPE 土工膜防渗结构，也可采用钢筋混凝土结构；③HDPE 土工膜防渗结构调节池的池坡比宜小于 1：2，防渗结构不低于库底防渗要求；④钢筋混凝土结构调节池池壁应作防腐蚀处理；⑤调节池宜设置 HDPE 膜覆盖系统，覆盖系统设计应考虑覆盖膜顶面的雨水导排、膜下的沼气导排及池底污泥的清理。

（3）污水处理

污水处理后排放标准应达到国家现行相关标准的指标要求或环保部门规定执行的排放标准。污水处理工艺应根据污水的水质特性、产生量和达到的排放标准等因素，通过多方案技术经济比较进行选择。

污水处理宜采用预处理＋物化处理工艺组合。污水预处理可采用混凝沉淀、砂滤等工艺。污水物化处理可采用纳滤（NF）、反渗透（RO）、蒸发、回喷法、吸附法、化学氧化等工艺。污水处理中产生的污泥和浓缩液应进行无害化处置。

5.5.1.8 地表水导排

填埋场防洪系统应符合下列规定：①填埋场防洪系统设计应符合《防洪标准》GB 50201—2014、《城市防洪工程设计规范》GB/T 50805—2012 的规定，防洪标准应按不小于 50 年一遇洪水水位设计，按 100 年一遇洪水水位校核；②填埋场防洪系统可根据地形设置截洪坝、截洪沟以及跌水和陡坡、集水池、洪水提升泵站、穿坝涵管等构筑物，洪水流量可采用小流域经验公式计算；③当填埋库区外汇水面积较大时，可根据地形设置数条不同高程的截洪沟；④填埋场外无自然水体或排水沟渠时，截洪沟出水口宜根据场外地形走向、地表径流流向、地表水体位置等设置排水管渠。

填埋库区雨污分流系统应符合下列规定：①填埋库区雨污分流系统应阻止未作业区域的汇水流入垃圾堆体，应根据填埋库区分区和填埋作业工艺进行设计；②平原型填埋场分区应以水平分区为主，坡地型、山谷型填埋场分区宜采用水平分区与垂直分区相结合设计；水平分区应设置具有防渗功能的分区坝，各分区应根据使用顺序不同铺设雨污分流导排管；垂直分区宜结合边坡临时截洪沟进行设计，生活垃圾堆高达到临时截洪沟高程时，可将边坡截洪沟改建成渗沥液收集盲沟；③使用年限较长的填埋库区，宜进一步划分作业分区；未进行作业的分区雨水应通过管道导排或泵抽排的方法排出库区外；作业分区宜根据一定时间填埋量划分填埋单元和填埋体，通过填埋单元的日覆盖和填埋体的中间覆盖实现雨污分流；④封场后雨水应通过堆体表面排水沟排入截洪沟等排水设施。

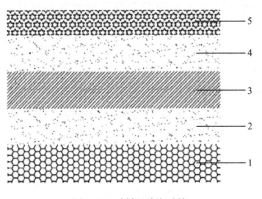

图 5-28　封场覆盖系统
1—建筑垃圾层；2—支撑及排气层（可选择层）；
3—防渗层；4—排水层；5—植被层

5.5.1.9 封场

填埋场封场设计应考虑堆体整形与边坡处理、封场覆盖结构类型、填埋场生态恢复、土地利用与水土保持、堆体的稳定性等因素。填埋场封场堆体整形设计应满足封场覆盖层的铺设和封场后生态、恢复与土地利用的要求。

堆体整形顶面坡度不宜小于 5%。边坡大于 10% 时宜采用多级台阶，台阶间边坡坡度不宜大于 1∶3，台阶宽度不宜小于 2m。

填埋场封场覆盖系统如图 5-28 所示，并应符合下列规定。

1）对支撑及排气层，当有填埋气产生时，填埋场堆体顶面宜采用粗粒或多孔材料，厚度不宜小于30cm，边坡宜采用土工复合排水网，厚度不应小于5mm。

2）防渗层宜采用黏土或替代土层，可采用高密度聚乙烯HDPE土工膜或线性低密度聚乙烯LLDPE土工膜。采用黏土或替代土层的渗透系数不宜大于1.0×10^{-7}cm，厚度不应小于30cm；采用高密度聚乙烯（HDPE）土工膜或线性低密度聚乙烯（LLDPE）土工膜，厚度不应小于1mm，膜上应敷设非织造土工布，规格不宜小于$300g/m^2$；膜下应敷设防渗保护层。

3）对于排水层，堆体顶面宜采用粗粒或多孔材料，厚度不宜小于30cm，边坡宜采用土工复合排水网，厚度不应小于5mm。

4）植被层应采用自然土加表层营养土，厚度应根据种植植物的根系深浅确定，营养土厚度不宜小于15cm。

填埋场封场覆盖后，应及时采用植被逐步实施生态恢复，并应与周边环境相协调。填埋场封场后应继续进行污水导排和处理、填埋气体导排、环境与安全监测等运行管理，直至填埋体达到稳定。填埋场封场后宜进行水土保持的相关维护工作。

填埋场封场后的土地利用前应做场地稳定化鉴定、土地利用论证，并经环境卫生、岩土、环保等部门鉴定。

5.5.1.10 填埋作业与管理

填埋场作业人员应经过技术培训和安全教育，应熟悉填埋作业要求及填埋气体安全知识。运行管理人员应熟悉填埋作业工艺、技术指标及填埋气体的安全管理。

填埋作业规程应完备，并应制定应急预案。应根据设计制定分区分单元填埋作业计划，作业分区应采取有利于雨污分流的措施。

装载、挖掘、运输、摊铺、压实、覆盖等作业设备应按填埋日处理规模和作业工艺设计要求配置。填埋物进入填埋场应进行检查和计量。垃圾运输车辆离开填埋场前宜冲洗轮胎和底盘。

填埋应采用单元、分层作业，填埋单元作业工序应为卸车、分层摊铺、压实，达到规定高度后应进行覆盖、再压实。填埋单元作业时应控制填埋作业面面积。每层垃圾摊铺厚度应根据填埋作业设备的压实性能、压实次数确定，厚度不宜超过60cm，且宜从作业单元的边坡底部到顶部摊铺。

每一单元的建筑垃圾高度宜为2~4m，最高不应超过6m。单元作业宽度按填埋作业设备的宽度及高峰期同时进行作业的车辆数确定，最小宽度不宜小于6m。单元的坡度不宜大于1:3。每一单元作业完成后，应进行覆盖。采用高密度聚乙烯土工膜（HDPE）或线性低密度聚乙烯膜（LLDPE）覆盖时，膜的厚度宜为0.5mm，采用土覆盖的厚度宜为20~30cm，采用喷涂覆盖的涂层干化后厚度宜为6~10mm。

作业场所应采取抑尘措施。每一作业区完成阶段性高度后，暂时不在其上继续进行填埋时，应进行中间覆盖，覆盖层厚度应根据覆盖材料确定，黏土覆盖层厚度宜大于30cm，膜厚度不宜小于0.75mm。填埋场场内设施、设备应定期检查维护，发现异常应及时修复。

填埋场作业过程的安全卫生管理应符合《生产过程安全卫生要求总则》GB/T 12801—2008的有关规定。填埋场应按建设、运行、封场、跟踪监测、场地再利用等阶段进行管理。

填埋场建设的有关文件资料，应按国家有关规定进行整理与保管。填埋场日常运行管理中应记录进场垃圾运输车号、车辆数量、建筑垃圾量、污水产生量、材料消耗等，记录积累的技术资料应完整，统一归档保管。填埋作业管理宜采用计算机网络管理。填埋场的计量应达到国家三级计量认证。

5.5.2　典型案例

5.5.2.1　工程概况

内蒙古某市随着城市建设的逐步加快，建筑规模不断扩大，拆迁数量不断增加，给建筑垃圾的有效监管增加了难度，因乱倒乱卸、扬尘遗撒造成的市容环境问题日渐突显，因简单、落后处理方式使建筑垃圾资源化利用程度处于较低水平。为实现建筑垃圾安全环保填埋，需实施本项目。

项目建筑垃圾堆填/填埋处置规模为 60 万 m^3/年，其中建筑渣土堆填规模 52 万 m^3/年，装饰装修垃圾填埋规模 8 万 m^3/年。整体设计库容为 700 万 m^3，建筑渣土堆填场设计库容 620 万 m^3，使用年限 12 年；装饰装修垃圾填埋场设计库容 80 万 m^3，使用年限 10 年。

本项目整体占地面积 36.24 万 m^2，其中建筑渣土堆填库区占地 20 万 m^2，装饰装修垃圾填埋库区占地 5.69 万 m^2，生产管理区占地 2.44 万 m^2，其他占地面积 8.21 万 m^2。本工程总投资约 5000 万元。

填埋场工程主要有以下内容：库区平整、坝体及分区隔堤工程、边坡工程、作业道路、防渗系统、渗沥液收集导排系统、地下水导排系统、填埋气导排系统、雨污分流系统、污水处理系统等。

5.5.2.2　拟建场地条件

（1）地层岩性特征

经勘察表明，在 25.00m 钻探深度范围内，根据成因及岩性的不同，场地地层可分为 3 个单元层，现分别描述如下：①层杂填土（Q_4^{ml}）：杂色，稍湿，松散状态；以建筑垃圾为主，局部含生活垃圾；平均厚度 5.63m，层底标高 1237.12～1251.06m；②层冲填土（Q_4^{al+pl}）：黄褐色，稍湿，松散-稍密状态；以全风化粗砂岩为主，粒径不均匀，分选性一般；平均厚度 1.06m，层底标高 1236.43～1250.06m；③层粗砂岩（N）：强风化，黄绿色，粗粒结构，块状构造，岩芯呈短柱状，主要矿石物质以石英、长石为主，属硬质岩石，钻进困难。本次勘察 25.00m 钻探深度范围内未揭穿该层。

（2）水文地质条件

勘察期间，场地 25.00m 深度范围内未发现地下水赋存，可不考虑地下水对本工程的影响。

（3）抗震设防

1）地震烈度，按照《建筑抗震设计规范》GB 50011—2010 的划分，设防烈度为 8 度，抗震分组为第二组。

2）场地类别，根据钻探结果，依据《建筑抗震设计规范》GB 50011—2010 和附近场地基剪切波速资料，场地土剪切波速 250m/s＜V_{se} 和附近覆盖层厚度大于 5m，拟建场地土为中硬土，场地类别为Ⅱ类，综合判定拟建场地属抗震一般地段。

3）地震影响系数，根据判定的场地的类别及工程场地设计地震分组，本工程场地设计基本地震加速度为 0.20g，设计特征周期为 0.40s，罕遇地震条件下的特征周期为 0.45s，多遇地震条件下水平地震影响系数最大值为 0.16，罕遇地震条件下水平地震影响系数最大值为 0.90。

（4）场地冻胀性评价

本次勘察过程中，根据《建筑地基基础设计规范》GB 50007—2011 判定，地基土冻胀等级为Ⅰ级，冻胀类别为不冻胀。

（5）场地稳定性和适宜性评价

根据勘察深度范围内所取得的资料，结合区域地质调查分析，场地范围内不具备产生破坏性的滑坡、泥石流等地质灾害的条件；本场地没有与建筑有关的环境地质问题，场地稳定。

综上，场址满足本填埋场建设要求。

5.5.2.3 入场要求

对进场物料要求：

为保证建筑垃圾消纳场运营的安全可靠，需严格执行《建筑垃圾处理技术标准》CJJ/T 134—2019 关于建筑垃圾处理的有关规定，因此对进场物料要求如下：建筑垃圾收运、处理全过程不得混入生活垃圾、污泥、河道疏浚底泥、工业垃圾和危险废物等。

1）堆填库区入场要求

利用现有低洼地块或即将开发利用但地坪标高低于使用要求的地块，且地块经有关部门认可，用符合条件的建筑垃圾替代部分土石方进行回填。

进场物料中废沥青、废旧管材、废旧木材、金属、橡（胶）塑（料）、竹木、纺织物等含量不大于 5% 时可进行堆填处理。填方应尽量选用同性质土料。堆填时的分层厚度及压实遍数如表 5-11 所示。

<table>
<tr><td colspan="3" align="center">堆填时的分层厚度及压实遍数　　　　　　　　　表 5-11</td></tr>
<tr><th>压实机具</th><th>分层厚度/mm</th><th>每层压实遍数/遍</th></tr>
<tr><td>平碾</td><td>250～300</td><td>6～8</td></tr>
<tr><td>振动压实机</td><td>250～350</td><td>3～4</td></tr>
<tr><td>柴油打夯机</td><td>200～250</td><td>3～4</td></tr>
<tr><td>人工夯实</td><td>＜200</td><td>3～4</td></tr>
</table>

2）填埋库区入场要求

采用防渗、铺平、压实、覆盖等对建筑垃圾进行处理和对污水等进行治理。

进场物料中废沥青、废旧管材、废旧木材、金属、橡（胶）塑（料）、竹木、纺织物等含量大于 5% 的建筑垃圾进行填埋处置。

5.5.2.4 总体设计

（1）设计原则

1）按照处理技术要求，消纳场库区可根据建筑垃圾分区实施。

2）结合用地范围内的土地性质、现状地形、地质条件合理布置。

（2）平面布置

本消纳场属于山谷型库区，利用下游拦渣坝及周边地形形成整体初始库容。在库区西南侧通过建设围堤，将整体库容分为两个库区，围堤内为填埋库区，主要用于填埋进场物料中废沥青、废旧管材、废旧木材、金属、橡（胶）塑（料）、竹木、纺织物等含量大于5%的建筑垃圾；围堤外为堆填库区，主要用于堆填进场物料中废沥青、废旧管材、废旧木材、金属、橡（胶）塑（料）、竹木、纺织物等含量不大于5%的建筑垃圾。根据《建筑垃圾处理技术标准》CJJ/T 134—2019 的有关规定，填埋库区需要设置防渗系统。

（3）竖向布置

1）整体原则

场底纵向和横向坡度均在2%以上，满足渗沥液收集和导排要求；在满足地基承载力及防渗设计的前提下，增加开挖量，以扩展库容；满足库区边坡的稳定性要求；满足建设及运营期间土方平衡，降低投资与运营费用。

2）填埋库区

为满足防渗和地基承载力要求，根据现场实际地形整平压实，开挖土方修筑围堤，围堤高度约为4.0m，库底标高 1208.000～1204.000m。根据库区平面布置原则，区底拟以东西向为主排水方向，纵横向均保持不小于1%的坡度。

3）堆填库区

此库区主要以堆填为主，为最大利用现场山谷型的自然库容，对于现场地形不做大的土方挖填工程，利用下游山谷地形进行堆填，整个库区拟以东西向为主排水方向。

5.5.2.5 库区平整及防渗系统

（1）场地平整

填埋库区内的场地应进行必要的处理，以为其上的防渗衬层提供良好的基础构建面，并为堆体提供足够的承载力。

填埋库区进行开挖形成初始池容，填埋库区中间设置分区隔堤，将库区分为两个区域。为做好雨污分流，中间锚固沟设置雨水排水沟。填埋库区边坡和底部设置防渗系统。

隔堤内侧采用 HDPE 膜防渗，防止渗沥液外渗。坝体就地取材用黏土夹碎石分层压实筑成，外侧进行植草护坡。

库区开挖时不过度开挖，同时设置地下水导排设施，做好预防措施。

建设作业道路，起点连接场内道路，终点接卸车平台。

（2）防渗工程

本填埋场天然基础层饱和渗透系数约为 $1.0×10^{-6}$ cm/s，满足天然基础层不应大于 $1.0×10^{-5}$ cm/s 的要求。根据《建筑垃圾处理技术标准》CJJ/T 134—2019 关于填埋场的规定，本项目填埋库区拟采用单层复合衬垫水平防渗系统。

本项目采用水平防渗方式。水平防渗是指防渗层水平方向布置，防止渗沥液向周围渗透污染地下水、防止地下水进入填埋库区。水平防渗系统根据采用设计标准的高低所选用的等级是不同的，一般从上到下依次包括过滤层、导流排水层、保护层、防渗主体结构层，另外还有地下水导排系统等。

基地防渗构造依次为：$200g/m^2$ 织造土工布；300mm 厚碎石（粒径为 20～60mm）→ $600g/m^2$ 无纺土工布→1.5mm 厚 HDPE 膜（光面）→500mm 厚黏土保护层→6mm 土工

复合排水网（地下水导排层）→压实基础。

在边坡上由于坡度较大，渗沥液导排较快，且碎石层较难在边坡上固定，因此边坡上的衬层结构与场底略有差别。此外，为防止填埋机械作业对边坡衬层材料产生破坏，设计对边坡采取一定的保护措施。目前常用的办法是使用袋装砂石。

本设计考虑边坡衬层结构如下：袋装砂石保护层→6mm 土工复合排水网→$600g/m^2$ 无纺土工布→1.5mm 厚 HDPE 土工膜（双糙面）→膨润土垫 GCL→6mm 土工复合排水网（地下水导排层）→压实基础。

黏土衬层施工过程充分考虑压实度与含水率对其饱和渗透系数的影响，并满足下列条件：每平方米黏土层高度差不得大于 2cm；黏土的细粒含量（粒径小于 0.075mm）应大于 20%，塑性指数应大于 10%，不应含有粒径大于 5mm 的尖锐颗粒物。

5.5.2.6　渗沥液导排工程

（1）渗沥液产生量

本项目渗沥液产生的原因主要为：①降水入渗；②填埋物本身含水量。由于填埋废物含水量可以忽略不计，因此本工程只考虑降水入渗。

本工程渗沥液产生量的计算经验公式：

$$Q = I \times (C_1A_1 + C_2A_2 + C_3A_3) \times 10^{-3}/365 \tag{5-2}$$

式中：Q 为渗沥液平均日产生量（m^3/d）；I 为年平均降雨量（mm），取 156.8mm；A 为填埋库区用地面积（m^2），51607m^2；A_1 为正在填埋的填埋区汇水面积，$0.2 \times A$；A_2 为中间覆盖填埋区汇水面积，$0.3 \times A$；A_3 为终场覆盖填埋区汇水面积，$0.5 \times A$；C_1 为正在填埋的填埋区降雨入渗系数，取 0.6；C_2 为中间覆盖的填埋区降雨入渗系数，取 0.3；C_3 为终场覆盖的填埋区降雨入渗系数，取 0.1。

填埋库区填埋时渗沥液产生量：

$Q = 159.6 \times (0.2 \times 0.6 + 0.3 \times 0.3 + 0.5 \times 0.1) \times 51607 \times 10^{-3}/365 = 5.87m^3/d$，考虑一些特殊情况，填埋场渗沥液平均日处理规模按 $6m^3/d$ 考虑。

（2）导流层与反滤层

渗沥液导排盲沟中导流材料的选择对确保导流的安全畅通十分重要。常用效果较好的导流材料主要有碎石（级配一般粒径 20～60mm，厚度一般采用 300mm）和土工网人工合成材料（一般采用 6～8mm 厚复合土工网）。

1）碎石导流层，主要有导流效果好、耐久性长、不易被堵塞、成本低等优点，不足之处是厚度要求较大，适当占用了填埋场库容，另外材料用量较大，一般的城市备料较困难。

2）土工网合成材料，主要有导流效果好、施工方便、厚度小、不占库容等优点，不足之处是耐久性差，易被堵塞。

本工程场底渗沥液导流材料选用天然碎石，厚度 300mm；而边坡渗沥液导流选用 5.0mm 厚土工复合排水网。反滤层采用 $200g/m^2$ 土工滤网，考虑到土工布直接暴露于阳光下老化较快，该层材料位于最上方。因此，填埋场整体施工时可先不施工，等到填埋分区启用之前再铺设。

（3）渗沥液导排

渗沥液导排系统由渗沥液盲沟以及盲沟中的 HDPE 穿孔管和级配碎石组成。

渗沥液导排盲沟根据库区汇水面积及地形布置。本工程在库区内布置一条导排盲沟，渗沥液导排盲沟坡度不小于 2%，盲沟内铺设 DN250HDPE 穿孔管，并回填级配碎石，最终由 200g/m² 土工滤网包裹。渗沥液汇流至库区西侧拦渣坝外侧坡脚处的渗沥液提升井，经提升后最终汇入集液池。在渗沥液导排盲沟与拦渣坝相交处设置渗沥液导排阀门井，方便控制库区内渗沥液导排。

（4）渗沥液处理

. 本工程渗沥液产生量为 6m³/d，且由于本地区年降雨量为 160mm，年蒸发量 3200mm，蒸发量远大于降雨量，因此考虑渗沥液回喷作为降尘使用。

5.5.2.7 地下水及雨水导排工程

（1）地下水

由于勘察期间场地 25.00m 深度范围内未发现地下水赋存，可不考虑地下水对本工程的影响。但考虑到所处场地为山谷型，为避免降雨时表层滞水影响填埋库区，因此设置土工复合排水网导排。

（2）雨水导排系统

为了将渗沥液水量降到最小限度，填埋场必须设置独立的地表水导排系统，在填埋过程中应分区填埋，设置临时截洪沟、排水沟，把降到非填埋区的雨水向填埋区外排放，填埋完毕后，进行最终覆土，将表面径流迅速集中排放，减少渗透量，并设置永久性截洪沟，达到减少垃圾渗沥液流量的目的。

填埋场场区雨水则根据地形、地貌，通过环场截洪沟就近排出场外。在固废填埋过程中或填埋终场后，截洪沟能拦截汇水流域坡面及填埋堆体坡面降雨的表面径流。

为导排填埋库区内外的雨水，特修建环场截洪沟。由于填埋库区东北低、西南高，雨水最终导排至东北侧排水沟，然后排出厂外。

5.5.2.8 填埋作业方式

建筑垃圾的堆放填埋作业工艺流程为：卸料、推铺、洒水、压实、覆盖。

建筑垃圾运输车将废物运入处置场，根据分类进入处置场各堆放作业区，在管理人员的指挥下卸料，推土机将废物摊铺推平后，由洒水车进行洒水降尘作业，之后由压实机进行压实处理。为防止废物水分过快挥发并起到降尘作用，当摊铺厚度和面积分别达到 3m 和 1 万 m² 后，及时进行覆盖压实。如此反复，直至终场。

（1）卸料

运输车在进入处置场作业区后进行卸料。晴天时车辆在废物堆体表面直接行驶，雨天时可将废物堆体表面进行修整作为道路垫层，若已堆放的废物稳定性不够，应铺设临时砂石面层或采用预制钢板铺垫作为临时道路。

（2）摊铺、压实

倾倒后的废物由推土机摊铺，摊铺厚度 1m。堆放废物的压实可以有效地增加处置场的消纳能力，延长使用年限；减少沉降量，有利于废物堆体及边坡的稳定，防止坍塌和不均匀沉降，亦能使填埋作业机具在废物堆体上运行作业，减少机具的保养和维护费用。

（3）临时覆盖

为控制堆填过程中产生扬尘污染，对已完成摊铺碾压的非堆填作业区需进行临时覆盖，覆盖材料可采用 300mm 厚压实黏土或 HDPE 膜，以达到控制扬尘的目的。

（4）子坝构筑

当填埋作业超过坝顶标高时，应开始子坝构筑，以后每达到一个5m作业标高的时候构筑下一子坝。子坝的主要作用是形成后续堆填库容，每个阶段子坝堆修筑高度为5m，宽5m。为保证子坝有足够的强度和稳定性，可采用加筋土工布对子坝进行处理，垂向间距1m设置一层250g/m² 土工布。子坝可采用建筑渣土修筑。在运营作业过程中，当废物填埋标高至子坝坝顶标高1m时，进行上一级子坝的修筑。即时刻保证作业区域内有1m的超高，废物填埋面与子坝形成的容积可暂存一次暴雨的降水，使堆体边坡不受雨水冲刷，保证运营作业安全。填埋工艺流程如图5-29所示。

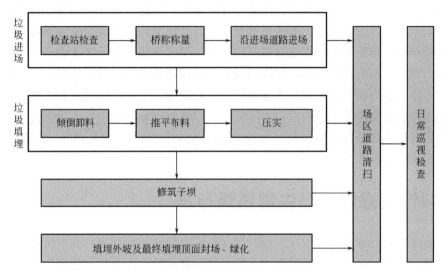

图 5-29　填埋工艺流程

（5）作业方式

建筑垃圾运输车倾倒废物后由推土机摊铺，摊铺厚度1m；推土机摊铺完成后，采用压实机进行压实，来回碾压3～4次，每次压实的范围必须有1/3覆盖上次的压痕，每完成一次堆放工序，及时洒水进行降尘处理，防止飘尘污染空气（图5-30）。

图 5-30　填埋作业现场

（6）作业计划

处置场年工作日按300天计。每天分两班作业，工作制为8h。

第6章 装饰装修垃圾碳排放计算及减碳评价

随着经济的快速发展，城镇化趋势日益明显，装修工程的施工导致装饰装修垃圾逐年排放，由于各地对装饰装修垃圾的管理标准不尽相同，且缺乏收集、转运、处置等系统技术和应用指导，造成了大规模的装饰装修垃圾的堆积，存量上升态势明显。此外，装饰装修垃圾不同于一般的建筑垃圾，成分极其复杂、波动性大且含有大量有害物质成分，几乎不可简单再利用，若处理不当容易造成环境污染、侵占土地，还会产生安全隐患以及影响市容市貌。因此，不应将装饰装修垃圾归属于一般建筑垃圾范畴进行管理与处置，而更应该科学合理地对装饰装修垃圾的收集运输与资源化利用等方面规范化、标准化，同时根据不同地区建筑装饰装修的风格特点及实际情况，因地制宜地制定专门的处置办法，才能够提高装饰装修垃圾减量化、资源化、无害化和安全处置水平，更是落实"无废城市"举措、促进我国绿色循环可持续经济发展的必然趋势。

6.1 装饰装修垃圾产生量估算方法

随着装饰装修行业迅速发展和人们对居住舒适度要求不断提高，建筑装饰装修垃圾也以惊人的速度增长，产生了严重污染，对自然环境造成巨大压力，也加剧了土地与资源的紧张程度。装饰装修垃圾的减量及有效解决成为我国目前面临的紧迫任务，而装饰装修垃圾减量化工作的推进首先需要掌握装饰装修垃圾的产生数量。

上海市对装饰装修垃圾和拆除垃圾一并统计，仅2018年，上海市装饰装修垃圾的产生量就达到近540万t[98]，但随着近年来"五违四必"（"五违"即违法用地、违法建筑、违法经营、违法排污、违法居住，"四必"即安全隐患必须消除、违法无证建筑必须拆除、脏乱现象必须整治、违法经营必须取缔）综合整治的推进，上海市的装饰装修与拆违垃圾成为"主力"。然而，由于装修材料繁多且复杂，仅依据这些调研数据不能直观地反映出我国装饰装修垃圾的产生量现状，许多专家学者尝试应用不同的计算方法对全国的装饰装修垃圾产生量作出估算。

6.1.1 产生量估算方法

目前，装饰装修垃圾产生量估算方法主要包括经验估算法、单位造价产量法、单位面积产量法、人均产量法、材料损耗率法和基于BIM模型的计算方法（表6-1）。

装饰装修垃圾产生量估算方法 表6-1

估算方法	公式	参数
经验估算法[99]	装修垃圾＝比例×新建垃圾	装修垃圾占新建废弃物的15%
单位造价产量法[100]	装修垃圾＝单位造价产生垃圾量×装修面积	办公建筑装修垃圾单位造价产生量2t/万元

续表

估算方法	公式	参数
单位面积产量法[47]	装修垃圾＝单位面积垃圾产生量×装修面积	装修垃圾单位面积产生量 1.9t/100m²
人均产量法[101]	装修垃圾＝区域户数×每户产生垃圾量	平均每个家庭住宅产生 1.5～2.3t 装修垃圾
材料损耗率法	装修垃圾＝装修工程材料用量×损耗率	—
基于 BIM 模型预测方法	装修垃圾＝材料用量×垃圾产生率	—

1）较多研究采用经验估算法。该方法固定装修垃圾单位面积产生量系数，以新建建筑垃圾的比例来估算装修垃圾产生量，将装饰装修垃圾作为新建垃圾的"副产物"，忽略了装饰装修垃圾产生的其他影响因素；其计算结果不能科学反映装修垃圾的实际产生量和发展趋势。

2）部分学者采用单位造价产量法估算装饰装修垃圾产量。采用该方法进行估算时，数据获取可以直接套取工程造价定额数据，较为省时省力，但由于人工费、材料费等的时间价值不定性较大，导致估算结果准确性较低。

3）单位面积产量法是当前建筑垃圾产生研究中较为常用的估算方法。采用工程所涉及的活动量与单位活动导致的各类型废料的产生量参数，进而直接计算出总体工程垃圾产生量。通过直接相关因素计算得到结果不仅具有较高的准确度，且能够从产生源、不同组分等多维度进行结果分析，加强数据结果的全面性，进而为管理提供更为详细的参考。

例如：《洛阳市建筑垃圾量计算标准》（洛建〔2008〕232 号）采用装饰装修面积计算，标准为装饰装修垃圾产生量 0.1t/m²。需说明的是，这是一个比较高的系数，按照洛阳市住宅装修垃圾产生量的规定来计算，每 100m² 大约产生 10t 的住宅装修垃圾，虽然个别业主在对房屋装修过程中大修大改，产生的装饰装修垃圾量可能会达到甚至超过这一数字，但根据实际调查结果，绝大多数住宅装饰装修垃圾产生量与此相距甚远。因此，按《洛阳市建筑垃圾量计算标准》对住宅装饰装修垃圾产生量进行计算具有地域局限性。

4）人均产量法以区域内总户数乘以每户产生的装饰装修垃圾量得到装饰装修垃圾总产生量，该方法依托于经验数据，计算便捷，但数据真实性有待考量。

5）材料损耗率法即按照装修工程材料的损耗率计算装饰装修垃圾产生量。在装修住宅房屋时，须考虑材料因意外或人为造成的损耗，即可认为是装饰装修过程中损耗的边角料，一般被当作是装修垃圾，往往会通过装饰装修材料用量对损耗率进行简单的估算。材料损耗率是指材料在采购及使用过程中，其损耗量所占总量的百分率。通过实地调查发现，不同的装饰装修施工队伍在管理水平和施工技术方面存在较大的差异，对于较少的几个住宅来讲，可通过此方法较准确地计算出材料损耗所带来的垃圾量，但是，由于户型等方面存在差异，在估算某一地区装饰装修垃圾产生量的时候，此方法过于复杂、难度较大、可行性不高，也不便于推广应用。

6）基于 BIM 的装饰装修垃圾产出量预测方法。建筑信息模型（building information modeling，BIM）是以建筑工程项目的各项相关信息数据作为模型的基础，进行建筑模型的建立，通过数字信息仿真模拟建筑物所具有的真实信息。它具有可视化、协调性、模拟性、优化性和可出图性五大特点。BIM 模型可以用来展示建筑的整个生命周期，包括了建设过程及运维过程，基于 BIM 模型提取建筑内材料的信息十分方便，建筑内各部分、各系统都可以呈现出来。因此可以通过 BIM 模型提取建筑物在装饰装修过程中所用到的不同材料的量，然后基于所有建设用的材料最终都转化为拆除垃圾这一原理，通过软件推算装饰装修拆除过程中装修垃圾的产生量。

基于 BIM 的装饰装修垃圾产生量预测模型的优点在于，可以根据建筑装饰装修过程中材料方面的电子信息直接预测产生量，省去了传统经验系数法中，调研总结单位装修拆除面积建筑垃圾产生量的过程，提高了预测效率和预测准确度。同时也可以选择建筑中某一个部位或者建筑的某一层进行装饰装修拆除垃圾的产生量预测，从而反过来指导建筑的拆除工作，进行选择性拆除，为实现装饰装修垃圾的减量化提供技术支撑。

6.1.2 单位面积产生量法

估算结果的精确度和信息的完整性是对估算方法进行评估的两项重要依据。为最大程度上获取全面、系统的装修垃圾产生量数据，采用单位面积产生量参数对装饰装修垃圾产生量进行估算，计算公式如下：

$$W_T = S_i \times G_{pi} \tag{6-1}$$

式中：W_T 为装饰装修垃圾产生总量（t）；S_i 为不同建筑类型建筑的装修面积（m²）；G_{pi} 为不同建筑类型和装修类型的单位面积装饰装修垃圾产生量（t/m²）。

考虑从与装修垃圾产生量存在直接关系的拆除面积和装修面积的统计数据入手，利用通常的建筑行业拆除与装修单位面积来计算建筑垃圾产生量，结合定量来预测未来拆除、装修面积得到建筑垃圾产生量情况。即：

建筑垃圾产生量＝拆除垃圾＋装修垃圾

拆除垃圾＝拆除面积×单位面积拆除系数

装修垃圾＝装修面积×单位面积装修系数

装修面积＝建筑面积×10％

参照建筑行业工程预算平均系数，拆除系数可取 1.1，装修系数可取 0.1。不同工程类型的建筑垃圾估算公式及垃圾产生量系数如表 6-2 所示。

不同工程类型的建筑垃圾估算公式及垃圾产生量系数　　　　　　　　表 6-2

工程类型	估算公式	相应条件下的垃圾产生量系数	
		产生量系数	工程性质
拆除工程	房屋拆除工程建筑垃圾＝拆除建筑面积×单位面积产生垃圾系数	0.8t/m²	砖木结构
		0.9t/m²	砖混结构
		1.0t/m²	混凝土结构
		0.2t/m²	钢结构
	构筑物拆除工程建筑垃圾＝拆除构筑物体积×单位体积产生垃圾系数	1.9t/m²	—
装饰装修工程	公共建筑装饰装修工程建筑垃圾＝总造价×单位造价产生垃圾系数	2t/万元	写字楼
		2t/万元	商业用楼
	居住类装饰装修工程建筑垃圾＝建筑面积×单位面积产生垃圾系数	0.1t/m²	160m² 以下工程
		0.15t/m²	160m² 以上工程

6.2　装饰装修垃圾减量计算及评价

6.2.1　计算方法

相较于其他种类的建筑垃圾，装饰装修垃圾来源更加广泛，组成更为复杂，包含的材料种类繁多，通常掺杂有大量大件垃圾、织物、生活垃圾等较为难处理成分，为装饰装修垃圾的处理带来了极高的难度。因此，在装饰装修垃圾的前端分选过程中，对其进行合理分拣分类就显得十分重要，直接影响着中端处理效果以及末端的资源化产品质量。根据笔者调研，目前较少对装饰装修垃圾数量进行具体分类统计，一般采用统一的指标法对装饰装修垃圾进行定量估算。

对装饰装修垃圾减量化的定量计算可按下式进行：

$$R = (1 - q/q_x) \times 100\% \tag{6-2}$$

式中：R 为装饰装修垃圾减量比例；q 为装饰装修垃圾减量化后产生量（kg/m^2）；q_x 为减量化措施前装饰装修垃圾产生量（kg/m^2）。

需要指出的是，目前装饰装修工程中无论是管理人员还是施工操作人员，对垃圾减量和量化的意识都较为薄弱，而且装饰装修垃圾种类繁多、产生过程涉及时间长，很难实现对各类装饰装修垃圾的定量统计，因此目前较为可行的装饰装修垃圾评价措施应该是制定一套偏向于定性评价的标准。

6.2.2　评价标准

根据装饰装修垃圾的特殊性，考虑各类减量化的策略和技术途径，建立装饰装修垃圾减量化的评价体系。参考《建筑工程绿色施工评价标准》GB/T 50640—2010 等国家标准，本节给出针对装饰装修垃圾减量化的相应评价条目，其中涉及设计、施工以及施工后回收利用 3 个环节，并且分为控制项、一般项和优选项三类标准条目。装饰装修垃圾减量化评价标准框架体系如图 6-1 所示。

6.2.2.1　设计过程评价指标

（1）控制项

1）进行合理设计、选择合理方案，力求减少工程变更。

2）设计方和施工方应充分交流沟通，保证设计方案切实可行。

（2）一般项

1）运用标准化设计。

2）考虑建筑用途改变的灵活性，避免改造工程造成大量装饰装修垃圾。

3）利用 BIM 技术进行全过程设计。

（3）优选项

1）在设计阶段明确装饰装修垃圾减量化目标。

2）设计单位应对设计师进行减量设计的技术培训，建立减量化措施数据库，提高减量化设计水平。

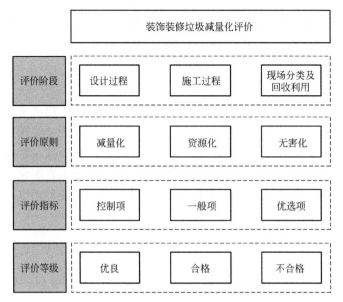

图 6-1　装饰装修垃圾减量化评价标准框架体系

6.2.2.2　施工过程评价指标

（1）控制项

1）明确装饰装修垃圾减量化为生产作业的目标之一。

2）施工现场需在醒目处设立装饰装修垃圾减量化的标识或者宣传语。

（2）一般项

1）施工现场建筑材料、构配件等应按规定要求分类、按规格堆放，并且设置明显的分类标识牌。

2）采用科学的材料运输方法，根据现场平面布置情况就近卸载，降低运输、卸载过程中的损耗。

3）建立施工现场装饰装修垃圾管理制度，制定明确的减废计划，选择合适的分包模式。

4）设置可周转、可回收的临建设施。主要措施应符合：①采用可周转、可拆装的装配式临时住房；②采用装配式的场界围挡和临时路面；③采用标准化、可重复利用的作业工棚、试验用房及安全防护设施；④采用可拆迁、可回收材料；⑤采用 BIM 技术指导现场施工，辅助控制装饰装修垃圾产生量；⑥采用可重复使用的施工脚手架等生产用具；⑦现场应使用预拌砂浆；⑧应合理使用建筑余料。

（3）优选项

1）主要建筑材料损耗率宜比定额损耗率低 30％以上。

2）采用建筑配件整体化和管线设备模块化安装的施工方法。

3）大宗板材、线材定尺采购，集中配送。

4）定时组织施工人员进行减量化专业培训。

5）采用有效的装饰装修垃圾减量化激励措施。

6）装饰装修垃圾资源化回收利用的再生建材进行现场的有效回用。

6.2.2.3　现场分类及回收利用评价指标

（1）控制项

1）进行装饰装修垃圾的现场分类，责任落实到人。

2）健全装饰装修垃圾的回收利用制度。

（2）一般项

1）运用现场分类技术及时进行装饰装修垃圾分类筛选。

2）将现场装饰装修垃圾分为惰性垃圾和活性垃圾。

3）回收现场建筑材料包装物。

4）应再生利用改扩建工程的原有材料。

5）现场办公用纸应两面使用，分类处理办公区可回收垃圾。

6）施工应选用绿色、环保材料。

7）装饰装修垃圾进行资源化回收再利用，至少制作三种不同再生建材等产品。

（3）优选项

1）建筑材料包装物回收率应达到100%。

2）将现场分类的惰性材料，生产成为再生骨料，现场回用。

3）将现场分类的活性材料进一步通过分拣设备分类，分别送至相应专业机构进行回收利用资源化。

6.2.3　评价方法

1）控制项指标应全部满足，控制项评价方法应符合表6-3的规定。

控制项评价方法　　　　　　　　　　　　　　　　　　表6-3

评分要求	结论	说明
措施到位,全部满足考评指标要求	符合要求	进入评分流程
措施不到位,不满足考评指标要求	不符合要求	一票否决,不进入评分流程

2）一般项指标应根据实际发生项执行的情况计分，优选项指标应根据实际发生项执行的情况加分。一般项和优选项评价方法应符合表6-4的规定。

一般项和优选项评价方法　　　　　　　　　　　　　　表6-4

评分要求	评分
措施到位,满足考评指标要求	2
措施到位,基本满足考评指标要求	1
措施不到位,不满足考评指标要求	0

装饰装修垃圾减量化评价标准应纳入总体建筑垃圾减量化评价标准中，综合进行评分和评价。

3）设计过程、施工过程和现场分类及回收利用这三个评价阶段的权重系数分别为0.3、0.4、0.3。一般项和优选项的权重系数为0.8、0.2。

一般项或优选项得分按照百分制折算：

$$一般项或优选项得分 = \frac{项目实得分之和}{项目应得分之和} \times 100 \qquad (6\text{-}3)$$

单一阶段的评价分举例如下：

$$设计过程评价分 = 一般项 \times 0.8 + 优选项 \times 0.2 \qquad (6\text{-}4)$$

项目评价分为三个评价阶段的加权总分 R：

$$R = \sum 阶段评价分 \times 权重系数 \qquad (6\text{-}5)$$

有下列情况之一者为不合格：①控制项不满足要求；②施工过程阶段评价分低于 60 分；③项目评价总分低于 60 分。

满足以下条件者为合格：①控制项全部满足要求；②3 个阶段评价分均高于或等于 60 分；③项目评价总分高于或等于 60 分，小于 80 分。

满足以下条件者为优良：①控制项全部满足要求；②施工过程阶段评价分高于或等于 80 分，设计阶段和现场分类及回收利用评分均高于或等于 60 分，项目评价总分高于或等于 80 分。

6.3 装饰装修垃圾生命周期碳排放评价方法

本节重点对装饰装修垃圾碳排放计算及评价方法进行阐述。首先，从系统性、科学性、时间与空间动态变化以及充分利用相关部门现有计算数据 4 个方面明确了碳排放量化的基本原则。其次，对现阶段的碳排放量化方法进行评述，介绍各方法的基本情况及优缺点。最后，基于生命周期评价，构建装饰装修垃圾碳排放评价模型。

6.3.1 碳排放量化基本原则

（1）系统性原则

碳排放计算是一个综合性的系统，对于建筑业而言则为建筑生命周期碳排放计算过程，分别是建材生产与运输阶段、施工阶段（包含装饰装修工程活动）、建筑运行与维护阶段、建筑拆除阶段及最终处理处置阶段。系统性原则即遵循系统工程的观点，站在系统的角度，从系统的耦合关系中描述系统的特征。碳排放计算作为一个有机整体，要尽可能地包含碳排放的各个要素。故而本报告选取装饰装修垃圾生命周期过程为有机整体，对各阶段产生的碳排放进行系统计算。

（2）科学性原则

碳排放计算方法必须科学地反映碳排放的实际水平，有理论依据，选择计算对象时需结合实际情况。在选取产生碳排放的能源消费品种时，要考虑到能源消费品种之间的差异性，优先选取主要消耗的能源种类和占据碳排放比重较大的能源品种；同时兼顾国内外碳排放计算方法之间的差异性与可比性。

（3）时间与空间动态变化原则

随着我国能源统计数据平台的发展，终端能源消费品种得以细化，在碳排放计算过程中，需要适时根据需要扩大计算范围。受燃料能源品种优化和燃料技术改进等因素的影响，碳排放系数呈下降趋势，因此，要因地制宜地对不同区域、不同时期的碳排放系数进行动态计算。

（4）充分利用相关部门现有计算数据原则

该原则要求从宏观角度出发，充分利用相关部门现有的统计数据，如各级环保部门碳排放的统计数据等，同时检验碳排放计算的准确性与一致性。随着我国能源消费结构优化、产业结构升级、低碳技术完善、提倡绿色低碳转型等的变化，碳排放计算方法有时不能迅速适应产业在不同区域、不同时期的需求。因此，需要根据有关部门公布的部分碳排放数据调整计算方法。可参考颁布的国家标准中的碳排放计算方法。

6.3.2　碳排放量化方法

目前关于碳排放量计算的指导性方法主要有排放因子法、质量平衡法以及实测法。

（1）排放因子法

排放因子法是根据气候变化专门委员会（intergovernmental panel on climate change，IPCC）的《国家温室气体清单指南》为准则来进行碳排放量计算的一种方法，该方法要求数据精准，计算过程简单，被众多学者广泛应用于建筑业碳排放量核算的研究中。其计算基本方程为：温室气体（GHG）排放量＝活动数据（AD）×排放因子（EF）。其中，AD 是导致温室气体排放的生产或消费活动的活动量，如每种化石燃料的消耗量、石灰石原料的消耗量及净购入的电量等；EF 则是与活动水平数据对应的系数，包括单位热值含碳量或元素碳含量、氧化率等，用以表征单位生产或消费活动量的温室气体排放系数。

（2）质量平衡法

质量平衡法的基本原理为质量守恒定律，即投入与产出相等，该方法可反映碳排放的实际量。不仅能将各机械设备间的差异显现出来，还能分辨出单个与部分设备之间的区别，比较简便。其基本计算方程为：二氧化碳（CO_2）排放量＝（原料投入量×原料含碳量－产品产出量×产品含碳量－废物输出量×废物含碳量）×44/12，其中 44/12 为碳转换成 CO_2 的转换系数，即 CO_2/C 的相对原子质量。

（3）实测法

实测法是基于排放源实测数据汇总而来的碳排放量，该方法计算的结果相对准确，中间环节相对其余两种方法来说也比较少，但碍于数据获取渠道困难以及较大的投入不常被人们采用。

6.3.3　碳排放评价模型

通过对上述碳排放量化方法的比对，本报告采用排放因子法量化装饰装修垃圾的碳排放量，基于生命周期评价，构建装饰装修垃圾碳排放评价模型。装饰装修垃圾生命周期的系统边界主要包括 3 个阶段，如图 6-2 所示：①产生阶段，碳排放主要来源于机械设备能耗；②运输阶段，主要为运输车辆以及船只能源消耗产生的碳排放；③利用与处置阶段，碳排放由资源化利用设备与填埋设备能耗产生。由于替代材料的替代补偿效益，其碳排放量为负值，所以回收建筑材料时主要考虑分选破碎过程中的能源消耗。而填埋过程中的碳排放主要来自填埋所用的机械设备能源消耗。

由图 6-2 可知，装饰装修垃圾生命周期的碳排放计算公式如下：

$$C_{eT} = C_{ec} + C_{es} + C_{er} + C_{el} \tag{6-6}$$

式中：C_{eT} 为装饰装修垃圾碳排放总量（$kgCO_2eq$）；C_{ec} 为装饰装修垃圾产生阶段

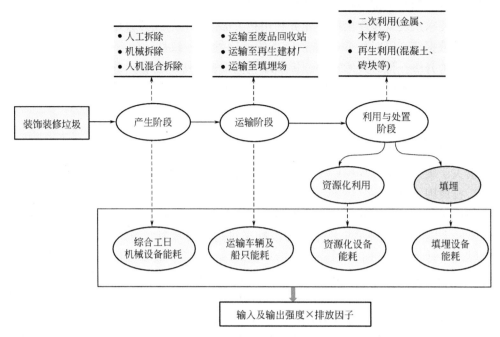

图 6-2　装饰装修垃圾生命周期碳排放评价边界及范围

碳排放量（$kgCO_2\,eq$）；C_{es} 为装饰装修垃圾运输阶段碳排放量（$kgCO_2\,eq$）；C_{er} 为装饰装修垃圾资源化利用碳排放量（$kgCO_2\,eq$）；C_{el} 为装饰装修垃圾处置阶段碳排放量（$kgCO_2\,eq$）。

（1）产生阶段

产生阶段的碳排放主要是机械设备拆除过程中能耗所造成的排放。装饰装修垃圾产生阶段的碳排放计算公式如下：

$$C_{ec} = \sum J_{ci} \times E_{cj,\,i} \qquad (6\text{-}7)$$

式中：J_{ci} 为建筑装饰装修垃圾产生阶段第 i 种机械设备所耗能源总用量（$kW\cdot h$）；$E_{cj,i}$ 为建筑装饰装修垃圾产生阶段第 i 种机械设备所耗能源的碳排放因子 $[kgCO_2\,eq/(kW\cdot h)]$。

（2）运输阶段

运输阶段的碳排放主要为车辆运行及船只运送过程中由于能源消耗所产生的碳排放，应为装饰装修垃圾的质量、平均运输距离及在某种运输方式下的碳排放系数三者的乘积。其中装饰装修垃圾质量尽量选用实际数据，条件不允许时可参考本书第 6.1 节中的产生量估算方法进行估算。装饰装修垃圾运输阶段的碳排放计算公式如下：

$$C_{es} = \sum M_{si} \times D_{si} \times E_{si,\,j} \qquad (6\text{-}8)$$

式中：M_{si} 为运输第 i 种装饰装修垃圾的质量（t）；D_{si} 为第 i 种装饰装修垃圾的平均运输距离（km）；$E_{si,j}$ 为第 i 种装饰装修垃圾在第 j 种运输方式下单位质量运输距离的碳排放系数 $[kgCO_2\,eq/(t\cdot km)]$。

（3）利用与处置阶段

利用与处置阶段的碳排放包括资源化利用与填埋处置两组成部分。

1）资源化利用

资源化利用产生的碳排放主要包括资源化利用过程中机械设备能源消耗产生的碳排放及替代原料带来的减排效益，由装饰装修垃圾的质量与对应碳排放系数相乘得到，包含了排放的产生和抵消。装饰装修垃圾资源化利用的碳排放计算公式如下：

$$C_{er} = \sum M_{ri} \times (E_{ri} + C_{ri} \times E_{rq}) \tag{6-9}$$

式中：M_{ri} 为第 i 种装饰装修垃圾资源化利用的质量（t）；E_{ri} 为第 i 种装饰装修垃圾资源化利用替代材料的碳排放系数（$kgCO_2 eq/t$）；C_{ri} 为单位质量装饰装修垃圾资源化利用的能源消耗量（$kW \cdot h/t$，kg/t）；E_{rq} 为单位能源消耗的碳排放系数 $[kgCO_2 eq/kg$，$kgCO_2 eq/(kW \cdot h)]$。

2）处置

此处所指垃圾处置主要指填埋处置。处置产生的碳排放除推土机、挖掘机及压实机等机械设备能源消耗产生的碳排放外，还包括填埋过程中垃圾自身产生的温室气体。由于装饰装修垃圾含水量极少，且通常为短暂存放后便被处理，因此未将装修垃圾存放以及填埋产生的渗滤液纳入考虑范围。装饰装修垃圾填埋处置的碳排放计算公式如下：

$$C_{el} = \sum M_{li} \times C_{li} \times E_{lq} + \sum M_{li} \times EP_i \tag{6-10}$$

式中：M_{li} 为第 i 种装饰装修垃圾的填埋质量（t）；C_{li} 为单位质量装饰装修垃圾填埋的能源消耗量（kg/t）；E_{lq} 为单位能源消耗的碳排放系数（$kgCO_2 eq/kg$）；EP_i 为每填埋 1t 第 i 种装饰装修废弃物特征化后的碳排放因子（$kgCO_2 eq/t$），计算过程为：

$$EP = \sum EP_f = \sum (Q_f \times EF_f) \tag{6-11}$$

式中：EP_f 为第 f 种环境影响因子（包括：CO_2、CO、CH_4 等）对全球变暖潜力（GWP）环境影响的贡献；Q_f 为第 f 种环境影响因子的排放量；EF_f 为第 f 种环境影响因子对 GWP 环境影响的当量因子。

6.4　装饰装修垃圾的减碳路径分析

迄今为止，装饰装修已经发展成独立的行业，在带来良好经济效益的同时，因装饰装修工程活动产生的垃圾对环境、社会的影响也越来越大。本节基于生命周期评价，从装饰装修工程活动的设计阶段、施工阶段、运输阶段以及利用与处置阶段出发，就装饰装修垃圾的减量化与减碳化提出如下建议。

6.4.1　设计阶段减碳措施

装饰装修工程活动在设计阶段的源头减碳措施主要包括利用新兴技术、采用绿色建材及装配式设计。

1）利用新兴技术，将源头减量化设计理念贯穿到建筑生命周期过程中。例如将虚拟现实技术（virtual reality，VR）、BIM 技术等运用到设计阶段。住房和城乡建设部在《关于推进建筑垃圾减量化的指导意见》中提出推进建筑信息模型（BIM）等技术在工程设计和施工中的应用，减少设计中的"错漏碰缺"，辅助施工现场管理，提高资源利用率。即利用 BIM 技术进行三维信息建模，进一步做三维碰撞检测（包含硬碰撞、软碰撞与间隙碰撞），对模型中有冲突的地方进行修改，可杜绝管线碰撞等问题的发生，优化设计方案，减少后期工程变更，实现建筑装饰装修垃圾的源头减量，从而减少因返工而造成的装饰装修垃圾处理处置产生的碳排放，同时减少装饰装修原材料开采及加工成材所产生的碳排放。

2）在设计中优先选用绿色建材。绿色建材是指在生命周期内可减少对自然资源消耗和减轻对生态环境影响，具有节能、减排、安全、便民、可循环利用特点的建材产品。采用绿色建材可以从根本上缓解装饰装修活动产生的碳排放，而再生建材则是以建筑垃圾或装饰装修垃圾为原料，通过综合利用实现废弃物循环利用的新型建材，它减少了对天然材料的需求，从处置端而言也消纳了一定量的装饰装修垃圾，对降低装饰装修垃圾的碳排放起到较大的作用。

3）通过装配式设计实现装饰装修垃圾的源头减量化，我国在《"十四五"建筑业发展规划》中明确提出大力发展装配式建筑，力争到2025年新建装配式建筑占比达到30％以上。住房和城乡建设部组织编制的《施工现场建筑垃圾减量化指导图册》中也明确从采用装配式装修、机电套管及末端预留等方面对装饰装修进行优（深）化设计。该设计理念以使用装配式预制构件为主实施装饰装修工程。装配式装修立足于部品、部件的工业化生产，装饰装修构件均在工厂预制生产加工，包括地板、墙板、吊顶板等，仅需将预制构件运至施工现场直接进行组装，减少了在现场切割产生的剩余废料，大幅度规避了装饰装修垃圾的产生，同时便于后期更换配件。

6.4.2 运输阶段减碳措施

就运输阶段而言，需要重点关注装饰装修垃圾在运输过程中因车辆能源消耗而导致的碳排放，故本报告从该角度出发，提出如下减量化建议。

1）优化装饰装修垃圾的运输路径。在装饰装修垃圾产生前，要求施工单位给出明确的收运、处置方案，强制绑定综合利用企业为结项依据，针对运输应最大程度地遵循"就近处置"原则，将装饰装修垃圾运至附近的回收利用站、综合利用企业及填埋场进行处置，降低能源消耗，进而减少因能耗产生的碳排放。

2）加大新能源运输车辆的使用力度。提高新能源运输车辆的占比，降低化石能源的使用。该方式从本质上来说与优化装饰装修垃圾运输路径相差无几，均为减少运输车辆能源消耗产生碳排放的举措。

3）实施装饰装修垃圾运输电子联单管理。政府相关部门对装饰装修垃圾运输进行全链条管控，准确把握其来源、流向、组分、重量等，规范装饰装修垃圾管理及处置路径，实现装饰装修垃圾的可追溯化管理，杜绝非法倾倒现象的发生，对有效减缓垃圾违法堆置带来的环境影响起到了重要作用。

6.4.3 施工阶段减碳措施

施工阶段是产生装饰装修垃圾的重要阶段。对于装饰装修施工过程产生的废料，可以以政策驱动为引，鼓励以装饰装修垃圾末端处理为导向对其进一步细化分类。通过现场分类分拣，从产生源头上深度分类，明确装饰装修垃圾的类别，如非惰性垃圾、惰性垃圾、可燃性轻物质等，并进一步细分为建材废料、可回收垃圾、不可回收垃圾以及有毒有害物质，防止出现装饰装修垃圾混杂堆放的现象，避免各类有害物质与可再次利用的装饰装修垃圾混合堆置，加大装饰装修垃圾终端处理难度，带来额外的排放。

6.4.4　利用与处置阶段减碳措施

就利用与处置阶段而言，目前我国专门用于装饰装修垃圾的资源化利用处置的成套生产线极少，在政策管理制度上也尚未形成体系，因此提出如下建议。

1）借鉴国内外先进经验，加大装饰装修垃圾资源化利用设备的研发。

2）建立装饰装修垃圾循环经济产业园，实现装饰装修垃圾的循环再生利用。

3）于政府而言，可加快装饰装修垃圾管理制度的研究，明确排放、运输和利用与处置环节的处置要求：①引导或强制施工单位对装饰装修垃圾的现场分拣，委托合法车辆运往处置地进行相应地处置；②加强对装饰装修垃圾来源及流向的监管，拓宽电子联单的使用范围，而不仅仅局限于渣土等建筑垃圾，在联单制度上提出安全生产、扬尘噪声防治、规范收费、规范分选、无害化处理、资源化利用等方面的具体要求；③扶持终端处理能力建设，为终端处置企业的规范化运营提供资金及政策保障，以促进装饰装修垃圾的无害化处置，减少因处置不当而产生的碳排放。

第7章 发展与展望

7.1 政策持续推进，助力装饰装修建筑垃圾处理行业稳步发展

近年来，国家对建筑垃圾的减量化与综合利用越来越重视，要求各地建筑垃圾综合利用过程中要借鉴先进经验，因地制宜，提出可实施性措施。我国近年来相继制定了建筑垃圾综合利用的法律规范，加强建筑垃圾循环利用的刚性约束力，全面提升建筑垃圾循环利用水平，并不断改进建筑垃圾综合利用方式。

虽然现阶段我国在促进装饰装修建筑垃圾减量化与综合利用方面的政策已在逐步完善，资源化水平也得到了一定程度的提升，但整体资源化利用能力和水平还较为落后。政策制定具有合理性、政策执行具有有效性，但也存在政策体系尚不完善、执行可靠性不强、动态性不足、执行效果不理想等问题，应借鉴发达国家或地区的先进经验，进一步健全装饰装修建筑垃圾资源化减量化与综合利用专项法规，增加产生源头管理制度，加强对装饰装修垃圾减量及综合处置企业的扶持力度。优化管理机构与工作机制，完善监督问责有关规定，鼓励社会力量参与监督。针对装饰装修垃圾减量化与综合利用项目实施过程中管理模式、产业发展方向等出现的变化，应加强对相关政策的动态调整，助力行业稳步发展[102-105]。

1) 加强政策引导，建立更加完善的鼓励和激励政策，充分调动全产业链企参与的积极性，根据制定的源头减排计划，合理分配资源，简化不必要的审批流程，充分利用好市场机制，对装饰装修建筑垃圾处置、再生产品认证、再生产品强制利用等各个环节进行梳理规范。

2) 出台具体的装饰装修建筑垃圾资源再生利用法律法规，完善建筑垃圾处置相关政策、法律法规、行业标准，提高政策法规的执行力。明确责任主体，严格处罚措施，提高责任主体的违法成本。把装饰装修建筑垃圾的源头减量、收集、资源化处置以及末端消纳集合成整体，从顶层设计到末端将循环理念注入所有与装饰装修垃圾相关的法律法规及规章制度中，使立法及管理工作形成有机整体，相互关联，相互配合，切实指导装饰装修垃圾的源头化减量、清运回收以及资源化生产。

3) 完善现有装饰装修垃圾碳排放政策体系，制定装饰装修垃圾碳管理和碳排放考核制度，制定碳减排和碳汇银行奖励制度等。目前我国还没有建立统一的装饰装修垃圾统计制度，不利于掌握垃圾源头减量化和末端资源化的发展情况，因此应在国家层面建立统一的统计标准和排放考核制度，包括垃圾分类、产量计算标准和资源化利用量的计算等。

4) 将装饰装修垃圾源头减量纳入绿色建筑评价体系，将源头减量的理念引入建筑设计的全生命周期。同时，在绿色建筑评价标准中增加对装饰装修垃圾资源化产品相关的评价指标，如使用利废材料的比例、拆除过程中垃圾就地回用比例、拆除垃圾中可资源化比例等。设计方案中对于垃圾源头减量化和资源化的考虑直接影响未来垃圾减量化水平。设

计过程中应从建筑全生命周期角度考虑，进行绿色建筑设计策略引导，推行装饰装修垃圾回收利用，有效减少装饰装修垃圾排放总量。

5）可以通过特许经营的方式，与社会资本共享收益、共担风险、长期合作的 PPP 模式是装饰装修垃圾资源化项目实施的重要形式。在 PPP 模式下，主要有政府部门、私营投资者、特许经营公司（SPC）、金融机构等参与。政府对建筑垃圾资源化相关企业和项目应进行适当的经济补贴，同时在项目周期内对 SPC 实行监督管理。政府应为相关企业提供外部保障条件，如土地部门划拨相应用地、环卫部门将分类后的装饰装修垃圾无偿提供给装饰装修垃圾资源化企业、税务部门对装饰装修垃圾资源化企业实施税务减免、建设部门制定建筑垃圾再生产品的质量标准、金融部门为装饰装修垃圾再生企业提供贷款支持。装饰装修垃圾再生企业对项目进行全过程的实施，过程中接受政府监督并获得合理的经济效益，实现经济、社会、环境效益的共赢。

7.2 行业标准体系框架初步建立，管理体系逐步健全

标准是装饰装修垃圾减量化与综合利用的技术依据，能够为装饰装修垃圾的处置和资源化工作提供相关技术支撑，推动建筑垃圾再生利用。2020 年 5 月 8 日，住房和城乡建设部发布了《关于推进建筑垃圾减量化的指导意见》（建质〔2020〕46 号）（以下简称《意见》），要求各省级住房和城乡建设主管部门要加快制定完善施工现场建筑垃圾分类、收集、统计、处置和再生利用等相关标准，为减量化工作提供技术支撑。《意见》强调，各级住房和城乡建设主管部门要加强组织保障和统筹管理，积极引导支持，完善标准体系，加强督促指导，加大宣传力度，确保建筑垃圾减量化工作落到实处[106]。同时，住房和城乡建设部组织编制了《施工现场建筑垃圾减量化指导手册（试行）》，提出相应的技术和管理措施，为施工现场建筑垃圾减量化工作作出进一步的规范和指导。

7.2.1 标准体系存在问题

目前我国在建筑垃圾资源化利用方面已开展很多研究，形成了一套涵盖建筑垃圾资源化全产业链（产生、收集和运输、消纳和处置以及资源化利用）的标准体系，其促进和规范了建筑垃圾资源化产业的发展。但是现有标准通常未考虑装饰装修垃圾其产生源分散、成分复杂、再生骨料强度不稳定等特点，造成装修垃圾产生源头分类不充分、收运体系不完善、资源化利用不充分等问题。

1）在装饰装修垃圾产生环节，亟需开展装饰装修垃圾减排技术的研究。现有建筑垃圾产生环节相关标准都更多着眼于新建工程中产生的废混凝土、工程渣土、工程泥浆等建筑垃圾，但考虑到装饰装修垃圾的产生流程与新建工程建筑垃圾有着较大差异，有必要对装饰装修过程中产生的建筑垃圾提出相应源头控制标准。可以通过开展垃圾减量化设计技术和标准、建设过程的垃圾现场快速消化施工和管理技术、可循环再利用的建筑材料及其应用技术等减量化控制技术的研究，建立规范科学的装修垃圾减排指标体系等，以从源头削减装修垃圾排放量。

2）在装饰装修垃圾收集和运输环节，亟需开展装饰装修垃圾收运体系规范的研究。装饰装修垃圾虽然属于建筑垃圾，但其不同于新建工程或拆除工程中产生的废混凝土、渣

土等，其有着重金属和挥发性有毒物质多、塑料和木材等可燃物多、单点产量低及产生点分散等特点，其收运体系较新建或拆除工程建筑垃圾应有所区别，可在现有标准基础上针对装修垃圾进行修订。通过研究开发用于装饰装修垃圾现场分类收集的技术和成套设备，形成装饰装修垃圾分类分选规范，提高装饰装修垃圾回收效率，为后续装饰装修垃圾产品开发和产业化提供原料和技术支持；研究装饰装修垃圾的全过程监管制度，对车辆的密闭性等提出要求，实现运输过程"零污染"。装饰装修垃圾收集和运输过程的安全作业规范也亟待出台。针对装饰装修垃圾单点产量低及产生点分散等特点，研究装饰装修垃圾收运制度，在现有标准基础上针对装饰装修垃圾进行修订。

3）在装饰装修垃圾消纳环节，亟需建立消纳场地环境指标要求及消纳技术规范。通过对装饰装修垃圾消纳场的建筑设计、施工作出规定，对消纳场的噪声、空气质量、废水等环境安全指标提出技术要求，减轻装饰装修垃圾消纳对周边环境的污染；对装饰装修垃圾的填埋和回填利用技术进行研究，形成装饰装修垃圾填埋技术规范，杜绝装饰装修垃圾的随意倾倒和处置。

4）在装饰装修垃圾资源化利用环节，亟需完善装饰装修垃圾在建材中资源化利用的技术标准规范。现有建筑垃圾资源化利用相关标准中，除上海市地方标准《工程填筑用装修垃圾再生集料技术要求》DB31/T 1254—2020 外，大多未考虑装饰装修垃圾再生材料存在强度低、品质不稳定等特点，若参照现有标准，装饰装修垃圾资源化利用途径及效率都将受到阻碍，应进一步挖掘装饰装修垃圾资源化利用途径，并制定相应标准，有助于改变现有装饰装修垃圾资源化利用难的困境。通过开展利用装饰装修垃圾开发再生骨料、路基材料、商品砂浆、新型墙体材料等再生建材系列产品的关键技术和应用技术研究，建立相应的产品标准及应用技术规范，促进装饰装修垃圾在建材行业的资源化利用。

7.2.2 加强标准化建设

总体来看，有关装饰装修垃圾减量化与综合利用的国家标准数量仍相对较少，标准体系不够合理，而且国家标准更新速度慢，地方标准则地域特色较强。相关垃圾再利用产品及其再生产品应用方面的标准主要集中在地方标准和团体标准，需要在全国或行业范围内制定统一标准以提高资源化利用率。标准覆盖不全，缺少相关再生处理设备标准、资源化企业管理行为的评价标准等，没有形成装饰装修垃圾资源化利用全产业链标准体系[107]。

1）要注重标准先行，推动装饰装修垃圾管理标准化，对标国际一流，梳理完善相关标准规范，构建国家和行业层面完善的标准体系，逐步实现装饰装修垃圾减量化与综合利用相关领域标准规范全覆盖，做到有章可循。成立相关全国装饰装修垃圾资源化专业标准化技术委员会，分析标准化的需求，研究提出国家标准发展规划，建立装饰装修垃圾资源化利用全产业链标准体系，从国家层面制定指导性标准，指导国家标准的制修订。

2）地方落实国家政策和标准体系，因地制宜。根据本地区实际情况，制定适合本地区的标准体系和执行指南、细则，保障装饰装修垃圾减量和综合利用目标落地。有关部门应积极发挥领导作用，深入分析装饰装修垃圾减量化与综合利用的需求，鼓励相关科研院所、优秀企事业单位、行业协会等参与标准的制修订工作，逐步形成国家标准、行业标准、地方标准、团体标准层层递进的资源化利用全产业链标准体系。

3）加强装饰装修垃圾综合利用顶层设计。从装饰装修垃圾全生命周期出发，形成系统的标准体系，成为"产生—收集—运输—处置"全链条管理的依据。在全国范围和全行业范围内根据不同的产品类型制定相应的统一产品标准，提高再生产品的市场竞争力，提高装饰装修垃圾的资源化利用效率。

4）制定装饰装修垃圾碳排计算的相关技术标准和奖励措施。建立碳足迹因子数据库，在"双碳"目标大背景下，碳排放核算已经成为至关重要的过程。其中，碳足迹因子是碳排放核算的核心，我国在碳足迹核查方面处于起步阶段，目前尚未建立碳足迹因子数据库，在计算过程中主要以政府间气候变化专门委员会（IPCC）排放因子数据库作为主要依据，但由于各国情况存在差异，数据具有一定的局限性，应尽快制定相关标准，建立科学的计算体系[88]。

7.2.3 标准化工作建议

基于标准体系明确标准化工作的重点环节，建议加强装饰装修垃圾收集和运输环节的装饰装修垃圾预处理技术规范、装饰装修垃圾资源化利用环节标准规范的编制工作，拓展装饰装修垃圾在新型墙材、商品砂浆、填筑材料等其他建材产品中的覆盖面。

1）在装饰装修垃圾产生环节，新增装饰装修垃圾减排技术规范，对装饰装修垃圾数量估算、减排设计、减排施工管理及减排施工措施等做出规定。

2）在装饰装修垃圾收集和运输环节，新增装饰装修垃圾分类分选工程技术规范，对装饰装修垃圾分类分选的设备、工艺、生产线等做出规定。修订建筑垃圾车技术及运输管理要求，针对装饰装修垃圾的收集和运输作业两个处置的前端过程中存在的安全性问题做出相应的规定，完善适应装饰装修垃圾特点的垃圾收运制度，改善和规范适应装饰装修垃圾的运输车辆密闭要求及监管制度。

3）在装饰装修垃圾消纳环节，新增装饰装修垃圾回填利用应用技术规程等，对装饰装修垃圾用于下水道、沟槽等部位的回填进行技术规范。

4）在装饰装修垃圾资源化利用环节，新增装饰装修垃圾再生制品用外加剂有关标准，针对装饰装修垃圾成分组成和基本性能特点，对装饰装修垃圾再生制品用减水剂等外加剂做出规定。新增混凝土小砌块用装饰装修垃圾再生骨料应用技术规程等，对装饰装修垃圾再生骨料及再生骨料小砌块的技术要求、进场检验及再生骨料小砌块的施工质量验收进行规定。新增装饰装修垃圾安全性检验项目和方法，对装饰装修垃圾的重金属、浸出液毒性、放射性等安全性作出要求。修订混凝土再生粗骨料相关标准，对混凝土用装饰装修垃圾再生粗骨料的规格、要求等作出规定。修订再生混凝土应用技术规程，根据现有应用情况，修订有关装饰装修垃圾再生粗骨料、应用范围和技术要求。

7.3 创新多元化装饰装修垃圾减量处理模式

未来，我国装饰装修垃圾资源化利用产业将朝着更加创新与多元化的方向发展。要高效处理和利用装饰装修废弃物，发展循环经济就必须要形成完整的装饰装修废弃物处理产业链，具体有以下发展模式。

（1）多种固废协同利用和区域产业协同发展

目前，水泥工业、建材行业已经利用本行业设施开展固体废物利用协同处理实践。其他行业也已经取得很好的效果。可以期待，未来装饰装修垃圾及其他多种固废协同处置将有长足的发展，实现固废产生者、处理者和处置设施拥有者的三赢局面，并推动垃圾综合利用产业向纵深发展，从而在模式上减量。

（2）综合利用产品的高技术加工、高性能化、高值化

创新生产技术，提高装饰装修垃圾再生制品原料的品质，提高再生建筑材料的市场竞争力，是增加装饰装修垃圾循环水平、实现整体减量的根本。产品全生命周期的评价，让工业固废综合利用的技术方案评价有了更科学的方法。随着绿色制造、绿色建筑理念的发展，产品标准和绿色建筑评价标准要求将会越来越高，市场需求将倒逼装饰装修垃圾综合利用产业的创新发展和转型升级，促进该产业向高性能化、高值化方向发展。

（3）精细化利用、实现回收效率和再利用率提升

随着新材料和新技术的不断应用，一些更加先进的装饰装修垃圾处理方式也将运用到处置过程中，实现对装饰装修垃圾统一回收，集中运送到资源一体化处理工厂，在工厂实现精细化分拣、筛选、分类和处置，高度智能化和自动化技术和设备也将更多地应用于装饰装修垃圾，实现回收效率和再利用率的持续提升。

（4）促进产业融合、拓宽应用范围

装饰装修垃圾资源化需要和住宅产业化、建筑工业化、装配式装修融合发展。在设计、施工方面考虑将来材料的拆除和资源再利用，不仅要考虑装配式建筑如何方便安装，还要考虑将来如何拆除，如何尽可能利于资源回收利用。拓宽装饰装修垃圾再生材料的应用范围，如结合海绵城市建设，研制和应用透水砖等透水、蓄水的建材；结合装配式建筑不断推进建设，考虑再生建筑材料在建筑预制构件中的应用。

7.4 减量化管理、资源化利用技术不断完善

7.4.1 减量化管理

目前，建筑装修业发展，在带来良好经济效益的同时，装饰装修施工产生的垃圾对环境、经济、社会的影响也越来越大，分别从建设单位、设计单位、装饰装修施工单位及政府管理部门等相关主体角度提出装饰装修垃圾减量化管理建议[7]，以供各方参考。

7.4.1.1 建设单位角度

建设单位在整个项目装饰装修全过程中对垃圾的产生负有主要责任。从经济角度分析，建设单位需要支付高额的费用为装饰装修垃圾的产生买单。因此，减少装饰装修施工过程中的垃圾产生量，提高装饰装修垃圾回收率和再利用率，对建设单位节约成本，提高项目经济效益，树立良好的企业形象具有现实意义。

1）在设计单位招标阶段，设计方案对施工过程中装饰装修垃圾的排放量影响巨大。在选择设计单位时，建设单位应考虑对方是否有装饰装修垃圾减量化方面的经验，在同等条件下，优先选用有经验的设计单位。装饰装修设计单位应从用材、装修档次、使用功能方面进行建筑装修垃圾产生来源分析，制定相应的装饰装修垃圾管理办法，以供建设单位参考和采纳。

2）在施工图设计阶段，应要求设计单位列出具有循环利用价值的材料和可回收再利

用材料清单，重点关注降低废料量和废料率，采用标准化构件及装配式构件设计，并尽量选择无毒无害装饰装修材料。在签订设计合同时，约定如因设计单位施工图缺陷给建设单位造成拆改导致施工经济损失，设计单位应承担相应的经济责任。

3）在施工招标投标阶段，应对施工单位提交主要分部分项工程的施工方案及装饰装修垃圾管理方案进行比选，要求所提供的施工方案及管理措施必须符合绿色、减量化及再利用的要求，将装饰装修垃圾减量化和综合利用相关指标纳入施工单位中标的评价内容中，对装饰装修垃圾减量化、再利用水平高的企业予以评分方面的倾斜。与施工单位签订合同时，把装饰装修垃圾排放量及分类处置效果作为衡量垃圾处理费用的核算指标，纳入工程款结算体系中，强制施工单位采取措施减少装饰装修垃圾。对于采购量大且易损耗的主材，如瓷砖、石材等，推行甲供材供货模式。

4）在施工管理阶段，建设单位应要求装饰装修施工单位根据现场实际情况提交详细的施工方案及装饰装修垃圾管理方案，建设单位在施工过程中实施全程监督。在公司层面，应制定相应装饰装修垃圾减量化制度措施，指导项目实施管理。项目管理层面，应加强项目整体进度统筹管理，避免频繁变更，对变更从制度上进行严控把关，尽可能避免因变更带来的装饰装修垃圾产生量及经济损失。另外，加强对各专业分包单位交叉施工的管理工作，对于破坏第三方装饰面的情况，从公正角度予以确认，并支持费用索赔。

5）在项目完工后评估阶段，装饰装修项目竣工验收并交付运营后，建设单位应会同设计、装饰装修施工单位等装饰装修垃圾管理方，对项目施工过程中装饰装修垃圾的产生量、类型、原因进行后评估工作，将评估数据统一汇总到建设单位，由建设单位进行数据整合，为以后各方装饰装修垃圾减量化管理提供经验及方向。

7.4.1.2 设计单位角度

建筑装饰装修设计是建筑设计的延续，装饰装修设计应与建筑设计同步进行，将装饰装修设计中的水电管道预埋纳入土建图纸。土建施工时，按照装饰装修图中的水电点位提前预埋，可以减少装饰装修工程二次施工带来的墙地面开凿垃圾。

1）全寿命周期设计纳入装饰装修设计。将装饰装修设计纳入建筑工程决策立项阶段、实施阶段、施工阶段、拆除报废阶段的全过程，每个阶段相互联系，达到装饰装修项目在全寿命周期中产生最少的装饰装修垃圾。

2）贯彻模数化及装配式设计。装饰装修工程所用材料大部分为成品材料，设计单位在对装饰装修材料及做法的选择过程中，不能单纯考虑装饰效果，为了达到装饰装修垃圾减量化的目标，设计单位应根据现场装饰装修材料的规格尺寸，尽可能在满足装饰效果的情况下，贯彻模数化设计理念。目前，装饰装修材料工厂化已经得到一定的发展，装配式装饰装修材料品种也逐渐丰富，比如成品 GRG 板、成品装饰装修墙板等材质、型号和系列越来越多。采用装配式设计，因材料均在厂家定尺加工完成，现场安装，减少了在现场切割余料的垃圾量，减少装饰装修垃圾产生。

3）提高设计水准，减少设计变更。在装饰装修施工中，往往会出现按设计工艺做法无法满足现场施工的情况，究其原因是装饰装修设计人员经验不足，设计图纸未考虑现场情况，装饰装修施工交叉单位众多，相互专业间存在错漏现象，导致现场反复拆改或加工而产生大量装饰装修垃圾。设计的不合理性也将导致大量的设计变更，因此需要设计单位不断提升专业水平，避免设计图纸与施工现场情况不符的情况，尽量减少设计变更，减少装饰装修垃圾产生。

7.4.1.3　装饰施工单位角度

装饰装修垃圾最直接的来源在施工阶段，而装饰装修施工单位是装饰装修活动的执行者，施工单位装饰装修垃圾管理水平对整个装修项目装饰装修垃圾的产生量尤为关键，施工阶段管理不善将会直接导致装饰装修垃圾产生量增加和经济损失。

（1）从技术管理方面实现装饰装修垃圾减量化

在装饰装修项目施工过程中，产生装饰装修垃圾数量的多少与工程的技术管理水平的高低有密切关系。因此通过提高技术管理水平来减少装饰装修垃圾的产生量是一种有效手段，可采用如下措施。

1）将装饰装修垃圾减量化的理念融入施工组织设计。建筑装饰装修施工之前，施工单位必须提交完整详细的装饰装修施工组织设计，报监理及建设单位审批通过后方可开工。装饰装修施工组织设计应涵盖装饰装修工程施工阶段的人员、工期、设备、管理制度等全部内容，将装饰装修垃圾减量化理念融入施工组织设计的编制中，制定装饰装修垃圾减量化管理计划，采用多种方式减少装饰装修垃圾的产生量。施工进度制定时，要根据资源有效利用及减少损失的原则编制。在施工方案的选择中，对各种装饰装修垃圾的可能情况进行综合分析和考虑。如因装饰装修布局更改原建筑砌体墙拆除后将砌体碎块，这些碎块可直接用于卫生间下沉区域的回填，从而减少装饰装修垃圾的外运量。

2）重视施工图纸会审及技术交底工作。因装饰装修是在原建筑主体结构的基础上进行的，装饰装修工程需附属于原建筑主体结构。建筑装饰装修施工技术人员应重视施工图纸会审工作，规避图纸构造不明或现场与图纸脱节造成后期返工产生的拆改垃圾。图纸会审阶段，要明确各方施工范围，各单位之间施工先后顺序，避免交叉施工造成的返工拆改垃圾。装饰装修单位施工技术人员在施工工艺、技术要求等方面要对施工班组及工人做好技术交底工作，避免因工序颠倒、施工工艺错误、用错材料等原因导致施工完成后再次拆改作业而产生装饰装修垃圾。

3）实施样板先行制度。装饰装修工程直接暴露，因此在施工安全、质量、效果等方面要求较高，样板先行在住宅装饰装修项目中呈现为样板间的形式，在装饰装修工程中呈现为样板段的形式。加强样板先行制度，可以预知大面积施工中存在的质量、工艺、材料尺寸匹配及施工排版等问题，有效避免大面施工时由于各种错误造成的人、材、机、时的大量损失，是减少装饰装修垃圾的产生量的有效控制手段。

4）加强施工预检工作管理。在施工前期，施工预检主要表现在控制水平标高、定位轴线、配合其他分包定点定位，确保装饰装修整体效果等方面。施工过程中，体现在做好隐蔽验收工作，隐蔽工程验收通过后方可进行下一步工作。加强对装饰装修质量影响重大的工序的施工预检，避免因质量问题而修补处理产生不必要的装饰装修垃圾，如因使用劣质的防水材料导致卫生间防水存在质量缺陷，则需重新开挖补漏，这样将产生大量装饰装修垃圾。

5）采用先进技术和改善施工工艺，提升管理水平。先进的施工管理技术，一方面这样可以少装饰装修垃圾，另一方面可以保证工程质量，控制成本。如 BIM 技术在各专业间的碰撞及管线的优化布置方面均具有良好的效果。装饰装修施工企业应在新技术、新工艺、新材料方面加大投入和研究，同时通过改善施工工艺来达到减少装饰装修施工垃圾目的，比如地面石材铺贴时，现场测量尺寸，通过图纸排版，定尺下单成品到现场，减少现场切割产生的余料。不锈钢、GRG 造型顶棚采用装配式替代传统的现场制作，可最大限度地减少现场制作垃圾的产生。

（2）从材料管理方面实现装饰装修垃圾减量化

装饰装修垃圾的成分基本是装饰装修材料的废弃物，在经济上，装饰装修垃圾的减量化体现为减少装修施工单位成本。装饰装修材料沦为装饰装修垃圾会导致施工单位增加以下方面的成本：①材料本身的价值；②清理处置材料垃圾的费用；③二次采购与施工费用。

从材料管理方面来减少装修垃圾的产生量，有如下途径：

1）优化材料采购承包模式。在材料采购承包方式方面，优先选用包工包料的模式，在这种模式下，承包商出于控制成本考虑，会更精准地按现场尺寸提前在工厂加工生产成品，类似于装配式施工，可最大限度减少现场裁剪切割产生的边角料。

2）严控材料采购管理。在材料的采购管理中，对于装饰装修材料，要按先报送样板，确认后再大批量采购的方法。选择正规材料供应商，保证材料品质，避免因材料质量问题导致装饰装修垃圾的产生。尽量采用包工包料的采购模式，减少现场材料切割损耗量。另外，在采购数量及进场时间方面应尽量满足现场施工进度要求，减少因现场施工及保管造成的材料损耗量。

3）加强辅材的领用及退回管理。目前，装饰装修单位一般按现场定尺下单的方式进行主要材料管理，在减少材料浪费方面效果明显。但在装饰装修辅材的领用及退回管理方面未引起足够重视。装饰装修辅材是装饰装修垃圾的主要成分之一，建议通过监测辅材的利用率结合奖惩的方式来降低辅材切割损耗量。装饰装修辅材的退回管理也是最难监管及最易忽视的方面，现场开封使用后多余的辅材一般散落堆放，缺少有效管理，久而久之，这些辅材将沦为垃圾。因此在需要制定严格的辅材退回管理制度。

4）加强材料现场管理。根据装饰装修材料的性质，施工现场材料应有序堆放及保管，避免材料变成垃圾。例如：纸面石膏板、腻子粉、水泥等建材，若不保管不当，在潮湿的环境下容易发生霉变或产生强度下降等问题。材料装卸及搬运过程中，应选择合理的运输机械，并有效避免损坏、掉落。要加强材料现场管理，避免因储存、搬运不当而造成材料直接变成垃圾。

（3）从制度管理方面进行装饰装修垃圾减量化

装饰装修垃圾的管理需要政府出台相应的制度来予以规范及监督。同样，对于装饰装修施工单位，好的装饰装修垃圾管理制度可以起到事半功倍的效果，建议建立如下管理制度。

1）优化劳务承包模式，合理划分劳务施工标段。在劳务承包模式方面，优选采用人工＋辅材的承包方式，根据实例研究表明，装饰装修垃圾成分中大部分来源于辅材，公共建筑装饰装修工程因构造复杂，需求最大的辅材如石膏板、夹板等通常无法准确核算所需数量，一般按现场实际需求采购下单，如采用纯人工劳务承包模式，劳务班组对监管材料用量缺乏积极性，将导致大量的材料未得到充分加工利用而形成装饰装修垃圾。另外，合理划分劳务施工标段可以减少不同劳务班组之间的交叉施工，一定程度上可达到装饰装修垃圾减量的效果。

2）提升限额领料制度效力。施工材料限额领料制度可以有效地减少施工材料的浪费，杜绝材料的浪费来减少一部分施工垃圾，进而控制装饰装修垃圾的产生量。施工单位应将限额领料制度写入合同条款内，过程中预警监管，对超领现象及时找出原因并纠正，防止材料浪费扩大，结算时对材料超出正常消耗的领料部分，按同等价值予以扣款。

3）应加强现场管理。加强现场巡视监督制度有利于及时发现现场存在的问题，便于及时更正和处理，从而达到有效控制施工中装饰装修垃圾数量的目的。现场巡视的主要内容是要确保施工人员按图施工、使用合格的材料，并应监管现场辅材的废材率。

4）开展不定期的劳务教育培训制度。在装饰装修施工过程中，工人及劳务班组直接现场操作，工人技术水平及劳务班组的管理水平对装饰装修垃圾的产生量产生直接影响。因此，从装饰装修垃圾减量化的角度，施工单位应不定期开展劳务教育培训。培训的内容应包括：①提升装饰装修垃圾减量化的意识；②传播并采用减量化相关施工工艺；③培训工人施工及操作水平等。

7.4.1.4 政府管理部门角度

在垃圾管理方面，政府实行的政策包括"排污收费"政策、"生产者责任"政策、"税收、信贷优惠"政策、"垃圾填埋费"政策等，经济激励政策可以调动企业控制污染的积极性，从而使垃圾管理的所有方面都可以体现减量化、资源化、无害化原则。政府在装修垃圾管理方面起核心主导地位。

全国各省市将装饰装修垃圾管理作为一项紧要事来抓，采取市-区-街镇三级扶持的模式以推动装饰装修垃圾处置行业自律，具体思路如下：①市、区绿化市容管理部门是装饰装修垃圾、大件垃圾处理的主管部门，负责装饰装修垃圾、大件垃圾处理的监督管理工作，市房屋管理部门负责全市物业管理的监督管理工作；②区绿化市容管理部门负责所辖区域内装饰装修垃圾、大件垃圾处理的具体管理工作，区房屋管理部门负责所辖区域内物业管理的监督管理；③镇（乡）人民政府、街道办事处在区绿化市容管理部门的指导下，做好所辖区域内装饰装修垃圾、大件垃圾处理的源头管理，镇（乡）人民政府、街道办事处在区房屋管理部门的指导下对物业管理区域内的物业服务实施日常监督检查，指导和监督物业服务企业履行法定的义务，在日常巡查中发现业主、使用人未遵守装饰装修垃圾投放要求的，报告城管执法部门；同时，镇（乡）人民政府依法对违反当地建筑垃圾处理管理规定的有关行为实施行政处罚。此外，绿化市容、房管、公安、城管等部门多方联手，建立"智能发现、联合指挥、联动查处、精准打击"的工作机制，对违规收费、非法处置等问题开展共同治理。

以上海为例，根据《上海市建筑垃圾处理管理规定》要求，居民小区内应当由装饰装修垃圾投放管理责任人来设定地方进行装饰装修垃圾堆放，对于没有地方进行堆放的，可以由乡镇人民政府或街道办事处来指定堆放场所来进行堆放。

上海市装饰装修垃圾和拆除垃圾采用集中处置的模式，目前上海市各区均设立了装饰装修垃圾和拆除垃圾中转分拣场所，中心城区每区一个，郊区分别设立了区级和镇级等多个装饰装修垃圾分拣点，对于每个区排放的拆除垃圾和装饰装修垃圾而言，首先将其运往区里的中转分拣点进行分类，然后进行分别处置；将有毒有害垃圾分拣出来（如废油漆桶），进入有害垃圾处置渠道；将可以循环利用的垃圾分拣出来（如说无机非金属类和金属类等），运往资源化处理厂进行资源化利用；没有利用价值的分拣残渣，运往垃圾末端处理厂进行填埋或焚烧。

根据调研，截至 2019 年 7 月底，上海市拥有 95 座建筑垃圾中转分拣点，总占地面积约 130hm², 日处理能力约 2.89×10^4 t。上海市共 16 个区，中心城区至少有 1 个建筑垃圾中转分拣点，郊区则根据实际情况设置，有可能是每个镇 1 个点位，也有可能是几个镇共用 1 个点位。但所有的中转分拣点都是临时用地，场地面积较小，配套建设不完善，且存在噪声污染、污水排放等方面的环保问题。大多数点位分拣工作主要靠人工完成，机械化程度低，因此对于拆除垃圾和装饰装修垃圾的分拣效率和分拣质量较差。

2017 年 5 月，上海市住房和城乡建设管理委员会、上海市绿化和市容管理局等六部门联合发文《关于加快推进本市建筑垃圾处理工作的实施方案》（沪建城管联〔2017〕401 号），提出加快推进"十三五"时期建筑垃圾资源化利用的 12 个重点项目建设。据上海生态环境局发布公告，2019 年上海市装饰装修垃圾和拆除垃圾的申报量为 1260 万 t；2019 年全市开工在建 6 座建筑垃圾资源化利用设施，合计总处理能力 400 万 t/年。2020 年上海颁布实施《关于进一步深化建筑垃圾管理领域专项治理的通知》，规划建设 12 座装饰装修垃圾和拆除垃圾集中资源化利用设施，重点建设项目进展情况如表 7-1 所示。

"十三五"期间上海市装饰装修垃圾和拆除垃圾资源化利用重点建设项目进展情况　表 7-1

序号	项目布点	设计能力（万 t/年）	服务范围	项目目前进展情况	运营单位
1	老港固废基地	200	中心城区	已投产	市城投
2	宝山区石洞口	150	宝山区,部分中心城区	项目选址、立项	
3	闵行区华漕镇	70	闵行区,部分中心城区	项目选址、立项	
4	闵行区马桥镇	70	闵行区,部分中心城区	土建、设备安装	国投生态环境发展公司
5	普陀区桃浦镇	100	普陀区,部分中心城区	项目选址、立项	
6	嘉定区江桥镇	150	嘉定区,部分中心城区	已投产	城投嘉定
7	松江区余山镇	60	松江区,部分中心城区	已投产	城投松江
8	浦东新区曹路镇	70	浦东新区	已投产	浦发
9	青浦区	50	青浦区镇	项目选址、立项	
10	金山区	20	金山区	已投产	
11	奉贤区青村	100	奉贤区	已投产	勤顺公司
12	崇明区	10	崇明区	已投产	
	合计	1050			

在装饰装修垃圾处置方面，上海市装饰装修垃圾大多采用特许经营模式，由政府部门授权每个区的绿化市容局作为具体实施单位，再由每个区的绿化市容局委托专门的工程招标代理公司以政府采购的方式进行招标，最终中标的特许经营单位独资成立项目公司，并与政府签订《特许经营协议》，开展后续的项目设计、建设及运营，同时划分好作业区域，而装饰装修垃圾投放管理责任人则需及时联系负责所处区域的作业服务单位。项目建设及后期运营资金均由项目公司自筹，自负盈亏，政府部门会根据实时情况适当给予一定的财

政补贴。另外，政府部门所属项目，在同等条件下，优先使用项目公司所产的再生产品，为项目公司再生料的销售提供了一定的保障。

根据装饰装修项目施工全过程管理，从政府角度对装饰装修垃圾管理存在的问题，提出如下建议。

（1）强化事中管理

上海生活垃圾自从分类以后，后端的垃圾处置逐步走向良性发展，并卓有成效。由此可以看出，源头的精细化分类存放是提高建筑垃圾资源化利用的主要途径。装饰装修垃圾分类是资源化利用的基础。源头上不分类，会增加分拣成本，降低再生利用效率，这些是制约行业发展的关键因素。装饰装修垃圾因为混料复杂，导致我国的装饰装修垃圾后端处置难度加大。因此，可强化行政审批事中管理，例如在开展装饰装修垃圾排放许可的审批时，对装饰装修垃圾的种类进行现场勘验、严格分类登记，配合严惩制度，让源头分类落到实处。根据登记的不同种类，进行分类运输、分类处理。属于可直接利用的回填土的，引导运输至回填工地进行土方回填；属于可资源化利用的，引导运输至资源化利用场所；属于暂时无法资源化利用的，引导运输至合法消纳场所。

（2）加强宣传，提高公众监督意识

通过装饰装修垃圾管理平台及相应的 APP 与公众实现互动，向公众宣传装饰装修垃圾管理的政策和相关知识；倡导各学校和机关单位定期开展环境保护课程，组织宣传队伍开展"进社区，下基层"的活动，培养市民的装饰装修垃圾规范收集意识。加强相关法规政策的宣传，重点进入建设工地，提高装饰装修垃圾产生单位按照规范处置建筑垃圾的意识。

（3）逐步建立装饰装修垃圾监管体系

鉴于当前城市装饰装修垃圾处理体系正在逐步构建当中，监管体系尚未建成，建议完善装饰装修垃圾监督管理体系，以防止乱收费和随意倾倒垃圾的行为发生，达到运输规范、计量准确、处理有序的要求。将装饰装修垃圾处理工作纳入社区网格化管理，确保规范运输，杜绝私运乱接，从源头上做好防控工作。建立收费制度，从事装饰装修垃圾运输和处置的企业要配备管理员负责收费与管理工作，配合社区物业公司或装修企业确认产生单位和个人装饰装修垃圾的清运量、清运费用、清运时间、清运地点，做好现场对接工作。建立运输车辆或运输企业准入制度，对从事装饰装修垃圾的运输车辆参照生活垃圾运输要求进行管理，标准符合建筑垃圾（工程渣土）办公室准入有关规定。建立信息化管理制度，从事装饰装修垃圾的运输车辆和企业由市环境卫生管理处负责监督管理，运输车辆要安装信息管理系统，实现一车一卡制，禁止运输车辆跨区经营，准确计量各区数量。各级城管行政执法部门要加强监管，严查偷倒乱倒行为，严厉打击不法经营行为，确保装饰装修垃圾运输处置体系能有效和规范运行。

（4）加大政府对装饰装修垃圾处置企业的政策扶持力度[108]

1）设立拆房和装饰装修垃圾资源化利用专项资金

将装饰装修垃圾高效综合利用重大科技攻关项目的自主创新研究、应用示范和产业化发展列入科技发展规划和高技术产业发展规划。设立装饰装修垃圾资源化利用专项资金，重点对企业的启动发展以及后续发展进行补贴，如企业组织员工到区内外同类先进企业或生产基地学习先进技术，企业参与国内外市场竞争，开拓新市场、开发或引进新产品。对资源化利用先进生产企业和资源化产品优秀应用工程给予奖励或补贴，以鼓励企业在生产和应用方面不断改进与创新。

2）鼓励工程项目使用再生建材

政府应制定鼓励使用再生建材的措施：①通过设立奖项或示范工程，在工程项目应用端提倡、鼓励使用再生产品，提升再生产品使用的积极性；②建立拆除垃圾和装饰装修垃圾再生产品标识制度，将其列入推荐使用的建筑材料目录、政府绿色采购目录。

3）适当延长特许经营年限

特许经营合同的订立应针对拆房和装饰装修垃圾处置企业的特点因地制宜，在满足资源化利用和公众需求的同时，充分考虑区域和企业的诉求，坚持一致性、平等性、竞争性原则。在特许经营年限方面，应适当予以延长，来提高企业投资的积极性。此外，对于特许经营的业务范围、费率，特许经营权益双方的责任义务等，各方要充分沟通，达成契约，由法律对特许经营合同的执行和监督给予保障。

（5）推广装配式装修技术

大力推广装配式装修技术是实现建筑垃圾从源头减量化的有效措施。目前，上海公共建筑的装配率较高，但在住宅内装方面，仍停留于橱柜及整体卫浴式，在橱柜以外的厨房其他区域仍未能开展大面积装配式装修。建议政府推进装配式装修技术标准的建立和完善，加大专业技术人才培养，推动 BIM 技术在装配式装修领域的应用，通过行业龙头企业示范来带动全行业发展，从源头减少装修类建筑垃圾的产生。

7.4.2　资源化利用

7.4.2.1　资源化利用核心理念

1）绿色：全面贯彻绿色发展及循环经济的核心理念，推行园林式工厂、车辆进出场自动清洁、多级除尘及封闭生产、多重降噪控制、生产废水 100％回收再利用、运用清洁能源，实现全员化、全流程、全方位综合无害化生态化管理和运营。

2）智能：以现代物联网为基础，综合运用自动化控制，GPRS 无线传输、大数据、云计算、互联网等先进信息技术手段，对垃圾排放、储运车辆智能调度进行监控，对生产过程重要工序、节点实时监控，对再生产品质量、粉尘、噪声等进行智能监控。

7.4.2.2　资源化处理工艺技术聚焦方向

1）智能化分拣与筛分。利用机械化作业和人工智能技术，突破人工瓶颈，实现最大限度减量化。

2）精细化破碎。对不同尺寸、不同强度的混合复杂物料进行较高精度、高效率的破碎，满足末端资源化利用规格整齐纯净的物料要求。

3）资源化利用。以建筑装修垃圾为原料生产各种资源化产品，以产品化推动资源化，在广度、深度、科技含量、生态内涵、附加值等方面不断延展。

7.4.2.3　资源化处理工艺设计原则

1）逐级减量。装修垃圾在经过流水线每一个节点都能减量、分流，流量逐级递减，最终实现流水线末端不可回收利用的轻物质垃圾残渣量控制在最小程度。

2）逐级减小。装修垃圾在流水线上流动过程中，设备出料尺寸逐渐变小，设备处置能力逐渐精细化，确保整条流水线高效通畅，确保产线生产能力符合要求，最大日处置能力过千吨。

3）逐级简化。装修垃圾物料在流水线流动中逐步变得简单、简化，前端设备为后端设备减压减负，确保整条流水线的能耗降到最低水平。

7.4.2.4 资源化利用目标

1）大件垃圾与小件垃圾分离。将超大的沙发、床垫、门窗、家具以及超重的楼承板、支撑梁柱、大型混凝土块等分离进行预处理，将超小的泥沙粉末和超轻的泡沫、轻物质碎屑分离。

2）轻物质与重物质分离。利用轻、重物质不同的特性在风力、重力等作用下直接将其分离，重物质进入骨料生产线，轻物质再经过资源化分拣实现最大化减量。

3）可直接回收物与不可直接回收物分离。将可直接回收利用的废旧金属、木材、塑料、纸张、橡胶等分拣出来，流水线执行"有用物质优先分拣"的原则。

4）金属与非金属分离。通过强力永磁设备将钢铁金属分拣出来，用涡电流分选筛将其他金属筛分出来，实现金属与非金属分离。

5）立体3D物质与平面2D物质分离。利用欧美生活垃圾精分设备工艺技术，可直接将立体型瓶罐物体与平面的塑料片、布片等物质分离。

6）有机物与无机物分离：垃圾末端处置的填埋模式将难以持续，装修垃圾资源化处理项目的轻物质垃圾残渣属于有机可燃物，按照今后焚烧和热解碳化的要求，工艺需将不可燃的无机物最大限度分离。

7）有害物与无害物分离。按照国家环境保护相关规范，将有毒有害的油漆桶、荧光灯管、电池、药品等物质单独分拣交由专业机构进行无害化处置。

7.4.2.5 资源化利用路径

1）装修垃圾中的轻质物料，如薄膜、纸张、布料、纤维、泡沫、海绵等，送去资源化分类或制RDF处理。

2）装修垃圾中的重质物料，如砖、石、瓷砖、渣土等，送去制砖或填埋处理。

3）较轻物料如木材、木板等可重新生产环保木塑材料。

4）磁选分选出铁类金属，涡电流分选出其他有色金属。

5）轻物质可以运输到垃圾焚烧发电厂燃烧发电。

6）骨料与合适的制砖材料混合制成环保再生砖。

7）不能利用的装饰装修垃圾需填埋。

7.5 基于云平台的智能管控

在智能化家居的逐渐普及下，装饰装修管理融入智能化技术是必然趋势。通过智能化系统，对所有数据进行汇总和统计。应用BIM技术，建立单一信息源模型并指导现场施工，确保所使用信息的准确性和一致性，降低设计修改造成的资源浪费。制定和完善设计阶段减量化的规则制度，同时辅助控制工程垃圾的产生量。

加强装饰装修工程智能化管理，促进各个部门之间的联系和沟通，能够提高施工管理水平。此外，还能利用信息化与智能化技术，对建筑的整体布局进行规划，实现空间的数字化调节，实现装饰装修垃圾的精准管控，宜大力发展云平台模式进行垃圾的在线管控。

智能化云平台的建设是全域化、信息化、规范化的收运处置模式。通过云平台建设，打造源头、运输路线、处置场地的全方位数字化监管治理模式，实现对装饰装修垃圾的产、运、消、用等环节的信息进行有效管理，通过市环境卫生管理及相关部门可对建筑垃圾有效实现各部门信息共享和接受社会公众监督，有利于对建筑垃圾源头企业实行统筹管理，规范运输行为、合理规划消纳设施及资源化处置设施布局，促进资源化产品再利用。典型的装饰装修垃圾职能化云平台如下：

（1）环创科技云平台

运用物联网、大数据和人工智能前沿技术，构建了装饰装修垃圾处理智慧云平台"环创科技云平台"，平台整合了 SCADA 数据采集监控系统、GIS 车辆地理信息系统、AI 视觉识别系统、APP 装饰装修垃圾收运管理系统、视频自动监控系统（VSCS）等多源系统数据。通过深度学习、大数据统计分析等智能分析技术，可对城市装饰装修垃圾处理量、物品类别及智能收运处置管理进行精准监测和可视化展示，实现实时装饰装修垃圾收运情况及设备运维事件分析、自动识别、推送和报警、设备与溯源分析、预测与建议等智能分析，形成一个云端到设备层数据的无缝链接，应用大数据驱动分析与决策。

（2）唐吉诃德数字精准平台

唐吉诃德数字精准平台采用唐吉诃德数字装配模式进行施工，前期用 BIM 正向设计，BIM9D 平台云解码自动生成 BOM 表，数据对接工厂机器进行加工生产装配材料，现场全部装配，工人安装墙、顶、地等部位的部品部件，采用唐吉诃德智能云平台可准确计算项目所需的主材包括但不限于瓷砖、地板、通风空调需用量，辅材包括但不限于轻钢龙骨、石膏、水泥、砂石料等精准工程需用量，无需现场湿作业，几乎没有现场切割和搅拌水泥，无材料浪费，大大减少现场粉尘垃圾生成，可减少材料浪费垃圾 20％。唐吉诃德数字精准平台已经在永辉超市及北京自由蜂电子商务有限公司的新建项目中得到运用。

（3）宁波建筑装修（大件）垃圾收运处置体系

宁波高新区充分发挥浙江省数字化改革先行优势，全力探索建筑装饰装修垃圾处置的"宁波解法"，加快推进数字化技术应用、智能化改造和智慧化监管，大大提升建筑装饰装修垃圾行业的监管效率，实现了从"乱"到"治"、从"治"到"智"的全面转型。

宁波装饰装修（大件）垃圾从源头收集到运输、处置，装饰装修（大件）垃圾绿色智慧收运体系将车辆、人员、设施等互联互通，并将考核管理、任务处理、事件问题、GIS地图、实时通信等业务进行协同，打通业务之间和各个部门的关联，形成快速协同处理机制，实现了全程闭环数字化管理、规范化监管，同时大大提高了收运处置效率。宁波高新区建筑装饰装修垃圾数字化监管平台（图 7-1）可实现如下功能：

1）前端封闭式智能化收集存放箱。在投放管理环节，建立了箱体、车辆预约制和暂存制 2 种模式。居民或物业可以根据自身需求以及小区条件，拨打"搭把手"400 客服电话预约收集、自助手机端下单，平台自动接单、系统智能派单进行收运，或先装袋捆绑后暂存到小区装饰装修（大件）垃圾投放（暂存）点，再由生活垃圾分类管理责任人按需联系经公示的收运单位进行收集。装饰装修（大件）垃圾堆放箱全封闭设计、体积小巧、方

图 7-1　宁波高新区建筑装饰装修垃圾数字化监管平台

便运输，当箱体内装饰装修（大件）垃圾装满后，箱体的智能"黑匣子"会自动预警，上报系统提示清运，实现（空）箱换（满）箱的自主管理。通过一系列的技术革新实现清运的自动化、智能化和机械化，杜绝露天堆放的原始粗放式装卸模式，在小区内使用可以保证建筑、装饰装修垃圾堆放点位整洁、无扬尘，同时减少露天堆放造成的环境污染和二次装卸（图 7-2）。

图 7-2　封闭式智能化收集存放箱

2）中端规范化运输。在接到居民或物业的预约信息后，通过平台实时、智能派单给清运车辆前往点位清运。数字化平台通过人工智能、物联网、云计算、大数据等现代化技术，实时对清运车辆的运输轨迹、运输过程（滴漏撒等）、电子围栏及驾驶员的安全驾驶行为（抽烟、接打电话、超速、疲劳驾驶）等进行全面监管，实时预警，做到全程可视化管理、规范化收运（图 7-3）。

3）末端集中资源化处置。在末端处置环节，采取备案公示形式，向社会公示处置场所相关信息。清运车辆根据系统规划路线，前往就近处置场所。处置场所根据电子围栏预警信息，接收指定区域内的装饰装修（大件）垃圾倾倒并处置，同时将场地内电子地磅和监控系统等统一接入装饰装修垃圾数字化监管平台，对清运车辆的来源、入场、过磅等环节进行监管，做到装饰装修垃圾来源可溯、去向清晰。后端集中处置的装饰装修（大件）

图 7-3　规范化收运

垃圾，经过技术工艺处置变成骨料、渣土、沙灰、金属、塑料等各种可再次利用的资源，原本令人头疼的"垃圾"摇身一变成了可用之"材"，得以继续在城市建设中发挥其价值（图 7-4）。

图 7-4　高新区区域电子围栏

通过智能化云平台建设，市环境卫生管理及相关部门可对建筑垃圾的产、运、消、用等环节的信息进行有效管理，有效实现各部门信息共享和接受社会公众监督，有利于对建筑垃圾源头企业实行统筹管理，规范运输行为、合理规划消纳设施及资源化处置设施布局，促进资源化产品再利用。

智能化云平台能有效实现各部门信息共享和接受社会公众监督，统筹管理建筑垃圾源头企业，规范运输行为、合理规划消纳设施及资源化处置设施布局，促进资源化产品再利用。为进行建筑垃圾减量化的精准管控，宜大力发展云平台模式进行垃圾类型，特别是装修垃圾的在线管控。

7.6　数实共生与新型产业模式

城市进入全面数字化转型新阶段，在当下与未来一段时期内，城市发展需要通过数据的全面流通共享将碎片化应用和系统连接起来，实现数字技术对城市治理与经济发展的全面赋能与创新。未来，智慧城市建设将从基础设施重构转移到聚焦场景化应用，数字化转型将在更多领域、更深层次满足市民生产生活需求。装饰装修垃圾的减量化与综合利用是智慧城市建设的重要环节，应紧跟时代步伐，垃圾资源化技术融合"互联网＋"、5G、物联网等信息技术，做到新的突破。目前，信息技术在建筑垃圾治理方面的应用主要体现在建筑垃圾的分类和建筑垃圾信息平台的建立上。

未来，数字化产品服务会渗透到所有行业，为数字经济注入新的驱动力。数字技术的发展为产品和服务的创新提供了重要环境和有利条件。数字化的建筑垃圾管理系统可以让政府部门实时监控建筑垃圾处置的全过程，有效防止建筑垃圾产生方随意处置，建筑垃圾运输车辆超载遗撒以及违规倾倒等现象，同时也有利于政府相关部门对建筑垃圾实施科学的闭环管理及为应急指挥提供决策依据。在家居生活领域，由于终端数量的快速普及和泛在的网络连接，围绕家庭消费和生活，以语音、图像、人脸和触控等全新的交互方式，更加符合人的行为习惯的智能家居解决方案正在重构未来家居场景，装饰装修的未来化、智能化也必将对建筑垃圾的资源化综合利用产生重要影响。

当前正处于5G通信引领的新一轮科技周期，人工智能、物联网、区块链、边缘计算等技术将迎来落地窗口期，而这些技术的集成应用将更注重与具体场景的结合。通过构建智能识别系统，在前端建立庞大、多元的数据库，帮助AI进行垃圾分类。同时，为数字孪生等技术提供非常有价值的信息。未来，更多产品会嵌入数字化功能，随着数字化的发展普及，越来越多的实物产品将嵌入数字化的功能模块，成为数实混合的产品，如各种智能家居、可穿戴设备以及各式各样的网联终端等。各种装饰装修部品的数字化也将为垃圾的资源化综合利用提供极大便利。未来随着智能家居产品的智能化程度不断增加，会使得智能家居的底层生态平台逐渐统一，从而实现更多设备互联互通。

随着数字化技术的进步和发展，新旧产业交互作用、跨界融合。企业将不断打破边界，触达更多的领域，以行业的跨界融合这一最直接的路径实现经营业态及商业模式的创新，引入新的经营理念、技术、方法手段，运用现代化工具激活和优化配置资源，重塑价值分配，从而构建新型产业模式。利用互联网＋大数据＋人工智能＋区块链等技术，对建筑垃圾的产生、分类、运输、资源化利用等配套产业进行优化再造，提升建筑垃圾的全产业链效率，推动整个建筑垃圾产业链转型升级。

参考文献

［1］我国城市建筑垃圾年产生量超过 20 亿吨！住建部要求深化建筑垃圾治理！［EB/OL］．2021-12-13．https：//mp. weixin. qq. com/s?＿biz＝MzA3MjQ0NTMxNQ＝＝&mid＝2652121680&idx＝2&sn＝51d6e8d129a2fd9438abb56ac48b57cc&chksm＝84feb6bcb3893faabb5af5fb180a08f700926ebb74f36902c5c1fecc90bd31da4e670eeb01a7&scene＝27．

［2］住房和城乡建设部．城市建筑垃圾管理规定［EB/OL］．2022-08-09．https：//www. mohurd. gov. cn/gongkai/zhengce/zhengceguizhang/200504/20050406＿763862. html．

［3］上海市环境工程设计科学研究院有限公司，中国城市环境卫生协会建筑垃圾与资源化工作委员会．建筑垃圾处理技术标准 CJJT 134—2019［S］．北京：中国建筑工业出版社，2019．

［4］杭州市余杭区人民政府闲林街道办事处．闲林街道装饰装修垃圾长效管理实施细则（试行）［EB/OL］．2022-08-09．http：//www. yuhang. gov. cn/art/2020/12/27/art＿1229177698＿1716029. html．

［5］杨浦区住房保障和房屋管理局．杨浦区关于加强装饰装修垃圾、大件垃圾全程管理工作的实施意见［EB/OL］．2022-08-09．http：//service. shanghai. gov. cn/XingZhengWenDangKuJyh/XZGFDetails. aspx? docid＝REPORT＿NDOC＿007568&wd＝&eqid＝be948f0d000ea46900000002642e27c8．

［6］黄建光，孙佩文，胡德恒．建筑装饰装修垃圾全寿命周期管理［J］．资源节约与环保，2022（6）：118-123．

［7］王志明．公共建筑装饰装修垃圾减量化管理研究［D］．深圳：深圳大学，2019．

［8］张清平．堆存装饰装修垃圾对土壤及地下水环境影响的研究［D］．济南：山东大学，2019．

［9］深圳市住房和建设局．深圳市建筑废弃物治理专项规划（2020-2035）（草案）［EB/OL］．2022［2022-08-09］．http：//zjj. sz. gov. cn/attachment/0/774/774411/8739065. pdf．

［10］段珍华，黄冬丽，肖建庄，等．建筑装饰装饰装修垃圾成分调研及资源化处置模式探讨［J］．环境工程，2021，39（10）：171-176．

［11］孙佩文．城市建筑装饰装饰装修垃圾产生量特性及管理对策研究［D］．深圳大学，2020．

［12］王宁．建筑垃圾全过程精准管控模式及实际工程应用示范研究［D］．北京：北京交通大学，2019．

［13］林茂松，王琼，於林锋，等．论装饰装修垃圾在建设领域资源化利用的制约因素［J］．混凝土世界，2015（5）：94-6．

［14］薛骁．上海市建筑装饰装修垃圾组分分析与新型建材利用技术［J］．山东工业技术，2020（5）：112-121．

［15］材料科学和技术综合专题组．2020 年中国材料科学和技术发展研究［C］．2020 年中国科学和技术发展研究（上），2004：179-253．

［16］董晶，孔德乾．我国城市建筑垃圾处理现状及对策分析［J］．建设科技，2012（22）：78-80．

［17］厦门市建设局．《厦门市建筑装修垃圾处置管理办法》［EB/OL］．2018［2022-08-12］．http：//js. xm. gov. cn/xxgk/zxwj/201809/t20180919＿2117187. htm．

［18］潘文佳，路宏伟，杨英健．江苏省装饰装修垃圾资源化利用研究分析［J］．建设科技，2018（24）：73-75．

［19］陈天，何玉安，魏正康．装潢建筑垃圾处理现状及其分拣分类处理工艺研究［J］．环境工程，2018，36（S1）：199-203．

［20］王艳，王长桥，殷伟强，等．北京市装饰装修垃圾处置现状及对策［J］．环境卫生工程，2006，14（4）：34-36．

［21］刘会友．房屋装修垃圾的危害与处置探究［J］．中国资源综合利用，2005（3）：24-27．

［22］李小燕．德国生活垃圾分类管理工作的研究与借鉴［J］．中国资源综合利用，2019，7（5）：

170-172.

[23] 乔丽霞. 银川市建筑垃圾的现状及综合利用研究 [D]. 西安：长安大学，2012.

[24] 孙金颖、陈家珑，周文娟. 建筑垃圾回收回用政策研究 [M]. 北京：中国建筑工业出版社，2015.

[25] 毕鸿章. 日本重视建设工地废弃物资源再利用 [J]. 建材工业信息，1998，(1)：25.

[26] 刘喜平. 汉中市建筑垃圾现状及可再生探讨 [J]. 低温建筑技术. 2013，(10)：124.

[27] 胡宏伟. 建筑垃圾的回收与利用研究 [J]. 价值工程，2013，(15)：114.

[28] 王书. S市建筑垃圾治理存在的问题及解决对策 [D]. 沈阳：辽宁大学，2013.

[29] M. M. M. Teo，M. Loosemore. Theory of waste behavior in the construction industry [J]. Construction Management and Economics，2001（19）：741-751.

[30] Tulay Esin，Nilay Cosgun. A study conducted to reduce construction waste generation in Turkey [J]. Building and Environment，2007（42）：1667-1674.

[31] Bergsdal H，Bohne. R A，Brattebo H. Projection of construction and demolition waste in Norway [J]. Journal of Industrial Ecology，2007（11）：27-39.

[32] Catherine Charlot-Valdieu. 法国建筑工地废物的削减与管理 [J]. 产业环境，1997（2）：45-46.

[33] Townsend T，Tolaymat T，Leo K，et al. Heavy metals in recovered fines from construction and demolition debris recycling facilities in Florida [J]. Science of the Total Environment，2004（332）：1-11.

[34] Mercer T，Frostick L. Leaching characteristics of CCA-treated wood waste：A UK study [J]. Science of the Total Environment，2012（15）：165-174.

[35] Coelho André，Brito JD. Economic viability analysis of a construction and demolition waste recycling plant in Portugal – part I：location，materials，technology and economic analysis [J]. Journal of Cleaner Production，2013，39（1）：338-352.

[36] Petri Sormunen，Timo Kärki. Recycled construction and demolition waste as a possible source of materials for composite manufacturing [J]. Journal of Building Engineering，2019，24（7）：100-125.

[37] 杨英健，徐文剑，唐小刚. 装修垃圾收运处一体化模式实现全覆盖的探索实践 [J]. 建筑技术，2021，52（7）：819-821.

[38] 宋华旸，胡昌夏. 北京市建筑垃圾处理标准体系研究 [J]. 城市管理与科技，2013（6）：19-21.

[39] 程东惠.《建筑废弃物再生工厂设计标准》概要及解读 [J]. 居业，2020（10）：10-13.

[40] 周文娟，刘洋，陈家珑，等. JC/T 2546—2019《固定式建筑垃圾处置技术规程》解析 [J]. 建筑技术，2021，52（7）：790-792.

[41] 全洪珠. 国外再生混凝土的应用概述及技术标准 [J]. 青岛理工大学学报，2009，30（4）：87-92，126.

[42] 王永海，纪宪坤，周永祥，等. CJJ/T253—2016《再生骨料透水混凝土应用技术规程》编制简介 [J]. 新型建筑材料，2017，44（1）：5-8，85.

[43] 周文娟，崔宁. 行业标准《道路用建筑垃圾再生骨料无机混合料》解析 [J]. 建设科技，2014（1）：3.

[44] 曹万林，肖建庄，叶涛萍，等. 钢筋再生混凝土结构研究进展及其工程应用 [J]. 建筑结构学报，2020（12）：1-16，27.

[45] 陈树志. 浅述再生混凝土结构的研究现状 [J]. 安徽建筑，2016（1）：125-125，130.

[46] 陈志均，姚志林. PS-φ380×280 型锤式粉碎机 [J]. 施工技术，1983（4）：25.

[47] 左浩坤，付双立. 北京市建筑垃圾产生量预测及处置设施建设分布研究 [J]. 环境卫生工程，2011，19（2）：63-64.

[48] 王桂琴，张红玉，李国学，等. 灰色模型在北京市建筑垃圾产生量预测中的应用 [J]. 环境工程，

2009，27（S1）：508-511.

[49] 陈天杰．成都市建筑垃圾减排及资源化利用研究［D］．成都：西南交通大学．2014.

[50] 杨涛，廖利．因地制宜选用城镇垃圾产生量预测模型［J］．华中科技大学学报．2003，20（1）：41-43.

[51] 王东明．基于灰色预测模型的辽宁省城市生活垃圾产生量预测［J］．环境保护与循环经济．2013，（4）：30-44.

[52] 吴骥子，毛凌峰．住宅工厂化装修对装修垃圾减少的意义分析［J］．新型建材与建筑装饰，2012（11）：114-115.

[53] 吴泽洲，向荣理，刘贵文．系统视角下建筑垃圾最少化管理研究［J］．建筑经济，2011（2）：101-104.

[54] 蒋红妍，邵炜星．建筑垃圾的源头减量化施工模式及其应用［J］．价值工程，2012（16）：49-50.

[55] 刘会友．房屋装修垃圾的危害与处置探究［J］．中国资源综合利用，2005（3）：24-26.

[56] 雷华阳，李鸿琦，宛子瑞，等．建筑垃圾填埋场沉降计算中模型参数灵敏度分析［J］．岩土力学，2007（4）：675-677.

[57] 苗雨，陈海滨．基于PFC^{3D}的三轴数值试验模型在建筑垃圾堆填体稳定性分析中的应用［J］．环境与可持续发展，2017，42（3）：74-76.

[58] 赵晓红，王文科，陈宇云，等．建筑垃圾再生材料应用于公路工程的环境影响［J］．陕西师范大学学报（自然科学版），2016，44（2）：111-115.

[59] 陈宇云，田寅，王周峰，等．建筑垃圾中镉和砷在路基中迁移对地下水的影响［J］．安徽农学通报，2018，24（13）：74-76.

[60] 雷慧．装修垃圾资源化工艺技术及关键设施论述［J］．智能城市，2021，7（15）：109-110.

[61] 程文，耿震，蒋岚岚．太湖流域某装修垃圾资源化利用工程设计［J］．环境卫生工程，2022，30（5）：94-96.

[62] 王家远，康香萍，申立银，等．建筑废料减量化管理措施研究［J］．华中科技大学学报（城市科学版），2004（3）：26-28，34.

[63] 高敏．建筑垃圾现状分析和资源化利用研究［J］．安徽建筑，2022，29（11）：181-182.

[64] 中国建筑标准设计研究院有限公司，中国房地产协会．装配式内装修技术标准 JGJ/T 491—2021［S］．北京：中国建筑工业出版社，2021.

[65] 李鸿杰，顾鹏博，罗强，等．装配式内装修在公共建筑的应用及技术分析［J］．建筑施工，2022，44（11）：53-55.

[66] 尹忠俊，张连万，韩天．振动给料机的研究与发展趋势［J］．冶金设备，2010（5）：49-54.

[67] 闻邦椿．振动机械的理论与动态设计方法［M］．北京：机械工业出版社，2002.

[68] 黄家勤．板式给料机的新结构［J］．起重运输机械，1988（6）：44-45.

[69] 熊春妹．板式给料机设计［J］．有色冶金设计与研究，1997，18（4）：6.

[70] 段希祥．碎矿与磨矿［M］．北京：冶金工业出版社，2006.

[71] 解国辉．选矿工艺［M］．北京：中国矿业大学出版社，2006.

[72] 张泾生．现代选矿技术手册．第1册，破碎筛分与磨矿分级［M］．北京：冶金工业出版社，2016.

[73] 田晓辉，包铎．浅谈反击式破碎机的结构与工作原理［J］．商品与质量·焦点关注，2012（4）：127.

[74] 郎宝贤．反击式破碎机破碎腔设计［J］．矿山机械，2004，32（10）：6-7，4.

[75] 洪波，熊林超，何文博．大型反击式破碎机的研发［J］．科学技术创新，2022（34）：133-136.

[76] 李本仁．反击式破碎机的发展［J］．矿山机械，2001（10）：6-8，4.

[77] 张泾生．现代选矿技术手册．第1册，破碎筛分与磨矿分级［M］．北京：冶金工业出版社，2016.

[78] 梁金刚. 煤用齿辊式破碎机的现状及新发展 [J]. 选煤技术, 2001 (3): 41-43.

[79] 姚金. 选矿概论 [M]. 北京: 化学工业出版社, 2020.

[80] 王罗春, 赵由才. 建筑垃圾处理与资源化 [M]. 北京: 化学工业出版社, 2004.

[81] 徐文彬, 杨永柱, 李素妍. 圆振动筛的发展及其技术分析 [J]. 矿山机械, 2016, 44 (4): 47-53.

[82] 易宁. 棒条筛在烧结成品筛分室中的设计及应用 [J]. 江西冶金, 2013 (2): 25-28, 46.

[83] 赵环帅. 弛张筛在我国的发展现状及对策建议 [J]. 煤炭加工与综合利用, 2018 (11): 20-24, 27, 11.

[84] 戴惠新, 郝先耀, 赵志强. 除铁器应用现状及其发展方向 [J]. 金属矿山, 2007 (9): 90-93.

[85] 岳立喜. 带式运输机拉紧装置动力学分析 [J]. 设备管理与维修, 2016 (10): 81-82.

[86] 中国重型机械工业协会. 中国重型机械选型手册 [M]. 北京: 冶金工业出版社, 2015.

[87] 徐春华. 斗式提升机的选型与设计 [J]. 煤矿机械, 2014, 35 (5): 43-44.

[88] 刘建方, 许杰, 张寒. 螺旋输送机的选型要素 [J]. 现代盐化工, 2021 (4): 102-103.

[89] 张殿印, 王纯. 除尘工程设计手册 [M]. 北京: 化学工业出版社, 2003.

[90] 冷发光, 何更新, 张仁瑜, 等. 国内外建筑垃圾资源化现状及发展趋势 [J]. 环境卫生工程, 2009, 17 (1): 33-35.

[91] 郝粼波. 浅析装修垃圾预处理技术应用及其在我国的发展 [J]. 环境卫生工程, 2020, 28 (4): 95-97.

[92] 李金雪, 石峰, 崔树强. 我国建筑垃圾产生量的时空特征分析 [J]. 科学与管理, 2015, 35 (5): 50-56.

[93] 张宪生, 解强, 沈吉敏, 等. 新型垃圾衍生燃料制备的研究 [J]. 苏州科技学院学报 (工程技术版), 2003 (02): 24-27.

[94] KAJASTE R, HURME M. Cement industry greenhouse gas emissions: management options and abatement cost [J]. Journal of Cleaner Production, 2016, 112: 4041-4052.

[95] 杨楠, 李艳霞, 赵盟, 等. 水泥熟料生产企业 CO_2 直接排放核算模型的建立 [J]. 气候变化研究进展, 2021, 17 (1): 79-86.

[96] 王深, 吕连宏, 张保留, 等. 基于多目标模型的中国低成本碳达峰、碳中和路径 [J]. 环境科学研究, 2021, 34 (9): 2044-2055.

[97] 朱淑瑛, 刘惠, 董金池, 等. 中国水泥行业二氧化碳减排技术及成本研究 [J]. 环境工程, 2021, 39 (10): 15-22.

[98] 超厉害! 全国首例装修垃圾再生项目, 北京造! [N]. 北京日报, 2019-11-04.

[99] 肖燕. 西安市建筑垃圾的现状分析及综合利用 [D]. 西安: 长安大学, 2007.

[100] 洛阳市建设委员会. 洛阳市建筑废弃物量计算标准 [S]. 洛阳, 洛阳市建设委员会, 2007.

[101] 王庆超. 成都市住宅装修垃圾减量化与降耗研究 [D]. 成都: 成都理工大学, 2015.

[102] 王琦. 重庆市促进建筑垃圾资源化利用的政策研究 [D]. 成都: 电子科技大学, 2022.

[103] 姚彤. 建筑垃圾资源化利用规划策略研究 [D]. 北京: 北京建筑大学, 2021.

[104] 冉德超, 王宝华, 孟凯. 济南市建筑垃圾处置管理展望 [J]. 再生资源与循环经济, 2022, 15 (6): 25-27.

[105] 任昕彤. 建筑垃圾源头减量城市规划策略研究 [D]. 北京: 北京建筑大学, 2019.

[106] 完善标准体系 为建筑垃圾减量化工作提供技术支撑 [J]. 工程建设标准化, 2020 (5): 38.

[107] 张烨. 建筑垃圾资源化标准现状 [J]. 中国资源综合利用, 2020, 38 (9): 141-144.

[108] 刘光富, 徐亚玲. 上海建筑垃圾资源化利用情况调研报告 [J]. 科学发展, 2021 (7): 87-95.